C 程序设计

主 编 武春岭 高灵霞
副主编 朱燕飞

北京理工大学出版社
BEIJING INSTITUTE OF TECHNOLOGY PRESS

内 容 简 介

本书是在武春岭主编的"十二五""十三五""十四五"职业教育国家规划教材基础上，结合职教本科人才培养要求，重新编写而成。

本书针对目前软件开发行业对 C 语言开发工具应用的技能需求，以及计算机类专业对 C 语言编程的基本要求，与奇安信集团深度合作，以"技能目标→素养目标→技能基础→技能实践→技能测试→技能拓展→素质拓展"为脉络来编写。本书内容在涵盖基本程序语法的基础上，以小程序开发为实践落脚点，通过"技能目标"，让学生首先了解要解决的实际问题；然后学习"技能基础"，奠定编程基础；进而完成"技能实践"，体现学以致用；最后通过"技能测试"和"技能拓展"来加固和延伸学习成果，从而提高读者的编程技术和能力。全书"理实一体"，便于"做中学，学中做"的教学方法实施，此外，本书还结合本科学生考研要求，有机融入相关算法和相关实践项目，提升了本书的本科适用度。

本书整体上采用"目标导向、项目引领、任务驱动"模式，把枯燥的程序语法学习结合到具体的项目案例中，有利于激发读者的学习兴趣，提升教学效果。同时，本书还有机融入素质拓展，为职业素养奠定了基础。此外，本书巧妙地结合了国家计算机等级考试二级要求和软考内容的测试要点和相关内容，结构合理，实用性强。

本书可作为职业教育职教本科计算机类专业或电子信息类专业程序设计基础教材，也可作为其他专业或高职专科人才培养使用。

版权专有　侵权必究

图书在版编目（CIP）数据

C 程序设计 / 武春岭，高灵霞主编. -- 北京 : 北京
理工大学出版社，2024. 8.
ISBN 978-7-5763-4421-9

Ⅰ . TP312.8

中国国家版本馆 CIP 数据核字第 2024JS3227 号

责任编辑：王梦春	**文案编辑**：魏　笑
责任校对：刘亚男	**责任印制**：施胜娟

出版发行 / 北京理工大学出版社有限责任公司
社　　址 / 北京市丰台区四合庄路 6 号
邮　　编 / 100070
电　　话 /（010）68914026（教材售后服务热线）
（010）63726648（课件资源服务热线）
网　　址 / http://www.bitpress.com.cn
版 印 次 / 2024 年 8 月第 1 版第 1 次印刷
印　　刷 / 三河市天利华印刷装订有限公司
开　　本 / 787 mm×1092 mm　1/16
印　　张 / 22.5
字　　数 / 507 千字
定　　价 / 66.00 元

图书出现印装质量问题，请拨打售后服务热线，负责调换

前言

当前，新一轮科技革命和产业变革深入发展，数字化时代正推动世界以前所未有的速度发生着变化，人工智能领域相关的技术和应用快速迭代。作为新一轮科技革命和产业变革的重要驱动力，大数据分析、云计算、区块链等数字化技术为各行各业带来发展新动力。数字经济正成为重组全球要素资源、重塑全球经济结构、改变全球竞争格局的关键力量，C语言作为数字产业资深的开发语言仍然不可或缺。

C语言是当今非常流行的程序设计语言之一。C语言提供了丰富的数据结构，可以实现复杂的算法，能胜任各种类型的开发工作。虽然随着C++和C#语言的出现，C语言的使用有所"降温"，但是C语言以其独特的优势仍然活跃在嵌入式系统和人工智能硬件产品开发等领域，具有不可替代的作用。同时，它也是当前学习程序设计思想最好的载体。

C语言提供的以函数为单位的开发思想及结构化控制语句，正好体现了前期软件工程"模块化"和"结构化"的思想。一旦掌握了C语言基本的程序设计方法，不管读者是继续学习使用C（包括C++）语言开发，还是转向其他开发语言的学习，都会具备较好的程序设计基础，能够与时俱进，紧跟软件行业的方向，实现自己的"可持续发展"。

本书是借助于"中澳职教"项目的职教思想编写的，突出体现了"以学生为中心，以能力为本位"的核心思想。本书正式出版前，已经在重庆电子科技职业学院、重庆电子工程职业学院、重庆电子科技职业大学试用了20余年。2024年7月，本书建立在武春岭教授主编的国家职业教育"十二五""十三五""十四五"规划教材《C语言程序设计》基础上，通过与奇安信集团及新华三集团等合作，校企双方再次联手对本书进行升级改造，丰富了内容并提升了对本科学生的适用性，充实了项目案例。相信本书的问世将会更加有利于技能型软件人才培养，希望为职业教育再立新功。

本书共9章，主要内容为C语言概述、程序设计基础知识、初识程序设计、循环结构程序设计、模块化程序设计——函数、数组、指针、结构体与共用体、文件处理。本书以项目为主线，以"技能目标→素养目标→技能基础→技能实践→技能测试→技能拓展→素质拓展"为脉络，从多方位打造学生编程技术和能力。本书内容精简，重点突出，并且涵盖了计算机类专业硕士研究生考试对C语言的基本内容。

为推动习近平新时代中国特色社会主义思想进教材进课堂进头脑，本书融入了素养目标和拓展。本书由重庆电子科技职业大学武春岭、高灵霞担任主编，奇安信集团朱燕飞担任副主编。其中，第1章由武春岭编写，第2章、第3章由高灵霞编写，第4章由胡立鹤编写，第5章由何云乾编写，第6章由曾卓编写，第7章由黄倩编写，第8章由彭开毅编写，第9章由张恒编写，奇安信集团朱燕飞全程担任技术指导，提供了大量项目案例。

由于编者水平有限，书中不足之处和疏漏在所难免，恳请广大读者不吝指正，再版时将及时改进。编者的 E-mail：wuch50@126.com。

编 者

2024 年 7 月

目录

第1章　C语言概述 …………………… 1
技能目标 ………………………………… 1
素养目标 ………………………………… 1
【技能基础】……………………………… 1
1.1　程序与程序设计语言 ……………… 1
 1.1.1　计算机程序 ………………… 1
 1.1.2　程序设计语言 ……………… 1
 1.1.3　程序开发过程 ……………… 2
1.2　C语言发展历史与特点 …………… 3
 1.2.1　C语言的发展历史 ………… 3
 1.2.2　C语言的特点 ……………… 4
1.3　C语言程序设计入门 ……………… 4
 1.3.1　认识C程序 ………………… 5
 1.3.2　C语言程序的结构特点 …… 8
 1.3.3　C语言程序的开发过程 …… 9
1.4　C语言集成开发环境 ……………… 10
 1.4.1　Turbo C 2.0 编辑环境应用
   实例 ………………………… 10
 1.4.2　VC++ 6.0 编辑环境应用实例 … 12
【技能实践】……………………………… 15
1.5　C语言程序编译调试环境应用
  实训 …………………………… 15
 1.5.1　实训目的 …………………… 15
 1.5.2　实训内容 …………………… 15
 1.5.3　实训过程 …………………… 15
 1.5.4　实训总结 …………………… 16
【技能测试】……………………………… 16
1.6　综合实践 …………………………… 16
 1.6.1　填空题 ……………………… 16
 1.6.2　选择题 ……………………… 16
 1.6.3　编程题 ……………………… 17
 1.6.4　实践思考题 ………………… 17
【技能拓展】……………………………… 18
1.7　高校学生管理系统界面设计实战
  演练 …………………………… 18
 1.7.1　项目背景 …………………… 18
 1.7.2　项目任务 …………………… 18
 1.7.3　项目实现 …………………… 18
 1.7.4　项目总结 …………………… 19
【素质拓展】……………………………… 19
1.8　职业素养：千里始足下，高山起
  微尘 …………………………… 19

第2章　程序设计基础知识 …………… 20
技能目标 ………………………………… 20
素养目标 ………………………………… 20
【技能基础】……………………………… 20
2.1　概述 ………………………………… 20
 2.1.1　引言 ………………………… 20
 2.1.2　C语言的数据类型 ………… 21
2.2　标识符、常量和变量 ……………… 21

— 1 —

2.2.1 标识符的概念 …………… 21
2.2.2 常量的概念 …………… 22
2.2.3 变量的概念 …………… 23
2.3 基本数据类型及其修饰符 …… 24
2.3.1 整型数据类型 …………… 24
2.3.2 实型数据类型 …………… 25
2.3.3 字符型数据类型 ………… 26
2.3.4 字符串的概念 …………… 29
2.3.5 基本类型修饰符 ………… 29
2.4 基本数据的输入与输出 ……… 31
2.4.1 输出在C语言中的实现 …… 31
2.4.2 输入在C语言中的实现 …… 32
2.4.3 字符数据的专用输入/输出
函数 …………………… 33
2.5 运算符和表达式 ……………… 35
2.5.1 算术运算符与算术表达式 … 35
2.5.2 赋值运算符与赋值表达式 … 36
2.5.3 关系运算与逻辑运算 …… 39
2.5.4 位运算 …………………… 42
2.6 数据类型转换 ………………… 46
2.6.1 自动类型转换 …………… 46
2.6.2 强制类型转换 …………… 47
2.7 两种特殊的运算符和表达式 … 47
2.7.1 逗号运算符与逗号表达式 … 48
2.7.2 条件运算符和条件表达式 … 48
2.8 综合应用示例 ………………… 49
【技能实践】…………………………… 50
2.9 C语言字符输入/输出与增量运算
应用实训 …………………… 50
2.9.1 实训目的 ………………… 50
2.9.2 实训内容 ………………… 50
2.9.3 实训过程 ………………… 50
2.9.4 实训总结 ………………… 52
【技能测试】…………………………… 52
2.10 综合实践 …………………… 52
2.10.1 选择题 ………………… 52
2.10.2 填空题 ………………… 54

2.10.3 编程题 ………………… 55
【技能拓展】…………………………… 55
2.11 随机验证码生成实战演练 …… 55
2.11.1 项目背景 ……………… 55
2.11.2 项目任务 ……………… 55
2.11.3 项目实现 ……………… 56
2.11.4 项目总结 ……………… 57
【素质拓展】…………………………… 58
2.12 规则意识：规矩成方圆，谨记
莫逾越 ……………………… 58

第3章 初识程序设计 …………… 59
技能目标 ……………………………… 59
素养目标 ……………………………… 59
3.1 三种基本程序设计结构 ……… 59
3.1.1 结构化程序设计 ………… 59
3.1.2 C语言的语句 …………… 62
3.2 顺序结构程序设计示例 ……… 63
3.3 选择结构if语句 ……………… 64
3.3.1 if语句的格式 …………… 65
3.3.2 if语句的嵌套 …………… 66
3.3.3 if语句的应用示例 ……… 66
3.4 多路选择结构switch语句 …… 69
3.4.1 switch语句的格式 ……… 69
3.4.2 switch语句应用示例 …… 70
3.5 综合应用示例 ………………… 72
【技能实践】…………………………… 75
3.6 分支选择结构程序设计实训 … 75
3.6.1 实训目的 ………………… 75
3.6.2 实训内容 ………………… 75
3.6.3 实训过程 ………………… 76
3.6.4 实训总结 ………………… 78
【技能测试】…………………………… 78
3.7 综合实践 …………………… 78
3.7.1 选择题 …………………… 78
3.7.2 程序填空 ………………… 79
3.7.3 编程题 …………………… 80
【技能拓展】…………………………… 81

3.8 形状计算器实战演练 ………… 81
　3.8.1 项目背景 ……………… 81
　3.8.2 项目目标 ……………… 82
　3.8.3 项目实现 ……………… 82
　3.8.4 项目总结 ……………… 84
【素质拓展】 …………………… 84
3.9 工匠精神：严谨和求精的工匠情怀 …………………………… 84

第 4 章 循环结构程序设计 …… 86

技能目标 ………………………… 86
素养目标 ………………………… 86
4.1 循环程序结构 ……………… 86
4.2 goto 语句 …………………… 86
　4.2.1 goto 语句的格式 ………… 86
　4.2.2 goto 语句的应用 ………… 87
4.3 while 语句 ………………… 88
　4.3.1 while 语句的格式 ……… 88
　4.3.2 while 语句的应用 ……… 88
4.4 do-while 语句 ……………… 90
　4.4.1 do-while 语句的格式 …… 90
　4.4.2 do-while 语句的应用 …… 91
4.5 for 语句 …………………… 91
　4.5.1 for 语句的格式 ………… 91
　4.5.2 for 语句的应用 ………… 92
4.6 循环的嵌套 ………………… 94
　4.6.1 循环的嵌套概念 ………… 94
　4.6.2 循环的嵌套应用 ………… 95
4.7 break 和 continue 语句 …… 97
　4.7.1 break 语句 ……………… 97
　4.7.2 continue 语句 …………… 97
4.8 综合应用示例 ……………… 99
【技能实践】 …………………… 103
4.9 循环结构编程实训 ………… 103
　4.9.1 实训目的 ……………… 103
　4.9.2 实训内容 ……………… 103
　4.9.3 实训过程 ……………… 103
　4.9.4 实训总结 ……………… 106

【技能测试】 …………………… 106
4.10 综合实践 ………………… 106
　4.10.1 选择题 ………………… 106
　4.10.2 程序填空 ……………… 107
　4.10.3 编程题 ………………… 108
【技能拓展】 …………………… 109
4.11 随机点名系统实战演练 … 109
　4.11.1 项目背景 ……………… 109
　4.11.2 项目目标 ……………… 109
　4.11.3 项目实现 ……………… 110
　4.11.4 项目总结 ……………… 111
【素质拓展】 …………………… 111
4.12 精益求精：展现卓越的职业素养 ……………………………… 111

第 5 章 模块化程序设计——函数 … 112

技能目标 ………………………… 112
素养目标 ………………………… 112
5.1 概述 ………………………… 112
5.2 函数的定义与声明 ………… 114
　5.2.1 函数的定义 …………… 114
　5.2.2 函数的声明 …………… 116
5.3 函数的调用 ………………… 117
　5.3.1 函数的一般调用方式 … 117
　5.3.2 函数的嵌套调用与递归调用 … 119
　5.3.3 函数参数 ……………… 121
5.4 变量类型 …………………… 122
　5.4.1 局部变量 ……………… 122
　5.4.2 全局变量 ……………… 123
　5.4.3 变量的存储方式 ……… 124
5.5 编译预处理 ………………… 129
　5.5.1 宏定义 ………………… 129
　5.5.2 文件包含 ……………… 132
　5.5.3 条件编译 ……………… 134
　5.5.4 特殊符号处理 ………… 136
【技能实践】 …………………… 138
5.6 函数应用实训 ……………… 138
　5.6.1 实训目的 ……………… 138

5.6.2 实训内容 ·············· 138
5.6.3 实训过程 ·············· 139
5.6.4 实训总结 ·············· 147
【技能测试】 ·············· 147
5.7 综合实践 ·············· 147
5.7.1 选择题 ·············· 147
5.7.2 编程题 ·············· 148
【技能拓展】 ·············· 149
5.8 鸢尾花种类智能识别实战演练 ··· 149
5.8.1 项目背景 ·············· 149
5.8.2 项目设计 ·············· 150
5.8.3 PCA 技术概述 ·············· 150
5.8.4 PCA 函数模块化设计 ······ 151
5.8.5 项目实现 ·············· 151
【素质拓展】 ·············· 158
5.9 家国情怀：聚是一团火，散是
满天星 ·············· 158

第 6 章 数组 ·············· 159

技能目标 ·············· 159
素养目标 ·············· 159
【技能基础】 ·············· 159
6.1 一维数组 ·············· 159
6.1.1 一维数组的定义 ·············· 159
6.1.2 一维数组的应用 ·············· 161
6.2 二维数组 ·············· 165
6.2.1 二维数组的定义 ·············· 166
6.2.2 二维数组的应用 ·············· 167
6.3 数组作为函数参数 ·············· 170
6.3.1 数组元素作为函数参数 ······ 170
6.3.2 数组名作为函数参数 ······ 171
6.4 字符数组 ·············· 175
6.4.1 字符数组的定义 ·············· 175
6.4.2 字符数组的应用 ·············· 181
【技能实践】 ·············· 183
6.5 数组应用实训 ·············· 183
6.5.1 实训目的 ·············· 183
6.5.2 实训内容 ·············· 183

6.5.3 实训过程 ·············· 183
6.5.4 实训总结 ·············· 190
【技能测试】 ·············· 190
6.6 综合实践 ·············· 190
6.6.1 选择题 ·············· 190
6.6.2 程序填空 ·············· 192
6.6.3 分析程序 ·············· 193
6.6.4 编程题 ·············· 194
【技能拓展】 ·············· 194
6.7 网络数据聚类实战演练 ·············· 194
6.7.1 项目背景 ·············· 194
6.7.2 项目设计 ·············· 195
6.7.3 项目实现 ·············· 195
6.7.4 项目总结 ·············· 199
【素质拓展】 ·············· 199
6.8 敬业精神：不积跬步，无以
至千里 ·············· 199

第 7 章 指针 ·············· 200

技能目标 ·············· 200
素养目标 ·············· 200
【技能基础】 ·············· 200
7.1 指针的概念 ·············· 200
7.1.1 指针与地址 ·············· 200
7.1.2 变量的访问方式 ·············· 202
7.2 指针变量 ·············· 203
7.2.1 指针变量的定义 ·············· 203
7.2.2 指针变量的赋值 ·············· 204
7.2.3 指针变量的引用 ·············· 204
7.2.4 指针变量的运算 ·············· 206
7.2.5 指针变量作函数参数 ·············· 210
7.2.6 指针作函数返回值 ·············· 214
7.3 指向与一维数组 ·············· 215
7.3.1 指向一维数组的指针变量 ·············· 215
7.3.2 指向一维数组元素的指针
变量 ·············· 216
7.3.3 引用数组元素的不同方法 ·············· 218
7.3.4 数组名与指向数组的指针作

| 函数参数 ……………… 219
    7.3.5   指针数组 ……………… 224
  7.4   指针与二维数组 …………… 225
    7.4.1   多级指针变量 …………… 225
    7.4.2   二维数组的地址 ………… 226
    7.4.3   指向二维数组元素的指针
            变量 …………………… 227
  7.5   指向与字符串 ……………… 230
  【技能实践】 ……………………… 234
  7.6   指针综合应用实训 ………… 234
    7.6.1   实训目的 ……………… 234
    7.6.2   实训内容 ……………… 234
    7.6.3   实训过程 ……………… 235
    7.6.4   实训总结 ……………… 239
  【技能测试】 ……………………… 239
  7.7   综合实践 …………………… 239
    7.7.1   选择题 ………………… 239
    7.7.2   分析程序 ……………… 242
    7.7.3   编程题 ………………… 244
  【技能拓展】 ……………………… 245
  7.8   简易库存管理系统实战演练 … 245
    7.8.1   项目背景 ……………… 245
    7.8.2   项目目标 ……………… 245
    7.8.3   项目应用 ……………… 245
    7.8.4   项目实现 ……………… 246
    7.8.5   项目总结 ……………… 248
  【素质拓展】 ……………………… 249
  7.9   科学精神：洞察计算机底层
        机制 ………………………… 249

第 8 章   结构体与共用体 ………… 250
  技能目标 ………………………… 250
  素养目标 ………………………… 250
  【技能基础】 ……………………… 250
  8.1   概述 ………………………… 250
  8.2   结构体类型及其变量的定义 … 251
    8.2.1   结构体类型的定义 ……… 251
    8.2.2   结构体变量的定义 ……… 252

    8.2.3   结构体指针的定义 ……… 254
    8.2.4   访问结构体成员的运算符 … 255
    8.2.5   结构体变量的初始化 …… 255
  8.3   结构体数组 ………………… 258
    8.3.1   结构体数组的定义 ……… 258
    8.3.2   结构体数组的初始化 …… 259
  8.4   共用体类型 ………………… 262
    8.4.1   共用体的概念、定义及其变量
            说明 …………………… 262
    8.4.2   共用体变量的赋值与应用 … 264
  8.5   简单数据结构应用 ………… 267
    8.5.1   链表 …………………… 267
    8.5.2   栈 ……………………… 274
    8.5.3   队列 …………………… 281
  8.6   枚举类型 …………………… 289
  8.7   typedef 自定义类型 ……… 291
  【技能实践】 ……………………… 291
  8.8   结构体与共用体运用实训 … 291
    8.8.1   实训目的 ……………… 291
    8.8.2   实训内容 ……………… 292
    8.8.3   实训过程 ……………… 292
    8.8.4   实训总结 ……………… 296
  【技能测试】 ……………………… 296
  8.9   综合实践 …………………… 296
    8.9.1   选择题 ………………… 296
    8.9.2   判断题 ………………… 299
    8.9.3   编程题 ………………… 299
  【技能拓展】 ……………………… 299
  8.10 五子棋游戏项目实战演练 … 299
    8.10.1 项目背景 ……………… 299
    8.10.2 项目目标 ……………… 300
    8.10.3 项目应用 ……………… 300
    8.10.4 项目实现 ……………… 302
  【素质拓展】 ……………………… 306
  8.11 协作精神：结构体与共同体
        映射团队协作 ……………… 306

第 9 章   文件处理 ………………… 307

技能目标 ································· 307
素养目标 ································· 307
【技能基础】 ······························ 307
9.1 文件概述 ···························· 307
  9.1.1 文件的概念 ················ 307
  9.1.2 文件类型指针 ·············· 308
9.2 文件的打开与关闭 ················ 308
  9.2.1 文件打开函数 fopen( ) ······ 309
  9.2.2 文件的关闭函数 fclose( ) ···· 310
9.3 文件的读写 ························ 310
  9.3.1 写字符函数 fputc( ) ········ 311
  9.3.2 读字符函数 fgetc( ) ········ 313
  9.3.3 读字符串函数 fgets( ) ······ 314
  9.3.4 写字符串函数 fputs( ) ······ 315
  9.3.5 数据块读写函数 fread( )和
     fwrite( ) ···················· 316
  9.3.6 格式化读写函数 fscanf( )和
     fprintf( ) ·················· 317
  9.3.7 文件的随机读写函数 rewind( )和
     fseek( ) ···················· 319
9.4 文件检测函数 ······················ 321
  9.4.1 文件结束检测函数 feof( ) ···· 321
  9.4.2 读写文件出错检测函数
     ferror( ) ···················· 321
  9.4.3 清除错误标志函数 clearerr( ) ··· 321
【技能实践】 ······························ 323
9.5 文件综合应用实训 ················ 323
  9.5.1 实训目的 ···················· 323
  9.5.2 实训内容 ···················· 323
  9.5.3 实训过程 ···················· 323
  9.5.4 实训总结 ···················· 325
【技能测试】 ······························ 325
9.6 综合实践 ···························· 325
  9.6.1 选择题 ······················ 325
  9.6.2 编程题 ······················ 326
【技能拓展】 ······························ 327
9.7 简易文本数据库管理系统实战
  演练 ································ 327
  9.7.1 项目背景 ···················· 327
  9.7.2 项目目标 ···················· 327
  9.7.3 项目应用 ···················· 327
  9.7.4 项目实现 ···················· 327
  9.7.5 项目总结 ···················· 333
【素质拓展】 ······························ 334
9.8 国之大者：信息技术创新与社会
  伦理责任 ·························· 334
附录Ⅰ ASCII 码对照表 ············ 335
附录Ⅱ C 语言中的关键字 ········ 337
附录Ⅲ 运算符和结合性 ············ 338
附录Ⅳ C 语言常用的库函数 ······ 340
参考文献 ································ 350

第 1 章

C语言概述

技能目标

(1) 掌握 C 语言程序的开发过程。
(2) 具备项目界面程序的代码设计能力。
(3) 能够在 Visual C++集成环境下，完成简单 C 语言程序的调试运行。

素养目标

(1) 深入理解我国计算机研制的历史进程，增强民族自豪感。
(2) 了解我国计算机科学家的励志人生故事，激发爱国情操。

【技能基础】

1.1 程序与程序设计语言

1.1.1 计算机程序

伴随人类进入信息化社会，计算机技术日新月异迅猛发展，广泛应用于社会的各个方面，如文字处理软件 Word、表格计算软件 Excel、各种数据库管理软件等。这些软件都是由专业程序员设计的。一般在日常生活中遇到的需要用计算机处理的大多数问题都可以使用现成的应用软件来完成，但是目前信息化应用中遇到的诸多问题，仍需单独订制开发特定软件来实现，如某些大型计算、工程应用、业务管理等，使用通用软件可能无法完成任务。这种情况下，自行编写指定功能的软件就非常有必要。

计算机程序（computer program），也称软件，简称程序，是指一组指示计算机或其他具有信息处理能力装置执行每一步动作的指令，通常用某种程序设计语言编写，运行于某种体系结构上。打个比方，一个程序就像一个用汉语（程序设计语言）写下的红烧肉菜谱（程序），用于指导懂汉语和烹饪手法的人（体系结构）来做这个菜。通常，计算机程序要经过编译和链接成为一种人们不易看懂但计算机可解读的格式，然后运行。

1.1.2 程序设计语言

语言是一个符号系统，用于描述客观世界，并将真实世界的对象及其关系符号化，用于帮助人们更好地认识和改造世界，并且便于人们之间的相互交流。在全球范围内，人类拥有数以千计的不同语言，如汉语、英语、俄语、法语、日语、韩语等。这些不同的语言，体现了不同的国家和民族对这个世界不同的认知方法、角度、深度和广度等。

计算机中存在多种不同的程序设计语言，它们体现了在不同的抽象层次上对计算机这个客观世界的认知。计算机程序设计语言分为低级语言和高级语言。

1. 低级语言

低级语言依赖于所在的计算机系统，也称面向机器的语言。由于不同的计算机系统使用的指令系统可能不同，因此使用低级语言编写的程序移植性较差。低级语言主要包括机器语言和汇编语言。

机器语言是由二进制代码 0 和 1 组成的若干个数字串。用机器语言编写的程序称为机器语言程序，它能够被计算机直接识别并执行。但是，程序员直接编写或维护机器语言程序是很难完成的。

汇编语言是一种借用助记符表示的程序设计语言，其每条指令都对应着一条机器语言代码。汇编语言也是面向机器的，即不同类型的计算机系统使用的汇编语言不同。用汇编语言编写的程序称为汇编语言程序，它不能由计算机直接识别和执行，必须由"汇编程序"翻译成机器语言程序，才能够在计算机上运行。这种"汇编程序"称为汇编语言的翻译程序。汇编语言适用于编写直接控制机器操作的底层程序。汇编语言与机器联系仍然比较紧密，但是都不容易应用。

2. 高级语言

高级语言编写的程序易读、易修改、移植性好，更接近人类的自然语言，人们非常容易理解和掌握，它极大地提升了程序的开发效率和易维护性。但使用高级语言编写的程序不能直接在机器上运行，必须经过语言处理程序的转换，才能被计算机识别。

高级语言并不是特指某一种具体的语言，而是包括很多种程序设计语言，如目前流行的 C，C++，Java，C#，Python 等语言，这些语言的语法、命令格式都不相同。

高级语言与计算机的硬件结构及指令系统无关，它有更强的表达能力，可方便地表示数据的运算和程序的控制结构，能更好地描述各种算法，而且容易学习掌握。但高级语言编译生成的程序代码一般比用汇编语言设计的程序代码要长，执行的速度也慢。因此汇编语言适合编写一些对速度和代码长度要求高的程序或者直接控制硬件的程序。高级语言、汇编语言和机器语言都是用于编写计算机程序的语言。

1.1.3 程序开发过程

程序用于解决客观世界的问题，其开发要经历捕获问题、分析设计、编码实现、测试调试、运行维护等几个主要阶段。

（1）捕获问题：也称需求分析，此阶段的任务是深入掌握需要解决的问题是什么，有哪些要求，如性能的、功能的、安全性方面的要求等。如果问题比较复杂，正确认识问题本身不是一件一蹴而就的事，需要反复迭代，不断加深认识。

(2) 分析设计：明确需求后，就可以进行设计，主要是确定程序所需的数据结构、核心的处理逻辑（即算法）、程序的整体架构（有哪些部分、各部分间的关联、整体的工作流程）。

(3) 编码实现：用某种具体的程序设计语言，如 C 语言，来编程实现已经完成的设计。

(4) 测试调试：包括两个方面，即测试和调试。当程序已经初步开发完成，可以运行时，为了找出其中可能出现的错误，使程序更加健壮，需要进行大量、反复的试运行，这一过程称为测试。需要注意的是，测试只能发现尽可能多的错误，而不能发现所有的错误，但测试越早、越充分，以后付出的代价就越小。调试是指为了程序运行达到理想目标，使用多种相关手段来定位错误，并修正错误的过程。

(5) 运行维护：当程序通过测试，达到各项设计指标的要求后，就可以获准投入运行。在运行的过程中，因可能出现新的错误、新的需求变化（需要增加或更改程序的某些功能、增强程序某方面的性能等）而进行的补充开发和修正完善，称为维护。

程序开发的以上几个主要阶段，由软件团队中的不同角色——项目管理者、需求分析人员、系统架构师、设计人员、编码人员、测试人员和运行维护人员等来完成。学习程序设计可以在上述各个阶段对应的角色中找到相应的工作机会。有趣的是，从事软件开发的人员的进步过程恰恰与程序开发过程相反：初始时往往从测试人员和运行维护人员做起，然后逐渐经历编码人员、设计人员，再到系统架构师、需求分析人员，最后到项目管理者的过程。

1.2　C 语言发展历史与特点

1.2.1　C 语言的发展历史

计算机产生后，它最初接收的是由 0 和 1 序列组成的指令码，这种指令码序列称为机器语言。用机器语言编写的程序，计算机能直接理解并执行，且执行效率高，但是由于机器语言不容易被人理解和记忆，带来了诸多不便，所以不易推广。后来又产生了用助记符描述的指令系统，它相对机器语言要容易理解和记忆，这就是汇编语言。汇编语言与机器语言一样对机器的依赖很强，这也束缚了其发展和应用，能否创造一种既接近硬件又不依赖机器类型，同时又使用灵活、功能强大的高级语言？C 语言承担了这种历史重任，慢慢发展成长起来了。

微课 1-1
认识 C 语言

C 语言是一种过程化的程序设计语言，其前身是 Martin Richards 于 20 世纪 60 年代开发的 BCPL 语言，这是一种计算机软件人员在开发系统软件时作为记述语言使用的程序设计语言。1970 年美国贝尔实验室的 Ken Thompson 和 Dennis Ritchie 完成了 UNIX 操作系统的初版，与此同时，他们还改写了由 Martin Richards 开发的 BCPL 语言，形成了 B 语言，此后，B 语言又进一步被改进和完善，于 1972 年形成了 C 语言，如图 1-1 所示。

图 1-1

C 语言形成后，1973 年 Dennis Ritchie 把 90%的 UNIX 操作系统又用 C 语言进行了改写。随着 UNIX 操作系统的移植和推广，C 语言也得到移植和推广。C 语言同时具备低级语言和高级语言的特征，因此有人说它是中级语言。由于 C 语言本身强大的功能，自面世以来备受广大程序员的青睐，故流行至今。

> 提醒：以前的操作系统等系统软件主要是用汇编语言编写的。由于汇编语言依赖于计算机硬件，程序的可读性和可移植性都比较差，要想提高可读性和可移植性，最好采用高级语言但一般的高级语言难以实现汇编语言的某些功能（汇编语言可以直接对硬件进行操作，如对内存地址的操作等）。因此，人们希望找到一种既具有高级语言特征，又具有低级语言特征的语言，于是 C 语言就随之产生了。

1.2.2 C 语言的特点

与其他语言相比，C 语言具有以下主要特点。

（1）C 语言简洁、紧凑。

C 语言简洁、紧凑，而且程序书写形式自由，使用方便、灵活。

（2）C 语言是高、低级兼容语言。

C 语言又称中级语言，它介于高级语言和低级语言（汇编语言）之间，既具有高级语言面向用户、可读性强、容易编程和维护等优点，又具有汇编语言面向硬件和系统并可以直接访问硬件的能力。

微课 1-2
C 语言的特点

（3）C 语言是一种结构化的程序设计语言。

结构化语言的显著特点是程序与数据独立，从而使程序更通用。这种结构化方式可使程序层次清晰，便于调试、维护和使用。

（4）C 语言是一种模块化的程序设计语言。

所谓模块化，是指将一个大的程序按功能分割成一些模块，使每一个模块都成为功能单一、结构清晰、容易理解的函数，适合大型软件的研制和调试。

（5）C 语言可移植性好。

C 语言是面向硬件和操作系统的，但它本身并不依赖于机器硬件系统，从而便于在硬件结构不同的机器间和各种操作系统间实现程序的移植。

1.3 C 语言程序设计入门

学习一门新的程序设计语言时，入门很重要。而快速入门 C 语言程序设计的四要素分别是首先认识一个简单的 C 语言程序源代码，其次掌握该语言中如何实现数据的基本输入和输出操作，然后掌握 C 语言程序的基本结构特征，最后掌握 C 语言程序的开发过程。

1.3.1 认识 C 程序

虽然还没有真正学习 C 语言程序设计，但是仔细观察下面的几个 C 语言程序，就会对 C 语言乃至 C 语言程序的特点有所了解，甚至能学会简单的屏幕显示程序。

【例 1-1】在屏幕上显示 Hello World! 的信息。

微课 1-3
初识 C 语言程序

程序如下：

```
#include <stdio.h>
main()
{  printf("Hello World!");
}
```

运行结果：

```
Hello World!
```

程序分析：如果在 C 语言的编译器下运行该程序，将会在计算机屏幕上显示 Hello World! 的信息。通过观察，发现 C 程序由：

```
main()
{
...
}
```

这样的框架构成，该框架称为主函数或 main() 函数。main 为函数名，其后面的圆括号里一般有参数（main() 函数一般没有参数），花括号内为函数体，由 C 语句（程序指令）组成，关于 C 语句后面会逐步学习。main() 函数是 C 语言本身函数库已定义好的标准函数，C 语言编译器能对它进行正确的编译，不会存在不认识的情况。是否所有的 C 语言程序都必须有 main() 函数？答案是肯定的，一个 C 语言程序必须有一个 main() 函数，否则，程序将无法运行。

函数体中的 printf() 函数也是标准函数，其功能是在计算机显示器上输出信息，类似的还有键盘输入函数 scanf()，读者可以先将这两个函数记牢，今后编程一般要用到。printf() 函数的具体内容包含在 C 语言的函数库头文件 stdio.h 中。C 语言的创造者为了方便用户，把一些常用的功能用函数的形式封装，用户在开发应用程序时，若需要使用该功能函数，可通过包含头文件的形式调用，这将大大提高开发效率。所有的标准功能函数存在于相应的头文件中。C 语言中，有关输入/输出的标准函数都包含在头文件 stdio.h 中，使用这些功能函数时，一般要在程序开头加上#include <stdio.h>或#include" stdio.h"，不过，使用 printf() 函数和 scanf() 函数时，可以省略#include <stdio.h>，详细情况，读者可以参阅附录。

【例 1-2】 从键盘上输入两个整数,输出这两个数的和。

程序如下:

```c
#include <stdio.h>
main()
{
    int x,y;                            //变量定义语句:定义 2 个整型变量 x、y
    printf("从键盘上输入整数:x = ");    //提示信息:从键盘上输入 x 的值
    scanf("%d",&x);                     //scanf()实现从键盘上输入 x 的值
    printf("从键盘上输入整数:y = ");    //提示信息:从键盘上输入 y 的值
    scanf("%d",&y);                     //scanf()实现从键盘上输入 y 的值
    printf("x+y = %d\n",x+y);           //输出结果
}
```

运行结果:

```
从键盘上输入整数:x = 5
从键盘上输入整数:y = 3
x+y = 8
```

程序分析:

第一步分析程序,定义变量(variable)表示数据,根据分析需要键盘输入两个整数,因此定义了两个整型变量 x 和 y,在这里处理结果是求和,可以直接把 x 与 y 的和进行输出,当然也可以定义一个变量表示其和的值;第二步提供处理数据初始值给 x 和 y,在这里采用从键盘输入数据,scanf()函数实现键盘输入数据功能,函数使用在 1.3.2 小节中具体介绍;第三步进行数据处理,这里进行的是求和操作;第四步将处理后的结果输出。上面程序是将第三步和第四步合并为一步实现的。

【例 1-3】 已知三个数求其平均值。

程序如下:

```c
float average(int x,int y,int z)    /*求三个数平均值的自定义函数 average() */
{   float aver;                     /*存储平均值的实型变量 aver */
    aver=(x+y+z)/3;                 /*求平均值,并将值存储到变量 aver 中*/
    return(aver);                   /*返回函数值,即平均值*/
}
#include"stdio.h"                   /*包含输出头文件,本程序中可省略*/
main()                              /*主函数*/
{   int a,b,c;                      /*定义整型变量 a,b,c */
    float ave;                      /*定义实型变量 ave,用来存储函数 average()的值*/
    a=3;b=4;c=5;                    /*变量赋初值*/
    ave=average(a,b,c);             /*调用函数 average(),并将结果返回给变量 ave */
    printf("average=%f",ave);       /*以实型格式%f 输出变量 ave 的值*/
}
```

运行结果：

```
average=4.000000
```

程序分析：

（1）程序由函数组成，它们可以是程序员自定义函数，也可以是标准库函数（如 printf( )函数），但程序的执行总是从 main( )函数开始的。

（2）计算机要处理的数据在编程时要将它们存储在变量中，变量相当于容器，没有容器，数据无法存储和处理，不同类型的数据须定义不同类型的变量。

例如，本程序中用到的变量 a，b，c 被定义为整型，用 int 来表示整型；变量 ave 被定义成实型，用 float 来表示实型，像这些标识符，今后会反复用到，因此，不管初学者对此是否理解，都希望先将它们记牢，随着深入的学习自然就迎刃而解了。

（3）程序中以分号结束的代码行称为语句，输入/输出函数习惯上不称为语句。

（4）求平均功能的自定义函数：

```
float average(int x,int y,int z)
{…
}
```

其中，float 是函数返回值的类型定义，average 是函数名，花括号（{ }）内是函数体，这是函数定义的固定格式。函数是实现一定功能的程序单元，函数体是具体实现该功能的程序代码。本书会对函数深入讲解，初学者可慢慢领悟。括号中的 x，y，z 是函数的形式参数，相当于数学中函数的参数，一旦给定了确定的参数，就能得到一个确定的函数值。在该程序中，确定的参数是由 main( )函数中实际参数 a，b，c 提供的。当程序从主函数自上而下执行到语句 ave＝average(a,b,c)；处时，将调用自定义函数 average( )，同时，将实参 a，b，c 的值代入形参 x，y，z。

（5）程序中的解释说明部分用/＊ ＊/括起来，在程序代码段中用注释的目的是便于理解程序思路，注释信息在程序中不会被执行，也不会影响程序的执行。千万注意/＊和＊/是成对出现的，若在注释时遗漏了＊/，则会出现执行错误，思考一下为什么。

（6）要想在计算机的屏幕上看到程序的运行结果，可在程序中调用标准输出函数 printf( )，由于实数类型的输出输入格式是%f，因此必须用%f 控制 ave 实型变量的输出，%f 要求输出的数的小数点后有 6 位小数。

技巧：

【例 1-3】是对三个确定数（3，4，5）计算平均值，假如要求计算任意三个数的平均值，该如何展现？并不需要通过每次修改程序来实现。事实上，可以利用键盘输入函数 scanf( )来实现，即只需要修改 main( )函数就能实现。

程序如下：

```
main()
{  int a,b,c;
   float ave;
```

```
    printf("input a,b,c:");
    scanf("%d%d%d",&a,&b,&c);      /*键盘输入函数*/
    ave=average(a,b,c);
    printf("average=%f",ave);
}
```

程序分析：

其中，scanf( )函数双引号内的%d%d%d是分别说明变量a，b，c按整型格式输入，& 表示地址符号，运用输入函数输入变量值时，必须在变量前加地址符号，这样才能保证输入的值正确存入相应的变量所在的内存单元。有兴趣的读者可以在计算机上运行一下，看效果如何。

1.3.2 C语言程序的结构特点

通过对C程序的初步了解，总结出C语言程序的一些特点如下。

（1）C语言程序是由函数构成的，一个C语言源程序至少包含一个main( )函数，也可以包含一个main( )函数和若干个其他函数。

下面是C语言源程序的基本结构，如图1-2所示。

微课1-4
C程序的特点

图1-2

（2）C语言程序总是从main( )函数开始执行，而不论其在程序中的位置。

（3）C语言程序的书写格式自由，一行内可写几个语句。

（4）C语言程序中，每个语句和数据定义的最后必须有一个分号，但是预处理命令、函数头和函数体的定界符 { 和 } 之后不能加分号。例如，#include<stdio.h>采用预处理命令包含需要使用的文件，后面不能加分号。

（5）C语言本身没有输入/输出语句，输入/输出是由函数完成的。

（6）C语言函数的基本结构如下。

```
返回类型  函数名(形式参数列表)
{
    数据定义；
    数据加工处理；
    return 返回值；
}
```

(7) 标识符、关键字之间必须至少加一个空格以示分隔,若已有明显的分隔符,也可以不再加空格。

(8) 可以用/*和*/对 C 语言程序中的任何部分作注释。

(9) C 语言严格区分大小写。C 语言对大小写非常敏感,如认为 main,MAIN,Main 是不同的。在 C 语言中,常用小写字母表示变量名、函数名等,而常用大写字母表示符号常量(const)等。

> **提醒:** C 语言程序的基本单位是函数,一个源程序由若干函数组成,但至少包括一个 main( ) 函数,且 main( ) 函数的位置不限。

1.3.3 C 语言程序的开发过程

开发一个 C 语言程序,一般要经历编辑、编译、链接和运行四个步骤。假设待处理的 C 语言程序名为 f.c,则过程如图 1-3 所示。

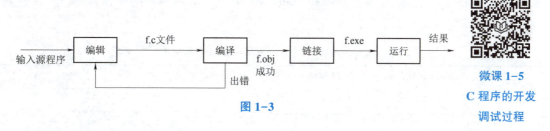

图 1-3

微课 1-5
C 程序的开发
调试过程

1. 源文件的编辑

用户通过编辑器,将自己开发的 C 语言程序输入计算机的过程称为 C 程序源文件的编辑。编辑生成的文件以文本形式存储,扩展名为 .c,也称 C 语言源程序。

源程序文件以 ASCII 码形式存储,计算机不能直接执行。

2. 编译

计算机把源程序翻译成计算机可以识别的二进制形式的目标代码文件,这个过程称为编译,由 C 语言的编译器程序完成。

C 语言的编译器程序在编译的同时,还对源程序的语法和程序的逻辑结构等进行检查,当发现错误时,将会列出错误的位置和种类,此时需要重新编辑修改源程序。如果编译成功则生成目标文件,文件名同源程序文件名,扩展名为 .obj。

编译生成的目标文件不包含程序运行所需要的库函数等资源时,计算机仍然不能直接执行。

3. 链接

链接程序将目标程序和其他目标程序模块,以及系统提供的 C 库函数等进行链接生成可执行文件的过程,称为链接。连接生成的可执行文件的文件名同源程序文件名,扩展名为 .exe。

链接生成的可执行文件,计算机可以直接执行。

4. 运行

在 DOS 环境下直接输入 C 语言程序的可执行文件名，或者在 C 语言的集成环境下选择 Run 命令，或者在 Windows 操作系统的资源管理器内双击该可执行文件，都可以获得运行结果。如果运行结果有误，需要重新编辑源程序，再进行编译、链接、运行，直到得到正确的运行结果。

1.4 C 语言集成开发环境

程序的集成开发工具是一个经过整合的软件系统，将编辑器、编译器、链接器和其他软件单元集合在一起，在这个工具里，程序员可以很方便地对程序进行编辑、编译、链接以及跟踪程序的执行过程，以便寻找程序中的问题。

适合 C 语言的集成开发工具有许多，如 Turbo C、Microsoft C、Microsoft Visual C++（VC++）、Dev C++、Borland C++、C++ Builder、GCC 等。这些集成开发工具各有特点，分别适合 DOS 环境、Windows 操作系统和 Linux 操作系统，几种常用的 C 语言开发工具的基本特点和运行环境如表 1-1 所示。

表 1-1 几种常用的 C 语言开发工具的基本特点和运行环境

开发工具	运行环境	各工具的差异	基本特点
Turbo C	DOS	不能开发 C++语言程序	符合标准 C；各系统具有一些扩充内容；能开发 C 语言程序（集程序编辑、编译、链接、调试、运行于一体）
Borland C	DOS		
Microsoft C	DOS		
C++	Windows	能开发 C++语言程序（集程序编辑、编译、链接、调试、运行于一体）	
Dev C++	Windows		
Borland C++	DOS，Windows		
C++ Builder	Windows		
GCC	Linux		

从表 1-1 中可以看出，有些集成开发工具不仅仅适合开发 C 语言程序，还适合开发 C++语言程序。这些既适合 C 语言又适合 C++语言的开发工具，一开始并不是为 C 语言准备的，而是为 C++语言设计的集成开发工具，但因为 C++语言是建立在 C 语言的基础之上，C 语言的基本表达式、基本结构和基本语法等方面同样适合 C++语言，因此这些集成开发工具也能用来开发 C 语言程序。

1.4.1 Turbo C 2.0 编辑环境应用实例

1. 程序的编辑方法

（1）打开 File 菜单（按 Alt+F 快捷键或按 F10 键，然后通过方向键来选择 File 菜单）。

（2）通过方向键选择 New 选项，如图 1-4 所示。

第 1 章　C 语言概述

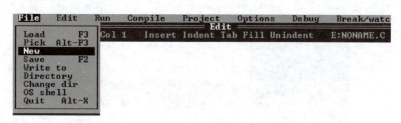

图 1-4

（3）在编辑区域内输入一个小程序，如图 1-5 所示。

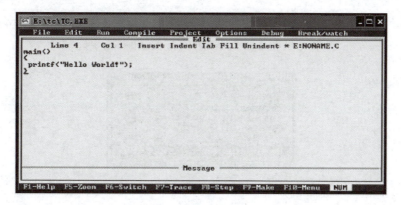

图 1-5

2. 保存程序

（1）打开 File 菜单，通过方向键选择 Write to 选项，弹出图 1-6 所示的 New Name 对话框。

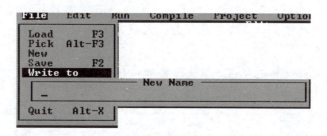

图 1-6

（2）在如图 1-6 所示的 New Name 对话框中，输入程序的保存路径及文件名，假如程序名取为 P1，将其保存在 D 盘的 MYFILE 目录下，如图 1-7 所示。按回车键后，即会将所输入的程序保存到指定的路径下。

3. 编译程序

打开 Run 菜单，通过方向键选择 Run 选项，或者直接按 Ctrl+F9 快捷键，实现程序的编译和链接过程。

若程序无错，则会显示编译成功画面；否则显示出错信息，可排错后再重复上述操作。

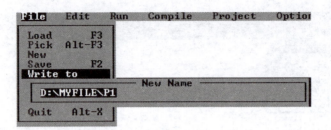

图 1-7

4. 显示运行结果

程序正确编译后,并不能出现运行结果,若要查看运行结果,可打开 Run 菜单,通过方向键选择 User screen 选项(见图 1-8),或者直接按 Alt+F5 快捷键。

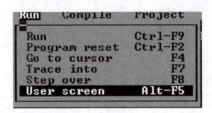

图 1-8

运行结果:

Hello World!

若要返回程序编辑状态,按任意键即可。

> **提醒:**
> ①对于同一个程序,若修改后再保存,则使用 File 菜单的 Save 选项即可,不要再用 Write to 选项。
> ②若想再编辑调试其他程序,不能接着第一个程序往下输入,可重新选择 File 菜单的 New 选项,从而开始新程序的编辑。

1.4.2　VC++ 6.0 编辑环境应用实例

使用 VC++ 6.0 运行 Hello World 程序。

1. 启动 VC++ 6.0

首先确保计算机装有 VC++ 6.0,然后选择"开始"→"所有程序"→Microsoft Visual Studio 6.0→Microsoft Visual C++ 6.0 选项,启动 VC++ 6.0。

2. 创建新工程

(1)启动 VC++ 6.0 后,在主窗口中,选择"文件"→"新建"选项,弹出图 1-9 所示的"新建"对话框。

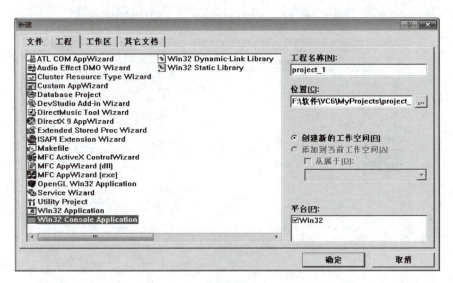

图 1-9

（2）如图 1-9 所示，选择"工程"→Win32 Console Application 选项，在"工程名称"文本框中输入工程名称，如 project_1；在"位置"文本框中输入或选择工程所存放的位置，单击"确定"按钮，弹出图 1-10 所示的对话框。

（3）在图 1-10 所示对话框中，选中"一个空工程"单选按钮，单击"完成"按钮。弹出图 1-11 所示的"新建工程信息"对话框，单击"确定"按钮，即完成了一个工程的创建。

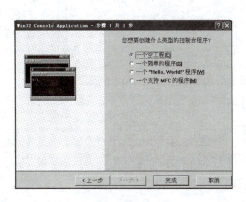

图 1-10

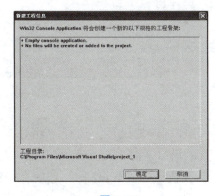

图 1-11

3. 创建新工程中的源程序文件

也可以不创建工程，直接用此步骤以单文件的方式创建源程序文件。

（1）在主窗口中，选择"文件"→"新建"选项，弹出图 1-12 所示的"新建"对话框。

（2）选择"文件"→C++ Source File 选项，在"文件名"文本框中输入文件名，如 hello.c（注意，由于编写的是标准 C 语言程序，应加上文件的扩展名 .c，否则系统会自动取默认的扩展名.cpp），单击"确定"按钮，即创建了一个源程序文件。

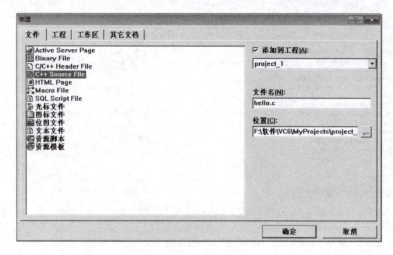

图 1-12

4. 程序编辑与运行

（1）程序代码编辑。在 hello.c 文件中，输入程序代码，如图 1-13 所示。

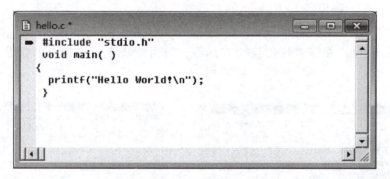

图 1-13

（2）程序编译与执行，选择"组件"→"组建"选项，程序开始编译并且链接，在 VC++ 6.0 的窗口下面会提示编译信息，在没有任何错误的情况下，编译链接完成。选择"组件"→"执行［C_1.exe］"选项，得到图 1-14 所示的结果。

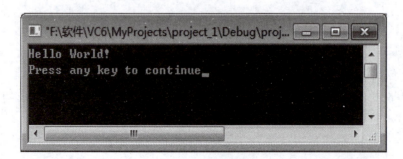

图 1-14

输出窗口中,Press any key to continue 是 VC++ 6.0 的编译器自动提示的,提示用户按任意键后可以关闭输出窗口。

(3) 如果需要关闭该程序,选择"文件"→"关闭工作区"选项,之后可以退出 VC++ 6.0,由于程序文件已经保存在磁盘中,下次启动 VC++ 6.0 后重新选择"文件"→"打开工作区"选项,重复打开该程序。

【技能实践】

1.5 C语言程序编译调试环境应用实训

1.5.1 实训目的

(1) 掌握 VC++ 6.0 环境下 C 语言程序的编译方法。
(2) 加深对 C 语言程序的理解。

1.5.2 实训内容

(1) 内容:简易计算器界面设计,在 VC++ 6.0 环境下编译运行。
(2) 基本要求:掌握 VC++ 6.0 的基本使用方法。

1.5.3 实训过程

(1) 实训分析。

在简易计算器界面设计中,主要考虑的是简易计算器所包含的功能,可以增加编号进行区分。根据学过的 C 语言程序设计结构和输出函数 printf( ) 实现该功能。

(2) 实训步骤。

下面给出完整的源程序:

```
/*
程序功能:主要演示如何利用printf()函数设计字符界面。
         \n 为转义字符---换行符
*/
#include <stdio.h>
main(   )
{
    printf("   ====简单计算器====   \n");
    printf("------------------------\n");
    printf("   1.加法   2.减法   \n");
    printf("   3.乘法   4.除法   \n");
    printf("       5.退出          \n");
```

```
        printf("---------------------\n");
        printf("请选择功能(1-5):        \n");
}
```

程序运行结果如图1-15所示。

图1-15

1.5.4 实训总结

通过实训，可以多掌握一种C语言程序的编辑运行方法，不仅为程序中输入并显示汉字提供了条件，也为C语言程序的运行提供了方便和更广阔的途径，同时也为后续学习C++语言打下了良好的基础。

【技能测试】

1.6 综合实践

1.6.1 填空题

（1）C语言源程序的基本单位是_____。

（2）C语言源程序中至少应包括一个_____函数。

（3）在C语言中，输出操作是由库函数_____完成。

（4）C语言源程序的每一条语句均以_____结束。

（5）开发C语言程序的步骤可以分成4步，即_____、_____、_____和_____。

（6）用VC++ 6.0开发C语言程序有两种注释方法：其中一种进行多行注释的是____。

（7）C语言源程序文件的扩展名是_____，经过编译后，生成目标文件的扩展名是_____，经过链接后，生成可执行文件的扩展名是_____。

1.6.2 选择题

（1）C语言程序的执行是从（   ）。

A. 本程序的main()函数开始，到main()函数结束

B. 本程序文件的第一个函数开始，到本程序文件的最后一个函数结束

C. 本程序的main()函数开始，到本程序文件的最后一个函数结束

D. 本程序文件的第一个函数开始，到本程序 main( ) 函数结束

（2）以下叙述正确的是（　　）。

A. 在 C 语言程序中，main( ) 函数必须位于程序的最前面

B. C 语言程序的每行中只能写一条语句

C. C 语言本身没有输入和输出语句

D. 在对一个 C 语言程序进行编译的过程中，可发现注释中的拼写错误

（3）C 语言程序是由（　　）。

A. 一个主程序和若干子程序组成

B. 函数组成

C. 若干过程组成

D. 若干子程序组成

1.6.3 编程题

（1）编写一个输出 Welcome to C！信息的小程序。

（2）已知三角形的三边长分别为 3，4，5，试用海伦公式编程求其面积。海伦公式为 $S_\triangle = \sqrt{s(s-a)(s-b)(s-c)}$，其中 $s=(a+b+c)/2$。

1.6.4 实践思考题

（1）试着改动 Welcome to C！程序，使它出现各种各样的编译错误，并记录错误信息。下面是一些初学者常犯的错误。

①将 printf("Welcome to C\n")；语句后的英文分号改为中文分号。

②将 printf("Welcome to C\n")；语句中的英文双引号改为中文双引号。

③将 printf("Welcome to C\n")；语句中的英文括号改为中文括号。

④将 printf("Welcome to C\n")；语句中的英文双引号改为英文单引号。

⑤将 main( ) 函数改为 Main( ) 函数。

⑥为#include <stdio.h>后面加上分号。

⑦将#include <stdio.h>中英文的<或>符号改为对应的中文的符号<或>。

⑧将标识 main( ) 函数开始的 { 去掉。

⑨将标识 main 函数结束的 } 去掉。

⑩将 printf 改为 Printf 或 print。

（2）打开浏览器，在地址栏里输入 www.baidu.com，进入网站，输入"C 语言程序开发招聘"，单击"搜索"按钮，可以了解 C 语言目前是否还有实用价值，C 语言程序开发主要从事何种类型的开发。

【技能拓展】

1.7 高校学生管理系统界面设计实战演练

1.7.1 项目背景

学生成绩管理系统是教育单位中非常重要的组成部分，可以实现教师对学生成绩的录入、分析、统计等功能，同时提供学生成绩信息的查询窗口。通过完成此项目，熟悉信息管理系统开发的流程，掌握 C 语言基本语法，树立模块化程序设计的思维，达到独立开发一个小型甚至中型 C 语言项目的能力目标，完成从零基础的学生到企业初级工程师的跨越。

在项目设计中界面设计尤为重要，它是人机交流的入口，展现了项目所具备的全部功能，好的界面不仅能给人耳目一新的感觉，同时也能提升项目质量。目前，通过前面的学习接触了一门新的计算机语言，学习了 C 语言程序的框架、基本的输入/输出函数功能，了解了程序的开发过程。现在就以高校学生成绩管理系统项目为例，完成它的界面设计。

微课 1-6 高校学生管理系统界面设计实战演练

1.7.2 项目任务

完成高校学生成绩管理系统项目中的界面设计，要求显示项目的所有功能，包含学生成绩录入、学生成绩查询、学生成绩统计、学生资料删除、学生资料修改和学生成绩插入，给每个功能加上编号，便于用户功能选择，并且添加系统退出功能，用于退出程序。同时考虑界面要布局规范、美观大方，建议参考图 1-16 完成项目的界面设计。

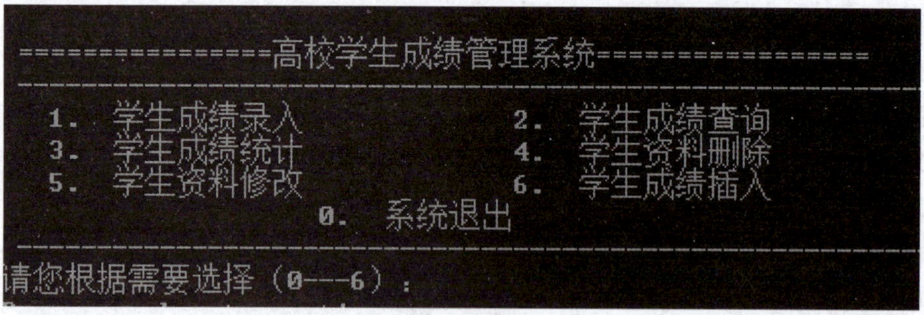

图 1-16

1.7.3 项目实现

根据 1.7.2 小节中提供的学生管理系统界面参考图 1-16，需要将项目显示的功能信息依次输出。此项目程序设计思路比较简单，这里省略流程图设计，程序运行代码如下。

程序代码：

```c
#include <stdio.h>
main(   )
{
    printf("  \n== == == == == ==高校学生成绩管理系统== == == == == == == \n");
    printf("--------------------------------------------------------------\n");
    printf("    1.学生成绩录入              2. 学生成绩查询   \n");
    printf("    3.学生成绩统计              4. 学生资料删除   \n");
    printf("    5.学生资料修改              6. 学生成绩插入   \n");
    printf("                    0.系统退出                   \n");
    printf("--------------------------------------------------------------\n");
    printf("请您根据需要选择(0---6):     \n");
}
```

1.7.4 项目总结

在高校学生成绩管理系统项目的界面设计中,需要了解项目开发的流程,首先是对项目进行需求分析,其次进行程序思路设计,然后选取程序设计语言进行编码,最后选择合适的编译器进行测试或调试,直至运行达到正确的结果,当然大型项目还需要后期维护。

【素质拓展】

1.8 职业素养:千里始足下,高山起微尘

随着科技的发展和人工智能时代的来临,计算机程序设计具有越来越重要的地位。C语言是程序设计者的第一门语言。C语言的高效性、跨平台性、灵活性,使它在计算机科学领域中得到了广泛应用,例如,开发操作系统、编写驱动程序、编写嵌入式系统、编写网络应用程序等。它不仅仅是一种编程语言,更是一种编程思想和方法,能帮助使用者更好地理解计算机的工作原理,提高编程能力,应对未来的编程挑战。

"千里始足下,高山起微尘",作为一个优秀的程序员,需要具备良好的职业素养,迈好第一步,走持之以恒的工匠之路,才能到达高峰。这就需要初学者从C语言概述开始,熟悉程序设计的思想,理解C语言程序的开发过程,掌握C语言程序的框架设计,从而能够独立完成项目的界面设计任务。

第 2 章

程序设计基础知识

技能目标

(1) 掌握基本数据类型的特征和正确应用。
(2) 掌握 C 语言的基本输入/输出实现。
(3) 掌握 C 语言常见运算符和特殊运算符的使用。
(4) 能够灵活正确运用标识符、数据类型、运算符及表达式解决简单的实际问题。

素养目标

(1) 具备社会责任感和科学严谨的精神。
(2) 信守社会主义核心价值观。

【技能基础】

2.1 概述

2.1.1 引言

本章正式进入程序设计的"备料阶段"。说它是"备料阶段",是因为这部分所讲解的都是琐碎的程序设计"原料",或称程序设计的基础知识,这些"原料"或基础,将是今后程序设计的基本元素和语法规范,譬如,本章首先要讲的标识符的命名。标识符是个抽象的东西,在写程序代码时并不是直接使用标识符本身,而是在标识符命名的规则之下命名自己需要的变量名、常量名、函数名等。打个比喻,标识符就如宪法,而写程序的人就像是立法的人,立法者可以依据宪法来制定其他具体的法律,如商标法。

现实生活中的事物都可根据需要抽象成数据,也正是有了数据,计算机才有了处理对象,才能解决实际问题。但是初学计算机语言的人往往只把数据局限到数学中的数字上,这是非常不全面的,随着深入的学习,将会了解数据不只包括数字,还包括声音、图像等抽象的信息。因为数据如此重要,所以非常有必要对数据的类型、数据的运算方法以及数据的组合方式有一个全面地了解,只有如此,才能用这些基本的东西构建程序。当然,本书提到的"数据运算"也并非等效于数学中的"数据运算",它主要是指对数据的处理加工。

本章主要讲解数据类型、算术运算符的使用、赋值表达式、关系运算、逻辑运算、逗号表达式和条件表达式。

2.1.2　C语言的数据类型

　　计算机的基本功能是进行数据处理（不仅是数值计算），但是这种处理必须借助于程序的执行。数据是程序的必要组成部分，一种计算机语言提供的数据类型越丰富，它的应用范围就越广泛。C语言提供的基本数据类型比较丰富，它不仅能表达基本数据类型（如整型、实型、字符（character）型等），还提供了数组、结构体、共用体和指针等数据类型，使程序员可以利用这些数据类型组织一些复杂的数据结构（如链表、树等）。

微课2-1　认识C语言的数据类型

　　C语言提供的数据类型如图2-1所示。

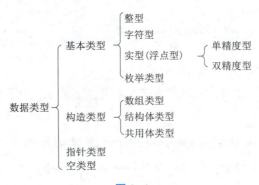

图2-1

　　构造数据类型是由基本数据类型按一定的规则构造出来的，后续会逐步学习并理解它们。

2.2　标识符、常量和变量

2.2.1　标识符的概念

　　标识符是给程序中的实体（变量、常量、函数、数组等）所起的名字。程序中的代码主要是用标识符描述的如：语句int a;，其中，int为整型标识符，a为变量名。需要注意的是，int为C语言固定的标识符，有固定的意义，也叫C语言关键字，编程者不能再给它赋予其他意义，也就是说不能作为用户标识符来使用。C语言共提供了32个关键字，读者可参阅附录Ⅱ。

微课2-2　标识符的概念与界定

> 提醒：①标识符必须是以字母或下划线开头，由字母、数字或下划线组成的字符序列；②用户不能采用C语言已有的32个关键字作为同名的用户标识符；③标识符长度没有限制；④标识符区分大小写。

例如：
①sum，PI，aa，bb43，ch，a_53ff，_lab 都是合法的标识符。
②4mm，@ma，tt＄a，_ch#a 均是不合法的标识符。

思考：count，Count 和 COUNT 是否为相同的标识符？main，float 能否作为用户标识符？

用户在定义自己的标识符时除了要合法，一般不要太长，最好不要超过8个字符。另外，在定义变量标识符时，最好做到"见名知意"，如若要定义求和的变量时，最好把变量名取为标识符 sum（在英语中 sum 有求和之意，而且较短容易记忆）；若用到圆周率的变量时，可采用 PI 或 PAI 等。

2.2.2 常量的概念

常量：在程序运行中其值不能改变的量。
例如，12，3，12.3，-2.4，3.14159，'a'（代表字符a，为字符常量）都是常量。

微课 2-3
认识常量

重点：常量可用宏定义命令#define 来定义一个常量的标识，一旦定义后，该标识将永久性代表此常量，常量标识符一般用大写字母表示。

用宏定义命令定义常量的目的是便于在大型程序中反复使用某一数值，因为它也采用了标识符"假装"数据的方式（这种方式实际上只是一种简单替换，有兴趣的读者可参考有关C语言中宏定义的知识）。C++中引入了常变量的概念，提供了类似定义变量的常量定义方法。

常量定义的一般格式如下：

```
#define 常量标识符 数值
```

【例2-1】已知圆半径为2，求圆的面积和周长。
程序如下：

```c
#define  PI 3.14              /*定义 PI 为 3.14,即圆周率值近似值*/
main()
{ int r;
  float s,l;                  /*变量类型定义*/
  r=2;                        /*为半径赋值为2*/
  s=PI*r*r;                   /*求圆面积,并且存到 s 所在的内存中*/
  l=2*r*PI;                   /*求圆周长*/
  printf("s=%f  l=%f",s,l);   /*输出面积 s 和周长 l 的值*/
}
```

运行结果:

```
s=12.560000  l=12.560000
```

2.2.3 变量的概念

1. 变量

变量是在程序的运行过程中其值可改变的量。变量在程序中起着容器的重要作用,没有变量就没有数据存储,计算机也就无法处理数据。变量的命名规则完全同标识符的命名规则,因为变量名本身就属于标识符的范畴。由于计算机中不同的数据类型所分配的内存单元不同,所以 C 语言变量在使用之前必须定义,有些书上也称变量声明,否则系统将无法为变量分配合适的内存单元。

微课 2-4
认识变量

变量定义的一般格式如下:

类型 变量名;

例如:

```
int i,j,l;
float a,b,c;
```

2. 变量的初始化

变量的初始化即给变量赋初值。在定义/声明一个变量时,系统将自动地根据变量类型给系统分配合适的内存空间。当变量初值没有指定时,系统将自动在其存储单元中放入一个随机(任意、不确定的)值,因此一般来说,变量需要预置一个值,即赋值。赋值操作通过赋值运算符"="把其右边的值赋给左边的变量。

赋值的一般格式如下:

变量名=表达式;

例如:

```
x=3;
a=a+1;
f=3*4+2;
```

> **提醒:**
> ①以上赋值的前提是变量 x,a,f 必须事先已被定义。
> ②C 语言中的"="符号是赋值运算符,不是"比较等",也就是说完全不同于数学中(如 3+4=7)"="的意义。
> ③赋值运算符"="左边必须是变量,不能是常量或常数,否则是错误的。

思考: 下面程序段中的语句是否正确?

```
#define MAX  20
main()
{  int a;
   a=3;
   MAX=8;
   9=a;
   printf("这样赋值行吗?");
}
```

另外，变量初始化也可与变量定义同时进行。例如：

```
int a=3,b=4,c=5;
float x=7.5;
```

重点：有初始化语句 int a=b=c=7;，那么这个语句是错误的，若程序中出现这样的语句，则编译器会显示"变量b，c没有被定义类型"的错误。正确的初始化语句如下。

```
int a=7,b=7,c=7;
```

或变成两条语句。

```
int a,b,c;
a=b=c=7;
```

注意：变量在赋值前要求已经被定义类型，否则，程序是无法通过的。

2.3 基本数据类型及其修饰符

2.3.1 整型数据类型

数据在计算机内存中是以二进制数的形式存在的（不清楚的读者可参阅有关计算机基础方面的书），C语言程序在执行过程中，首先被编译成目标代码，即二进制代码或机器码，程序变量的值就会以二进制的形式存在于内存中。由于二进制数在实际应用中不方便读写，所以在编程时用到的数据通常是以十进制、八进制等形式出现。

微课2-5 认识整型数据类型

C语言提供的基本变量类型及其存储空间如表2-1所示。

表2-1 C语言提供的基本数据类型及其存储空间

类型	名称	存储空间	取值范围/绝对值范围	类型定义实例
int	整型	2字节	-32 768~32 767	int a,b;
float	单精度实型	4字节	$-3.4 \times 10^{38} \sim 3.4 \times 10^{38}$，6位精度	float x,y;

续表

类型	名称	存储空间	取值范围/绝对值范围	类型定义实例
double	双精度实型	8字节	$-1.7×10^{308} \sim 1.7×10^{308}$，16位精度	double j;
char	字符型	1字节	$-128 \sim 127$	char a,b;

变量的类型决定了它可以存放的数据范围，因此在处理数据时，一定要先考虑清楚数据的特征和范围，再确定使用何种类型变量存放数据。例如，32 768 就不能赋值给一个 int 类型变量，否则，就会出现溢出错误。

整型数据分为整型常量和整型变量，在 C 语言中，整型常量有三种表示形式，在具体应用中，往往根据需要选用。

1. 整型常量

（1）十进制表示。如 123，-34，0。

（2）八进制表示：以 0 开头符合八进制规则的整型常量。如 045，0611，011。

（3）十六进制表示：以 0x 开头符合十六进制规则的整型常量。如 0x123，0xabc，0xaf。

2. 整型变量

要使变量成为整型，必须将其声明为整型。例如：

```
main()
{
    int a,b=7;              /*变量定义*/
    a=6;
    printf("%d %d",a,b);
}
```

该程序段将变量 a，b 定义为整型，并给它们分别赋初值。

> **提醒**：整型数据输出的格式控制符为 "%d"，有一个输出变量就应该有一个格式控制符与之对应。

2.3.2 实型数据类型

实型数据大致分为两大类：一类是浮点单精度实型，用 float 类型标识符表示；另一类是双精度实型，用 double 表示。

1. 实型常量

实型常量有两种表示形式，这与现实生活中所用的实数表示方法有所不同。C 语言中，实型常量或常数由小数点和数字组成，这与在数学中的表示是有区别的，C 语言中，实数的小数点前允许没有数字。

微课 2-6　认识
实型数据类型

（1）一般形式表示。如：0.21，.12，3.141 592，9 999 987.766 60。

（2）指数形式表示。指数表示法有点类似数学中的科学记数法，只不过 C 语言中用 e

或 E 代替数学表示中的 10。例如，1 240 000 用 C 语言可表示为 1.24E6。C 语言的指数表示法是有规则的，注意在 e 或 E 之前必须有数字，其后的指数部分必须为整数。例如，123e3，-1.2E3，2e2，1.6e+2，1.9E-3 都是合法的形式，而 1.23e0.7 和 e3 都不是合法的形式。

2. 实型变量

实型变量分为单精度类型变量和双精度类型变量，变量使用之前，必须要定义类型。

【例 2-2】单精度和双精度实型变量的应用。

程序如下：

```
main()
{   float x,y;              /*定义单精度变量x和y*/
    double c,d;             /*定义双精度变量c和d*/
    x=y=4.6;                /*x、y均被赋值为4.6*/
    c=988888987.111;
    d=x+c;
    printf("%f  %f",x,d);
}
```

运行结果：

```
4.600000  988888991.711000
```

程序分析：

(1) 变量 x，y，c，d 的赋值必须在其表示范围内，而且有时还要根据实际情况，考虑有效数字位数的问题。上面的程序中，若将 d 定义为 float 类型就会出现表示值不准确的情况，这是因为 float 类型数据只有 6 位精度。

(2) 不管是单精度还是双精度，其输出格式均为%f。

(3) 在 C 语言中，不管是单精度还是双精度实数，输出时小数点后默认保留 6 位小数。

2.3.3 字符型数据类型

1. 字符常量

字符常量是用单撇号括起来的单个字符，或转义字符，如'a'，'E'，'¥'，'$'，'9'，'\t'，'\101'，'\x1f' 都是字符常量（后 3 个是转义字符）。注意，单撇号只是字符常量的一个标志，并非字符常量的一部分，字符常量只能是单个字符，当输出一个字符常量时不输出单撇号。字符常量在计算机内存储时，并不是按其原貌存储的，实际上每个字符常量都被指定了一个固定的值，这就是 ASCII 码值，也就是说，字符常量是以 ASCII 码值的形式存在的，在内存中占 1 字节（Byte）的存储空间。计算机需要输出字符常量时，自动地将 ASCII 码值转变为其所对应的字符输出。关于 ASCII 码，请参阅附录 I。

微课 2-7 认识字符型数据类型

有些控制字符是无法直接用单撇号括起单个字符来实现的，例如，换行，它可用转义字

符 '\n' 来实现。转义字符数目不多,而且每一个转义字符的功能是确定的,转义字符如表 2-2 所示。

通过查 ASCII 码表及对转义字符的理解,可以知道转义字符 '\101' 实际上是 ASCII 码值为 65 的字符 'A',其中 101 为八进制数。

表 2-2 转义字符

码	意义	码	意义
\b	退格	\\	反斜线
\f	换页	\v	竖向跳格
\n	换行	\a	报警
\r	回车换行	\?	问号
\t	横向跳格	\ddd	1~3 位八进制数所代表的字符
\"	双引号	\xhh	1~2 位十六进制数所代表的字符
\'	单引号		

思考:

(1) 5 与'5'是否相同?为什么?

分析:不相同,5 是整数,'5' 是字符常量,其值为 53,'5' 远远大于 5。

(2) a 与'a'是否相同?为什么?

分析:不相同,a 是标识符,可看作变量,其值由所赋的值决定。

2. 字符变量

字符变量主要是为了存储字符常量,字符常量是以 ASCII 码值的形式存储的。字符变量的定义方法为

```
char  变量名;
```

【例 2-3】演示字符常量和字符变量的使用。

程序如下:

```
main()
{   char  ch,c;              /*定义字符变量 ch,c*/
    ch='\100';               /*给字符变量 ch 赋一个转义字符,其中 100 为八进制数*/
    c='g';                   /*把字符常量 g 赋给字符变量 c*/
    printf("%c\n%c",c,ch);   /* \n 为转义字符,表示换行*/
}
```

运行结果:

g
@

程序分析：

（1）转义字符'\100'换算后其值为64（十进制数），查ASCII码表后可知代表字符'@'。

（2）字符型变量的输出格式符为%c。

（3）程序运行时，先输出字符变量c的值，由于遇到转义字符'\n'便换行，接着输出字符变量ch的值。

重点：字符在内存中是以ASCII码值的形式存在的，因此字符型变量可与整型变量在其范围内互相赋值。

【例2-4】演示字符型数据与整型数据互相赋值的情况。

程序如下：

```
main()
{  char  c1,c2;
   int   a;
   c1='a',c2=98;
   a='a';                                /*体会"="两边的a意义有何不同*/
   printf("c1=%c  c2=%c  a=%d",c1,c2,a);
}
```

运行结果：

c1=a c2=b a=97

程序分析：

（1）字符变量c1，c2的值是以其ASCII码值的形式存在的，并非其字符本身，如图2-2所示，当然实际上存储的是二进制的ASCII码值，如图2-3所示。

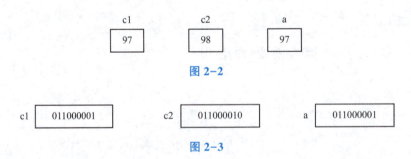

图2-2

图2-3

（2）整型变量a是整数97，但最终也是以二进制的形式存储在内存中的，这样整型数据与字符型数据在内存中没有本质区别。

（3）整型数据与字符型数据输出的形式取决于输出格式符：若以%d格式控制，则输出整数；若以%c格式控制，则输出字符。

（4）在输出函数prinf()双引号中的c1=，c2=，a=属于输出的提示信息，不是格式控制符，因此将原样输出。

2.3.4 字符串的概念

字符串（string）常量是由双引号括起的若干字符序列，如" CHINA "、" ab $ "、" I love chong qing!"都属于字符串常量。字符串在存储时，每一个字符元素占1字节，但是整个串占用的空间并不等于串中字符元素的个数，而是字符元素个数加1，因为字符串有一个结束标志'\0'要占1字节（'\0'是一个ASCII码为0的"空操作字符"）。如" CHINA "的存储情况如图2-4所示。

微课2-8
认识字符串

| C | H | I | N | A | \0 |

图 2-4

> 提醒：C语言没有专门的字符串变量，一般用字符数组来存放。

串和字符是不能混为一谈的。单个字符用单引号括起来是字符常量，如'a'，但"a"却是一个字符串常量，它们所占的内存空间大小也不一样。

思考：仔细分析下面的程序，找出错误的语句。

```
main()
{   char c;
    c="a";
    printf("output character:\n");
    printf("%c",c);
}
```

2.3.5 基本类型修饰符

还可以在基本类型的前面添加修饰符实现基本类型的"范围扩充"。类型修饰符可以改变基本类型的含义，以更加精确地适合特定环境的需要。C语言提供的修饰符包含：signed（有符号）、unsigned（无符号）、long（长型）、short（短型）。

微课2-9 基本类型修饰符的应用

以上修饰符均可修饰 int 类型，其中部分也可修饰 char 和 double 类型，关于修饰符的用法这里只研究它与 int 类型的搭配，如表2-3所示，其他类型用法也是一样。有需要了解其他类型修饰用法的读者可参阅相关 C 语言书籍。

表 2-3 ANSI 标准定义的整数类型

类型	字节数	最小取值范围
signed int	2	-32 768～32 767
unsigned int	2	0～65 535

续表

类型	字节数	最小取值范围
signed short int	2	−32 768~32 767
unsigned short int	2	0~65 535
long int	4	−2 147 483 648~2 147 483 647
unsigned long int	4	0~4 294 967 295

类型修饰符是为了给用户提供更大范围的数据定义而提供的，基本类型 int 实际上指的是 signed int 类型，其表示范围相当小，若用到比较大的整型数据时，可考虑使用修饰符。

当类型修饰符独自使用时，则认为是修饰 int 类型的。因此，表 2-4 所示的几种类型修饰符是等效的。

表 2-4 等效关系

修饰符	等效于
signed	signed int
unsigned	unsigned int
long	long int
short	short int

【例 2-5】修饰符 long 的正确使用。

程序如下：

```
main()
{   short x1,y1;
    long x2,y2;
    x1=32767;y1=32769;          /*注意 y1 的赋值超出了其表示范围*/
    x2=32767L;y2=32769L;        /*数字后的 L 表示该数据是长整型,是合法的书写方法*/
    printf("x1=%d,x2=%ld \ny1=%d,y2=%ld",x1,x2,y1,y2);/* \n 为换行符*/
}
```

运行结果：

x1=32767,x2=32767
y1=−32767,y2=32769

程序分析：

（1）由于 short 类型的取值范围是−32 768~32 767，在此范围内的 short 和 long 类型的数据输出结果相同，因此，变量 x1 与变量 x2 的输出结果一致。

（2）变量 y1 是 short 类型变量，它只能正确接收在其表示范围内的数据，而程序中给 y1 赋的值是 32 769，超出了 y1 的表示范围。在 short 类型表示的范围内，32 769 在内存中的形式为10000000 00000001（二进制数），这正好与-32 767在计算机内存中的形式完全相同，故y1输出为-32 767。

（3）变量y2是long类型变量，程序中给y2赋值32 769，完全在long类型的表示范围内，在内存中占4字节，即00000000 00000000 10000000 00000001，最高位是0为正数，因此输出结果为32 769。

（4）长整型常量的表示形式是在数值后加上字母L（也可以是小写字母l）。

（5）长整型数据输出格式为%ld。

2.4 基本数据的输入与输出

C语言本身没有输入/输出语句，输入/输出是由C语言函数库提供的。C语言在其函数库中提供了大量具有独立功能的函数程序块，printf( )和scanf( )函数是C语言中两个最基本的库函数，它们存于Turbo C所在目录的子目录include的stdio.h头文件中，使用时，应在源程序中加入#include <stdio.h>，当然，由于这两个函数经常用到，也可省略包含头文件。要用到其他库函数一定要将其头文件包含进来。

【例2-6】输入一个整数，输出其绝对值。

程序如下：

```
#include<math.h>        /*注意这里不能有分号*/
main()
{   int a,b;
    scanf("%d",&a);     /*键盘输入函数*/
    b=abs(a);           /*调用绝对值函数*/
    printf("%d",b);
}
```

程序分析：

在这个程序中用到了数学函数，C语言在数学头文件中提供了许多数学函数，具体情况请参看C语言库函数。

2.4.1 输出在C语言中的实现

printf( )函数：格式输出函数。
格式：

printf(格式控制,输出列表)

微课2-10 基本数据的输出格式

其中，"格式控制"是用双引号括起来的字符串，它包括两种信息：①格式说明，由%和格式字符组成，如%d,%f等；②普通字符，即需要原样输出的字符，如 printf("a= %d",a);中的下划线部分就是普通字符。"输出表列"可以是若干个需要输出的数据变量，也可以是表达式。

【例2-7】表达式值的输出。
程序如下：

```
main()
{  int a,b,s;
   a=5; b=2;
   printf("a=%d,s=%d",a,a+b);
}
```

运行结果：

```
a=5,s=7
```

程序分析：
（1）printf()函数双引号内的 a= 和 s= 都属于普通字符。
（2）printf()函数输出列表的 a+b 就是一个表达式，系统先求其和，然后将值输出。
主要的格式字符如下。
（1）%d 格式：输出十进制整数。
（2）%c 格式：输出一个字符。
（3）%s 格式：输出一个字符串。
（4）%f 格式：用来输出实数（包括单/双精度）。

【例2-8】输出格式符的用法。
程序如下：

```
main()
{  char  b;
   b=97;    /*将 ASCII 码值为 97 的字符赋给变量 b*/
   printf("%c \n",b); /*输出 b 后换行*/
   printf("%s","do you know it ?"); /*输出字符串常量*/
}
```

运行结果：

```
a
do you know it?
```

2.4.2 输入在 C 语言中的实现

scanf()函数：格式输入函数。
格式：

```
scanf(格式控制,地址列表)
```

微课 2-11 基本数据
的输入格式

> 提醒：①"格式控制"的含义与 printf( )函数的相同；②"地址列表"是由若干个以 & 开头的地址项。

【例 2-9】输入函数的用法。

程序如下：

```
main()
{  int a,b;
   float  c,d;
   printf("请输入变量的值:");      /*提示用户的信息*/
   scanf("%d%d",&a,&b);
   scanf("%f,%f",&c,&d);
   printf("%d  %d  %f  %f",a,b,c,d);
}
```

运行结果：

```
请输入变量的值:12   7   19.1,21
12   7   19.100000    21.000000
```

程序分析：

（1）程序在执行过程中，会显示"请输入变量的值："的信息，并等待程序执行人员输入变量值，若执行人员不响应，则程序会一直等待。然而类似的输入提示也可不要，但它给程序执行人员提示应该做什么，避免了执行人员不知所措的局面，体现了程序的人性化和友好性。

（2）程序执行到 scanf("%d%d",&a,&b);语句时，程序执行者在给变量 a 和 b 输入数据时，数据间隔可以是若干空格，也可输入一个数，按回车键一次。例如：

```
12
7
```

注意：不能用逗号作为两数的间隔，因为该输入函数双引号内的控制格式没有逗号。

（3）程序执行到 scanf("%f,%f",&c,&d);语句时，由于控制格式用逗号作为变量 c，d 的间隔，因此在输入数值时，两数间只能用逗号作为间隔符，而不能用其他符号作为间隔符。

（4）应用输入函数输入数据时应注意，不同类型的数据要用与其匹配的格式控制符，这与输出函数的使用一样。

微课 2-12 字符数据的专用输入/输出函数应用

2.4.3 字符数据的专用输入/输出函数

为了方便用户实现字符数据的输入/输出，C 语言专门提供了字符输入/输出函数，这两个函数也包含在头文件 stdio.h 中，在使用时，必须在程序的主函数前加上#include <stdio.h>或#include" stdio.h"。

1. putchar( )函数（字符输出函数）

格式：

```
putchar(字符变量/字符常量)
```

功能：在显示设备上输出一个字符变量的值。

【例2-11】使用 putchar( )函数实现输出 CHINA 的信息。

程序如下：

```
#include<stdio.h>    /*使用字符输入/输出函数时必须包含此头文件*/
main()
{   char  a,b,c,d,e;
    a='C';b='H';c='I';d='N';e='A';
    putchar(a);putchar(b);putchar(c);
    putchar(d);putchar(e);
}
```

运行结果：

```
CHINA
```

程序分析：

（1）putchar( )函数每次只能输出一个字符，如 putchar(a,b)，这样输出多个变量值的做法是错误的。

（2）直接使用 printf( )函数以字符串的方式输出 CHINA 反而简单得多，在此只是为了练习 putchar( )函数的用法。

2. getchar( )函数（字符输入函数）

格式：

```
getchar()
```

功能：从终端设备输入一个字符，一般是从键盘输入字符。

【例2-11】使用 getchar( )和 putchar( )函数，实现输入一个字符并输出。

程序如下：

```
#include<stdio.h>
main()
{   char  c;
    printf("Please input a character:");
    c=getchar();/*把接收到的字符存储到变量c中*/
    putchar(c); /*输出变量c的内容*/
}
```

运行结果：

```
Please input a character:m
m
```

程序分析：getchar( )函数只能接收一个字符。getchar( )函数接收的字符可以赋给一个字符型或整型变量，也可以不赋给任何变量，而仅作为表达式的一部分。如用 putchar（getchar( )）;语句可代替【例2-11】的第5、第6行代码，达到同样的功能。

> 提醒：getchar( )和 putchar( )函数每次只能处理一个字符，并且 getchar( )函数没有参数。

2.5 运算符和表达式

C语言的基本运算是由运算符提供的。C语言的内部运算符很丰富，运算符也称操作符，是告诉编译程序执行特定算术或逻辑操作的信号。参加运算的数据和运算符连接起来构成运算表达式，简称表达式。表达式中的数据可以是变量也可以是常量，运算符也可以由各种运算组成，也就是说表达式可以是混合运算。C语言最基本的运算有算术运算、赋值运算、关系运算、逻辑运算等。本章只对算术运算、赋值运算、关系运算和逻辑运算进行介绍。

2.5.1 算术运算符与算术表达式

1. 算术运算符

算术运算符是算术运算的基本元素，表2-5列出了C语言中允许的算术运算符。在C语言中，运算符+、-、*和/的用法与大多数计算机语言的用法相同，几乎可用于所有C语言内定义的数据类型。但当除法运算符/两边的运算量完全是整数或字符时，结果取整。例如，在整数除法中，10/3=3。模运算符%是一种求余运算，称为模运算。注意，模运算是取整数除法的余数，因此%不能用于实型数据的运算。

微课 2-13 算术运算符的应用

表 2-5 算术运算符

操作符	作用	示例
-	减法	5-3, -2, a-b, 7.9-6
+	加法	12+2.1, 8+c
*	乘法	15*6, 6.1*2
/	除法	78/3, 78.0/3
%	求模（求余）	78%3

C语言规定，只要参加+、-、*、/运算的两个数中有一个数为实数，则运算结果的类型为double类型，因为所有实数都按double类型进行运算。

2. 算术表达式

算术表达式是用算术运算符和括号将数据对象连接起来组成的式子。如表达式 a*d/c-2.5+'a' 就是一个合法的算术表达式。表达式的运算按照运算符的结合性和优先级来进行。

C 语言规定了运算符的结合方向，即结合性。如表达式 7+9+1，计算机在运算时，是先计算 7+9 还是先计算 9+1？这就是左结合性还是右结合性的问题。一般运算的结合性是自左向右的左结合，但也有右结合的运算。

如果只有结合性显然不够，上面的例子属于同级运算（只有加运算），但是如 7+9*2，就不能只考虑运算的结合性，还要考虑运算符的优先级问题。数学里的混合运算规则：先算括号里的，然后算乘除，最后算加减。C 语言算术运算符的优先级与小学数学中的混合运算规则大致相同，即优先级从高到低是

() → 负号 → *、/、% → +、-

其中，*、/、% 的优先级相同，+、- 的优先级相同。表达式求值时，先按运算符优先级高低依次执行，遇到相同优先级的运算符时，则按"左结合"处理。如表达式 a+b*c/2，其运算符执行顺序为 * → / → +。

【例 2-12】运算符 / 和 % 的用法。

程序如下：

```
main()
{   int a,b;
    float c;
    a=5/3;
    c=5/3.0;
    b=5%3;      /*注意运算符%要求操作数必须为整型*/
    printf("a=%d,c=%f,b=%d",a,c,b);
}
```

运行结果：

a=1,c=1.666667,b=2

程序分析：

（1）运算符 / 的操作数若全部为整数，则结果的小数部分将被自动舍掉，运算结果取整，因此 5/3 的结果是 1。因为语句 c=5/3.0; 中操作数 3.0 是实型，所以结果按实际运算得出 1.666 667，故 c=1.666 667。

（2）语句 c=5%3; 中，注意 % 是求模（取余数）运算，它要求操作数必须是整型。

微课 2-14　赋值运算与复合赋值应用

2.5.2 赋值运算符与赋值表达式

1. 赋值运算

赋值就是根据实际应用给变量指定一个确定的值，它通过赋值运算符 = 来实现。变量在

定义类型之后，赋值之前，其值是不确定的，如果不对它进行赋值就直接用该变量进行运算，将会产生无用的结果。如下面的程序段：

```
float s,r;
s=3.14*r*r;
```

假定上面程序段的功能是求半径为3的圆的面积，但是由于变量r没被赋初值3，它的值是系统随机产生的，也就达不到想要的结果，因此一定要依据实际需要恰当地给变量赋值。

目前知道了赋值运算符=的一些用法，最初的印象是它只是一个传送值的一个符号，其实在C语言中，它与加减乘除一样是一种运算符。C语言中，可以在任何有效的C语言表达式中使用赋值运算符，因此了解=运算符是很重要的。

C语言赋值语句的一般格式如下：

```
变量名=表达式;
```

其中，表达式可以是简单的一个变量或常量，也可以是有效的各种混合运算的"式子"。但赋值运算符的左部（赋值目标）必须是变量，不能是函数或常量，否则是错误的。如 j=5+3，u=a+b，f=a*b+5 都是正确的赋值（假定变量 a，b，f，u，j 已定义），但如 7=8 是错误的赋值。

2. 复合赋值

赋值表达式有一种变形，称为复合赋值，它简化了一定类型赋值操作的编码。例如，语句 x=x+10；可以改写成 x+=10；。

操作符+=告诉编译程序：x 被赋值为 x 加 10。类似的还有 -=、*=、/=、%=，它们的使用方法完全一样，如 b-=9 等价于 b=b-9，y*=x+12 等价于 y=y*(x+12)，t/=3 等价于 t=t/3，a%=b+2 等价于 a=a%(b+2)。

通过这些例子，读者应该能够对复合赋值的用法及其特点有所掌握。

由于在特定情况下，复合赋值比相应的=赋值更紧凑，因此复合赋值也称简化赋值，它被广泛用于专业C程序的编写，应该对它有所了解。

思考： 如何将下面的算术表达式转化为合法的复合赋值表达式？

(1) y=y+9*x。

(2) a=a%(b*2)。

3. 增量和减量（自增和自减）

C语言包括其他语言一般不支持的两种非常实用的操作符，即增量操作符++和减量操作符--，也称自增运算符和自减运算符。操作符++的功能是使操作数增加一个单位，操作符--的功能是使操作数减少一个单位。也就是说，x=x+1；与++x；一样，x=x-1；与x--；完全一样。

微课2-15 自增与自减运算的应用

增量和减量操作符都能放到操作数前面，也可放到操作数后面。表2-6的表达式等价情况就说明了这一点。

表 2-6 增量和减量运算符的等价情况

x=x+1;	等价	x++;
		++x;
x=x-1;	等价	x--;
		--x;

表 2-6 中 x++;与++x;等价，而 x--;与--x;等价的前提是：它们本身是单独的表达式语句，但是如果它们是表达式的一部分，增量和减量操作符置前置后是截然不同的。增量或减量操作符位于操作数之前时，C 语言先执行增量或减量操作，然后才使用操作数的值；如操作符置在操作数后面，则 C 语言先使用操作数的值，然后再相应地增量或减量操作数的内容。例如：

```
x=10;
y=++x;
```

变量 x 的值先增 1，变成 11，然后将 x 的值 11 置给变量 y，因此 y 的值也为 11。若：

```
x=10;
y=x++;
```

先引用 x 的值 10，并将 10 赋给 y，而后 x 的值才增 1，变成 11。这两种情况下，x 的值最终都变成了 11，但是它们发生变化的时间不同，因此导致了 y 的结果不同。运算符--的用法亦然。

> **提醒**：运算符++、--在算术运算符中优先级最高。

【例 2-13】自增与自减的使用方法。
程序如下：

```
main()
{ int a,b,c,d,e,f;
  a=b=c=d=10;
  a++;   ++b;
  c--;   --d;
  printf("a=%d b=%d c=%d d=%d\n",a,b,c,d);    /*注意输出后换行*/
  e=a++;f=++b;      /*认真分析 e、f 的结果是否相同*/
  printf("a=%d b=%d e=%d f=%d",a,b,e,f);
}
```

运行结果：

```
a=11 b=11 c=9 d=9
a=12 b=12 e=11 f=12
```

程序分析：

（1）计算机执行完第 5 行代码后，变量 a，b，c，d 由于增量（也包括减量）的原因，内存中 a=11，b=11，c=9，d=9，因此当执行完第 6 行代码后，会产生第一行的运行结果。

（2）计算机运行到语句 e=a++；时，表达式先引用 a 的值（此时，a 的值已由原来的 10 变为 11），并将其赋给变量 e，因此 e 的值是 11，同时 a 执行了增量运算，变成了 12。与其不同的是语句 f=++b；，该语句先执行++b，即先使变量 b 增量变为 12，其次将 b 的值 12 再赋给变量 f，因此会产生第二行的执行结果。

思考：分析语句 8++；是什么意思？

分析：语句 8++；是非法的 C 语言表达式，没有任何意义。这是因为增量或减量运算的实质是赋值表达式，如 I++；它实际上相当于 I=I+1；，也就是说，将变量 I 的值增 1 后再存储到变量 I 所在的内存空间，原本内存中 I 的值将被新值所覆盖。但是作为常数 8，它不能存储其自身增 1 后的值，因为它不是变量，也就不能被分配相应的内存空间。

2.5.3 关系运算与逻辑运算

在现实生活中，许多事情是有一定条件约束限制的。作为计算机语言，用其编程的目的最终还是为了解决现实生活错综复杂的问题。对于 C 语言来说，条件是由关系运算符和逻辑运算符组织起来的，因此必须对关系运算和逻辑运算有深刻的认识。

微课 2-16 关系运算的应用

在术语关系运算中，关系指各个数值之间的关系。在术语逻辑运算中，逻辑指怎样组合数值之间的关系。因为关系运算和逻辑运算经常一起使用，所以在此一起讨论。

一个条件若成立，则认为它是真的，否则为假，因此真和假是关系运算和逻辑运算的基础，也是其基本元素。C 语言中，真就是非零值，假就是零值，关系运算或逻辑运算的返回结果若为真，则用 1 表示，若为假，则用 0 表示。

1. 关系运算

（1）关系运算符。

关系运算主要是比较两个数据是否符合某种给定条件的运算，关系运算符则起到比较的作用。C 语言提供的关系运算符及优先级如图 2-5 所示。

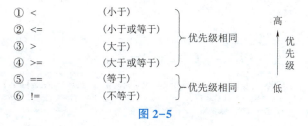

图 2-5

需要说明的是，关系运算符 == 是"比较等"，也就是说，比较两个运算量是否相等。运算结果要么为真，要么为假，它完全不同于赋值运算符 =，赋值运算是将右值赋给左部变量,赋值运算符没有比较的意义,一定要弄清楚它们在用法上的区别。

关系运算符的运算优先次序如下。

①如图 2-5 所示,前 4 种运算符的优先级相同,后 2 种相同,前 4 种的优先级高于后 2 种。

②关系运算符的优先级低于算术运算符。

③关系运算符的优先级高于赋值运算符。

关系运算的结合性也是"左结合性"。

例如,下面每组表达式都是等价的。

①b<=a*2 与 b<=(a*2)。

②a==b>7 与 a==(b>7)。

③a=b>c 与 a=(b>c)。

(2) 关系表达式。

用关系运算符将两个表达式连接起来的式子叫关系表达式。关系表达式的值是 1 或 0。试分析下面表达式的值。

1) 若 a=3,b=2,c=1,则下列表达式的值分别为多少?

①(a>b)==c。

②b+c<a。

③f=a<b>c。

分析:

①(a>b)==c	②b+c< a	③f=a<b>c
$\dfrac{1==1}{1}$	$\dfrac{3<3}{0}$	$\dfrac{0>1}{0}$

2) 表达式(a=3)>(b=5)的值是多少?

分析:由于表达式有小括号,因此自左向右先计算括号里面的,即先给变量 a 赋值 3,然后给变量 b 赋值 5,最后是 a 与 b 值的比较,因为 3>5 为假,所以表达式的值是 0。

3) 表达式'c'!='C'的值是多少?

分析:该表达式是两个字符的比较,也就是字符 ASCII 值的比较,由于字符 c 的值是 99,而字符 C 的值是 67,它们是不相等的,故表达式的值为 1。

【例 2-14】关系运算符的运用。

程序如下:

```
main()
{   int a=3,b=2;
    printf("%d,%d,%d,%d,%d,%d",a<b,a<=b,a>b,a>=b,a==b,a!=b);
}
```

运行结果:

```
0,0,1,1,0,1
```

2. 逻辑运算

（1）逻辑运算符。

逻辑运算表示两个数据或表达式之间的逻辑关系。C 语言提供的逻辑运算符有三个，它们分别是 &&（逻辑与）、||（逻辑或）、!（逻辑非）。

微课 2-17　逻辑运算的应用

逻辑运算的结果也只有真和假，即 1 和 0。它们的运用情况如表 2-7 所示。

表 2-7　逻辑运算的真假值运用情况

数值情况		运算及结果			
a	b	!a	!b	a && b	a || b
0	0	1	1	0	0
0	1	1	0	0	1
1	0	0	1	0	1
1	1	0	0	1	1

逻辑运算符的使用说明如下。

① && 是双目运算符，即需要两个运算量，一般格式为表达式 1 && 表达式 2，只有表达式 1 和表达式 2 同时为真时，"与运算"的逻辑值才为真，否则逻辑值为假。

② || 也是双目运算符，其一般格式为表达式 1 || 表达式 2，表达式 1 或表达式 2 只要有一个为真，则"或运算"的逻辑值为真，只有当两个运算量表达式都为假时，"或运算"的值才为假。

③ ! 是单目运算符（只有一个运算量），一般格式为! 表达式。"非运算"也就是否定的意思，若表达式为真，则"非运算"值为假，否则为真。

逻辑运算符! 的结合性为"右结合性"，&& 和 || 的结合性仍是"左结合性"。

逻辑运算符的优先级情况如图 2-6 所示。

图 2-6

> 提醒：
> ① && 和 || 的优先级低于关系运算符，! 高于算术运算符。
> ② 逻辑表达式中的逻辑量若不是 0，则认为该量为真。

由以上可知，下面是等效的 C 语言写法。

①（x>y）&&（9<5）与 x>y && 9<5。

②（a+b）||（c==d）与 a+b || c==d。

③（a>c）||（!d）与 a>c || !d。

（2）逻辑表达式。

逻辑表达式的值应该是一个真值或假值的逻辑量，C 语言编译系统在判断一个量是否为真时，主要是看该量是否为非零值，若为非零值，则认为其为真，用 1 表示；若该量为零值，则认为其为假，用 0 表示。

> **思考**：若 a=5，b=3，试分析下面表达式的逻辑值是多少？

```
5>3 && 2 || 7<4-!0
```

分析：根据优先级，该表达式执行的先后顺序大致如下。

第一步，5>3 && 2 || 7<4-!0。

第二步，1 && 2 || 7 <4-!0。

第三步，1 || 7<4-!0。

第四步，1。

a || b，如果 a 表达式值为真，结果就是真。就不需要再判断 b 表达式的值。因此上面表达式中的 7<4-!0 没有参与运算。

上面表达式最后的结果是 1。

用合法的 C 语言描述下列命题。

①a 和 b 中有一个大于 c。

②a 不能被 b 整除。

③判断某年（year）是否为闰年（提示，某年若是闰年，则必须符合下列条件之一：该年可以被 4 整除，但不能被 100 整除；该年可以被 400 整除）。

求解：

①a>c || b>c 或（a>c）||（b>c）；

②a % b ! =0；

③若表达式(year % 4==0 && year % 100 !=0) || (year % 400==0)成立，则该年为闰年。

需要提出的是，在逻辑表达式的求解过程中，并不是所有的逻辑量、运算符都被执行，只是必须执行该逻辑量才能求出整个表达式的解时，才执行该运算量或运算符。例如，a && b && c，只有 a 为非零值时，才需判断逻辑量 b 的值；只有 a 和 b 都为真时，才需考虑 c 的值。如果 a 为假，就不用判断 b 和 c 的值，因为这是与运算，整个表达式的值已经可以确定为假。

同样的道理，对于逻辑或，如 a || b || c，只要 a 为真，无须再判断 b 和 c，就能确定整个表达式的值为真。

> **思考**：若 a=9，b=10，c=1，d=7，x=8，y=15，则计算机执行了语句 m=(x=a>b) &&(y=c<d);后，m 和 y 的值分别是多少？

2.5.4 位运算

程序中的所有数在计算机内存中都是以二进制的形式存储的，位运算就是对这些数在内存的二进制位进行运算。位运算在图形图像处理、网络协议、密码学等计算机科学领域中具有广泛应用。例如，在图形图像处理中，可以高效地实现图像的压缩和解压缩；在网络协议中，位运算可以对数据进行高效的打包和解包；在密码学中，位运算可以实现高效的加密和解密算法。

1. 位运算符

C 语言提供了六种基本的位运算操作符：按位与、按位或、按位取反、按位异或、左移和右移，但只能作用于整型或字符型数据。在计算机中，位运算使用的是二进制补码，而正数的补码是它本身，负数的补码则是符号位不变，其余按位取反，最后加 1，如表 2-8 所示。

表 2-8 位运算符

操作符	作用	运算规则	示例
&	按位与	两位都为 1 时，结果为 1	1&1=1，1&0=0，0&1=0，0&0=0
|	按位或	两位都为 0 时，结果为 0	0|0=0，0|1=1，1|0=1，1|1=1
^	按位异或	两位相同为 0，相异为 1	1^1=0，0^0=0，1^0=1，0^1=1
~	按位取反	0 变 1，1 变 0	~1=0，~0=1
<<	左移	二进制位全部左移指定位，高位丢弃，低位补 0	$(01010110)_2 << 2 = (01011000)_2$
>>	右移	二进制位全部右移指定位，若无符号数，高位补 0，若有符号数，符号位不变	$(01010110)_2 >> 2 = (00010101)_2$

位运算符的使用说明如下。

（1）按位取反是单目运算符，结合性为"右结合"性，运算符方向从右向左；其余位运算符都是双目运算符，从左往右运算。

（2）位运算符的优先级从高到低依次为按位取反、左移、右移、按位与、按位异或、按位或，即在一个表达式中，按位取反的运算先于左移和右移运算，而按位与的运算优先于按位异或和按位或的运算，如图 2-7 所示。

位运算符的优先级

图 2-7

> 提醒：
> ①位运算符是对二进制数进行位级运算。
> ②按位取反优先级高于算术运算符，左移、右移运算符低于算术运算符但高于关系运算符，按位与、按位异或和按位或优先级低于关系运算符但高于逻辑运算符（&& 和 ||）。

由以上可知，等效的 C 语言写法如下。

① (a&b)^(c<<2) 与 a&b^c<<2。
② (x+y)>>2 ‖ z 与 x+y>>2 ‖ z。
③ (a^3)&&(b<<2) 与 a^3 && b<<2。

思考：

（1） 5&0，5 | 0，5^0 的结果分别是多少？

分析：任意一个整数与 0 按位与的结果为 0，但与 0 按位或、按位异或的结果值不变。则 5&0 等于 0，5 | 0，5^0 的结果都是 5。

（2） a&a，a | a，a^a 的结果分别是多少？

分析：任意两个相同的整数按位与、按位或运算，结果值不变；但相同的两个整数进行按位异或，结果变成 0。这里的 a 表示的任意的整数值，则 a&a、a | a 的结果还是 a，a^a 等于 0。

2. 位运算的应用

位运算在 C 语言中具有很多应用场景。例如，按位与运算常用于位掩码操作，按位或运算常用于设置标志位，按位异或运算常用于数据加密与解密，按位取反运算常用于数据反转等。左移和右移运算可以快速地实现对数据乘以或除以 2 的 n 次方操作。

在计算机中数据都是以二进制进行运算的，因此位运算是效率最高的运算。

【例 2-15】位运算符的操作。

程序如下：

```c
#include <stdio.h>
main()
{
    int a = 60;                    //60 = 0011 1100
    int b = 13;                    //13 = 0000 1101
    int c1,c2,c3,c4,c5,c6;
    c1 = a & b;                    //c1 = 12 (12 = 0000 1100)
    c2 = a | b;                    //c2 = 61 (61 = 0011 1101)
    c3 = a ^ b;                    //c3 = 49 (49 = 0011 0001)
    c4 = ~a;                       //c4 = -61 (-61 = 1100 0011)
    c5 = a << 2;                   //c5 = 240 (240 = 1111 0000)
    c6 = a >> 2;                   //c6 = 15  (15 = 0000 1111)
    printf("c1=%d,c2=%d,c3=%d\n",c1,c2,c3);
    printf("c4=%d,c5=%d,c6=%d\n",c4,c5,c6);
}
```

运行结果：

c1 = 12,c2 = 61,c3 = 49
c4 = -61,c5 = 240,c6 = 15

【例 2-16】使用异或运算符进行加密、解密。

程序如下：

```c
#include <stdio.h>
main()
{
    int   a,b,c;
    a=5;                    //a 假设是明文数据
    b=6;                    //b 假设是密钥整数
    c=a^b;                  // 明文数据与密钥进行异或,实现加密
    printf("c=%d\n",c);
    a=c^b;                  // 密文数据与密钥进行异或,实现解密
    printf("a=%d\n",a);
}
```

运行结果：

```
c=3
a=5
```

程序分析：

先执行 c=a^b；运算，再执行 a=c^b；，则 a=a^b^b，由于任意两个相同的整数进行位异或运算的结果是 0，则 a=a^0，且任意整数与 0 位异或，值不变，因此 a 的值还是 5。

在二进制运算中，将明文的二进制位与密钥进行按位异或运算，将得到密文；将此密文与密钥再次进行按位异或运算，又可以得到明文，实现了数据的加密解密功能。

【例 2-17】使用位运算实现两个整数的交换。

程序如下：

```c
#include <stdio.h>
main()
{
    int a=3;
    int b=5;
    a=a^b;
    b=b^a;
    a=a^b;
    printf("a=%d b=%d",a,b);
}
```

运行结果：

```
a=5 b=3
```

程序分析：

（1）执行前两个赋值语句：a=a^b; 和 b=b^a;，相当于 b=b^ (a^b)，根据交换律和异或性质，b=b^b^a=0^a=a，则 b 的值为 a。

（2）执行第三个赋值语句 a=a^b;，由于前面 a 的值等于 a^b，b 的值等于 a，相当于 a= (a^b) ^a，即 a 的值等于 b。

这就实现了交换操作。

2.6 数据类型转换

在表达式中混用不同类型的常量及变量时，它们要转换成同一类型后才能运算。运算时，C 语言编译程序会把所有操作数转换成参加运算的操作数中表示范围最大的那种类型，称为类型提升。例如，若 a 是 int 类型，b 是 long int 类型，则表达式 10+a*b 的类型应该是 long int 类型。因此弄清楚不同类型的数据运算的结果类型是必要的。

2.6.1 自动类型转换

C 语言规定，不同类型的数据在参加运算前会自动转换成相同的类型，再进行运算。转换规则是：所有 char 类型和 short int 类型将自动提升为 int 类型，若参加运算的数据有 float 类型或 double 类型，则转换成 double 类型再运算，结果为 double 类型。如果运算的数据中无 float 类型或 double 类型，但有 long 类型，数据自动转换成 long 类型再运算，结果为 long 类型。一句话，转换时，所有数据都向该表达式中数据表示范围宽的那种类型自动转换，不过，若有 float 类型，自动转换成 double 类型。当然，不同类型的数据参加混合运算的类型转换是计算机在执行时自动转换的，并没有人为控制，但是了解类型转换机制，对深入了解 C 语言是有好处的。

微课 2-18　自动类型转换与强制类型转换

例如，下面的代码。

```
char ch;
int i;
float f;
double d,result;
result=(ch/i)+(f*d)-(f+i);
```

其类型转换过程如图 2-8 所示。

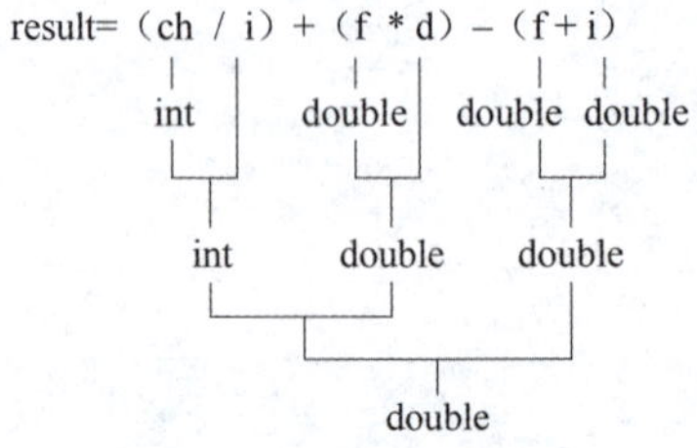

图 2-8

2.6.2 强制类型转换

使用强制类型转换，可以把表达式的结果硬性转换为指定类型，其一般格式如下：

(类型)表达式；

其中，类型是将要转换的有效 C 语言数据类型。例如，为确保表达式 x/2 求值成 float 类型，可以书写成（float）x/2。

实际上强制转换（类型）是操作符，由于它是单目运算，因此优先级较高，它与自增自减运算符属于同一优先等级。

【例 2-18】强制类型转换的用法。

程序如下：

```
main()
{   int a=2,b=7,c;
    float x=15.5,y,z;
    y=a/b;
    z=(float)a/b;      /*将整型变量 a 的值转换为实型数据*/
    c=(int)x%a;        /*请考虑变量 x 的值不转换类型可以吗*/
    printf("y=%f z=%f c=%d x=%f",y,z,c,x);
}
```

运行结果：

```
y=0.000000 z=0.285714 c=1 x=15.500000
```

程序分析：

（1）程序的第 4 条和第 5 条语句，虽然都是变量 a 除以变量 b，但是结果反映在变量 y 和 z 上却不同。这主要是因为第 4 条语句是整除，而第 5 条语句在执行时却要保留小数部分，所以在此处整型变量 a 临时被强制转换为 float 类型数据参与运算。

（2）第 6 条语句，由于%运算符要求操作数必须是整型才符合 C 语言要求，所以采用了强制转换手段，float 类型转换为 int 类型时，将舍弃小数部分，在执行语句 c=(int)x%a；时，实型变量 x 由 15.5 临时转换为 15 参与运算。

（3）强制类型转换后，原来变量的类型并没有发生改变。如程序中，float 类型变量 x 曾被强制转换为 int 类型，但最后 x 的结果并没有变成 15，这一点从程序运行结果可以看出。

2.7 两种特殊的运算符和表达式

C 语言除了提供常规的几种运算符外，还有一些特殊用途的运算符，它们在编程中虽然不是必须用的，但是恰当地运用它们会给编程带来很多方便，在此介绍常用的逗号运算符和条件运算符。

2.7.1 逗号运算符与逗号表达式

逗号运算符主要用于连接表达式，用逗号运算符连接起来的表达式称为逗号表达式。例如，a=a+1,b=3*4;是一个逗号表达式，它的一般格式如下：

表达式1,表达式2,…,表达式n;

微课2-19 逗号运算符与条件运算符应用

逗号表达式的运算过程是先算表达式1，再算表达式2，依次算到表达式n。整个逗号表达式的值是最后一个表达式的值。逗号表达式的结合性从左向右，它的优先级是最低的。

例如，b=(a=4,3*4,a*2);，它的运算过程是 a=4→3*4→a*2→b=a*2。

2.7.2 条件运算符和条件表达式

条件运算符是C语言唯一的三目运算符，即它需要3个数据或表达式构成条件表达式。它的一般格式如下：

表达式1? 表达式2:表达式3;

如果表达式1成立，则表达式2的值是整个表达式的值；否则表达式3的值是整个表达式的值，如图2-9所示。

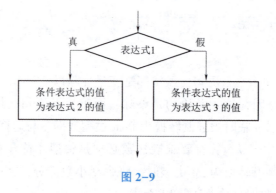

图2-9

后续要学习的if-else结构可以替换条件运算符，但是条件运算符不能替换所有的if-else结构。只有当if-else结构为两个分支并且都给同一个变量赋值时才可以用条件运算符替换。例如，将a，b两个变量中大者放到变量max中，可以利用条件运算来完成，max=a>b? a:b。条件运算符的结合方向为从右往左。例如，a>b? a:b>c? b:c 等价于 a>b? a:(b>c? b:c)。

【例2-19】求三个数中的最大数。
程序如下：

```
main()
{ int a,b,c,max;
```

```
    scanf("%d,%d,%d",&a,&b,&c);
    max=a>(b>c? b:c)? a :(b>c? b:c);
    printf("a=%d,b=%d,c=%d,max=%d\n",a,b,c,max);
}
```

运行结果:

```
3,4,5
a=3,b=4,c=5,max=5
```

2.8 综合应用示例

【例2-20】输入一个字符,采用十六进制、十进制显示它的ASCII码值。

问题分析:字符在内存中的存储用的是ASCII码,只要把这个字符看成一个字节数据或整数,用%d及%x就可以看到字符的ASCII码值,其中,%x是整数的十六进制格式控制符。

程序如下:

```
#include<stdio.h>
  main()
  { char   c;
    printf("输入一个字符:");
    scanf("%c",&c);
    printf("%c 字符的十进制ASCII 码值:%d\n",c,c);
    printf("%c 字符的十六进制ASCII 码值:%x\n",c,c);
  }
```

运行结果:

```
输入一个字符:h
h 字符的十进制ASCII 码值:104
h 字符的十六进制ASCII 码值:68
```

【例2-21】从键盘输入三个数,输出最大数,要求用一个功能函数实现找出两个数的最大数。

问题分析:要解决从两个数中找出最大者,可以考虑使用条件表达式。例如,要找出变量a和b中的大者,可以用语句a>b? a:b;实现,通过这个语句来实现功能函数max(a,b)。具体在主函数中解决问题时,可采用函数嵌套调用max(max(a,b),c)的方式来求出三个数a,b,c的最大者。

程序如下:

```
int max(int x,int y)
{   int z;
    z=x>y? x:y;
    return(z);
}
main()
{   int a,b,c,Max;
    printf("Input 3 data:");
    scanf("%d%d%d",&a,&b,&c);
    Max=max(max(a,b),c);
    printf("Max=%d",Max);
}
```

运行结果：

```
Input 3 data:3  12  7
Max=12
```

【技能实践】

2.9 C语言字符输入/输出与增量运算应用实训

2.9.1 实训目的

（1）熟练掌握 C 语言变量的定义和应用。
（2）能够灵活运用条件运算符解决一些实际的小问题。
（3）进一步掌握 C 语言的各类运算符的运算优先级和结合性以及表达式的求值规则。

2.9.2 实训内容

（1）实训 1：编写程序，接收键盘输入的字符。如果字符是英文字母，则将其转换成大写后输出，否则输出原字符。
（2）实训 2：读程序代码，分析程序的输出，理解增量运算的特征。

2.9.3 实训过程

1. 实训 1

（1）实训分析。

题目要求根据输入的字符来判断是否要进行转换。到目前为止，根据条件进行判断的方法只有条件表达式。

假如输入的字符存放在变量 x 中。如果它是英文小写字母，那么就应该满足如下条件：

```
x>='a' && x<='z'
```

根据题目的要求,若是小写字母,就应该将它转换成大写,然后输出;否则就将原字符输出。这可以用两条不同的printf语句实现:

```
printf("%c\n",x-32);   /*如果是小写字母,则转换成大写输出*/
```

或

```
printf("%c\n",x);   /*如果是其他字符,原样输出*/
```

因此,程序中的条件表达式可如下编写:

```
(x>='a'&& x<='z')? printf("%c\n",x-32):printf("%c\n",x);
```

(2) 实训步骤。

下面给出完整的源程序:

```
main()
{  char x;
   printf("Input a  character :");
   scanf("%c",&x);
   (x>='a'&& x<='z')? printf("%c\n",x-32):printf("%c\n",x);
}
```

2. 实训2

(1) 实训分析。

该实训主要为了加深对增量运算的理解,当增量运算是单独的表达式时,无论是先增量,还是后增量,都没有区别,就如语句a++;和++b;。

如果变量a与b的初始值相等,那么执行语句a++;和++b;后,a与b的值仍相等。如果增量运算参与了其他运算,那么++或--在前与在后,结果是截然不同的。如e=a++;,f=++b;。此时,即使变量a与b初值相等,那么执行语句e=a++;,f=++b;后,变量e和f的值也是不一样的。

(2) 实训步骤。

下面给出完整的源程序:

```
main()
{  int a,b,c,d,e,f;
   a=b=c=d=10;
   a++;  ++b;
   c--;  --d;
   printf("a=%d b=%d c=%d d=%d\n",a,b,c,d);   /*注意输出后换行*/
   e=a++;f=++b; /*认真分析e,f的结果是否相同*/
```

```
    printf("a=%d b=%d e=%d f=%d",a,b,e,f);
}
```

2.9.4 实训总结

通过实训，读者进一步掌握变量的定义与应用；加深了对运算符的应用理解，尤其是增强了对增量运算符++和--的应用理解；同时，对编程解决一些实际问题有了更深的认识。

【技能测试】

2.10 综合实践

2.10.1 选择题

(1) 以下四个选项中，均是不合法的用户标识符的选项的是（　　）。

A. A   B. float   C. b-a   D. _123
   P_0   1a0   goto   temp
   Do   _A   int   INT

(2) 以下四个选项中，均是合法的整型常量的选项是（　　）。

A. 160   B. -0xcdf   C. -01   D. -0x48a
   -0xffff   01a   986,012   2e5
   011   0xe   0668   0x

(3) 以下正确的字符常量是（　　）。

A. " c"   B. '\\'   C. 'bW'   D. '65'

(4) 设有声明语句 char ch='\72';，则变量 ch（　　）。

A. 包含 1 个字符   B. 包含 2 个字符
C. 包含 3 个字符   D. 声明不合法

(5) 以下不正确的转义字符是（　　）。

A. '\\'   B. '\"'
C. '074'   D. '\0'

(6) 设 c 是字符变量，以下语句中错误的是（　　）。

A. c='Y';   B. c='\\';
C. c='Yes';   D. c='\x23';

(7) 对应于语句 scanf("x=%dy=%c",&x,&y);，应从键盘上输入的内容是（　　）。

A. 10　100   B. 10,C
C. x=10 y=b   D. x=2y=A

(8) 已知字母 A 的 ASCII 码为 65，以下程序段的输出结果是（　　）。

```
char c1='A',c2='Y';
printf("%d,%d",c1,c2);
```

A. 65，90　　　　　　　　　B. A，Y
C. 65，89　　　　　　　　　D. 输出格式不合法

(9) 阅读以下程序，当输入数据的形式为 25，13，10<CR>时，正确的输出结果为（　　）。（CR 表示回车）

```
main()
{ int x,y,z;
  scanf("%d%d%d",&x,&y,&z);
  printf("x+y+z=%d\n",x+y+z);
}
```

A. x+y+z=48　　　　　　　B. x+y+z=35
C. x+z=35　　　　　　　　D. 不确定值

(10) 若以下变量均是整型，且 num=sum=7;，则表达式 sum=num++，sum++，++num 运算后，sum 的值为（　　）。

A. 7　　　　B. 8　　　　C. 9　　　　D. 10

(11) 在 C 语言中，要求运算数必须是整型的运算符是（　　）。

A. /　　　　B. ++　　　　C. !=　　　　D. %

(12) 设变量 a=10，b=4，执行以下赋值语句后，a 的值为（　　）。

```
a%=b+1;
```

A. 0　　　　B. 1　　　　C. 2　　　　D. 3

(13) 以下能正确定义整型变量 a，b 和 c 并为其赋初值 5 的语句是（　　）。

A. int a=b=c=5;　　　　　　B. int a，b，c=5;
C. int a=5，b=5，c=5;　　　D. a=b=c=5;

(14) 设变量 a 是整型，f 是实型，i 是双精度型，则表达式 10+'a'+i*f 值的数据类型为（　　）。

A. int　　　B. float　　　C. double　　　D. 不确定

(15) 执行以下语句后，变量 a 的值①为（　　），b 的值②为（　　）。

```
int a=5,b=6,w=1,x=2,y=3,z=4;
(a=w>x)&&(b=y>z);
```

①A. 5　　　　B. 0　　　　C. 2　　　　D. 1
②A. 6　　　　B. 0　　　　C. 1　　　　D. 4

(16) 假设所有变量均为整型，则表达式 a=2，b=5，b++，a+b 的值为（　　）。

A. 7　　　　B. 8　　　　C. 6　　　　D. 2

(17) 以下程序的运行结果是（　　）。

```
main()
{   int k=4,a=3,b=2,c=1;
    printf("\n %d \n",k<a? k:c<b? c: a);
}
```

A. 4　　　　　　B. 3　　　　　　C. 2　　　　　　D. 1

(18) 假设定义语句 char c1=98, c2=98;，则以下表达式中值为 0 的是（　　）。

A. c1^c2　　　　　　　　　　　B. c1&c2

C. ~c2　　　　　　　　　　　　D. c1 | c2

(19) 在位运算中，操作数每左移一位，其结果相等于（　　）。

A. 操作数乘以 2　　　　　　　　B. 操作数除以 2

C. 操作数乘以 4　　　　　　　　D. 操作数除以 4

(20) 设 x 为整型变量，下面能描述 x 是偶数的表达式是（　　）。

A. (x&1)==1　　　　　　　　　　B. (x&1)==0

C. (x | 1)==1　　　　　　　　　　D. (x | 1)==0

2.10.2　填空题

(1) 假设 C 语言中，一个 int 类型数据在内存中占 2 字节，则 int 类型数据的取值范围为_____。

(2) C 语言中的标识符只能由三种字符组成，它们是_____、_____和_____。

(3) 每个语句和数据定义的最后必须有_____。

(4) 逗号表达式（a=3*5, a*4），a+15 的值为_____，a 的值为_____。

(5) a，b 为整型变量，执行语句 b=(a=6, a*3); 后，b 的值是_____。

(6) 设变量 x 的值为 15，变量 n 的值为 2，则表达式 x%=(n+=3) 运算后，x 的值是_____。

(7) 执行下列语句后，变量 a 的值是_____。

```
int a=12;a+=a-=a*a;
```

(8) 执行下列语句后，变量 z 的值是_____。

```
int x=4,y=25,z=2;
z=(--y/++x)* z--;
```

(9) 当变量 a=3，b=2，c=1 时，表达式 f=a>b>c 的值是_____。

(10) 当变量 a=5，b=4，c=2 时，表达式 a>b!=c 的值是_____。

(11) 设 y 为 int 类型变量，请写出描述 y 是奇数的表达式_____。

(12) 设 x，y，z 均为 int 类型变量，请写出描述 x 或 y 中有一个小于 z 的表达式_____。

(13) 若变量 a=2，b=4，则表达式!(x=a) || (y=b)&& 0 的值为_____。

（14）条件 2<x<3 或 x <-10 的 C 语言表达式是_____。

（15）有 int x，y，z；且 x=3，y=-4，z=5，则以下表达式的值是_____。

!(x>y)+(y!=z)||(x+y)&&(y-z)

2.10.3 编程题

（1）编写程序输入一个长方形的两边长，输出其面积。

（2）设圆半径 $r=2.9$，编程求圆周长和圆面积。

（3）输入一个华氏温度，输出相应的摄氏温度。二者的换算公式是 $c=5/9(F-32)$，其中 F 表示华氏温度，c 表示摄氏温度。

（4）编写程序输入年利率 I（如 2%），存款总数 S（如 50 000 元），计算一年后的本息合计并输出。

（5）编写程序输入一个整数作为随机数生成器的种子，随机生成一个小写字符并输出。

【技能拓展】

2.11 随机验证码生成实战演练

2.11.1 项目背景

验证码的全名是"全自动区分计算机和人类的图灵测试"，利用人类可以用肉眼轻易识别图片里的文字信息而机器不能的原理来抵御恶意登录，通过识别后输入这些信息进行交互，区分出机器人和真正的人类，防止恶意攻击或刷号情况的产生，在注册、登录、交易等各类场景中都发挥着巨大作用，并且不断进化成为网络中不可或缺的技术。

微课 2-20 生成随机验证码

常见的验证码是随机的 4 位数字，即最原始的验证码，常在用户登录页面、短信验证码中体验到。目前学习了 C 语言的基础备料知识，如标识符规则、变量、常量的表示，基本数据类型常量和变量的使用，基本输入/输出函数的使用，以及多种运算符和表达式的应用。现在需要读者充分拓展自学钻研能力，完成随机验证码生成的任务。

2.11.2 项目任务

某高校学生信息管理系统网站的登录窗口如图 2-10 所示，利用目前章节所学的 C 语言基础知识，拓展思维和自学能力，完成随机生成 4 位验证码的项目任务，要求每位字符是随机的数字或小写字母。

图 2-10

2.11.3 项目实现

项目任务是实现 4 位随机数字或小写字母的生成显示。在 C 语言中，一般使用 stdlib.h 头文件中的 rand() 函数来生成随机数。实际 rand() 函数产生的是伪随机数，是根据一个数值按照某个公式推算出来的，这个数值称为"种子"。只有"种子"发生变化，才会产生不同的随机数。

srand() 函数可以实现重新"播种"，如果使用 time.h 头文件中的 time() 函数得到当前的时间（精确到秒），将其作为"播种"的参数，那么生成的种子就不同，随机数就可以随时发生变化。

根据项目任务需求画出 N-S 流程图，如图 2-11 所示。根据图示编写程序代码。

定义变量t1，t2，t3，t4
srand()函数"播种"
生成与36求模的4位随机数
数字或小写字母随机数判断
输出随机验证码

图 2-11

程序如下：

```
#include <stdio.h>
#include <stdlib.h>
```

```
#include <time.h>
main()
{
    char   t1,t2,t3,t4;
    srand(time(0));          //使用当前时间作为随机数生成器的种子
    t1=rand()%36;            //生成随机数,对36(字母数字的总个数)取模
    t2=rand()%36;
    t3=rand()%36;
    t4=rand()%36;
    t1=t1<10? t1+'0': t1+'a'-10;    /*如果随机数小于10,则输出数字字符,否则输出小写字母字符*/
    t2=t2<10? t2+'0': t2+'a'-10;
    t3=t3<10? t3+'0': t3+'a'-10;
    t4=t4<10? t4+'0': t4+'a'-10;
    printf("随机码:\n");
    printf("%c %c %c %c \n",t1,t2,t3,t4);
}
```

运行结果如图 2-12 所示:

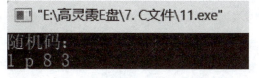

图 2-12

提醒：这里的运行结果不是固定的。

2.11.4 项目总结

在此项目中，首先使用 srand( ) 函数设置随机数生成器的种子，通常使用当前时间（time(0)）作为种子值，以保证每次运行程序时都能生成不同的随机数。其次，使用 rand( ) 函数生成一个随机数，并通过对生成的随机数进行模运算和条件判断，将其转换为一位小写字母字符或数字字符。后面读者学习了程序设计控制结构知识，可继续完善或拓展项目。

【素质拓展】

2.12 规则意识：规矩成方圆，谨记莫逾越

中国自古流传着这样一句话：无以规矩，不成方圆。C 语言程序设计中存在很多语法规则、程序结构控制的格式规定。例如，本章标识符规则是变量名、常量名、函数名等必须遵守的命名规则，以及基本数据类型变量、常量的使用规则，各种运算符的表示及运算符法则等。只有遵循 C 语言语法规则编写的程序设计代码，才能通过 C 语言编译器的编译，才能上机运行解决实际问题。

第 3 章

初识程序设计

技能目标

（1）掌握结构化程序设计的三种基本结构。
（2）能够用 if 语句、if-else 语句及 if 语句的嵌套解决实际问题。
（3）掌握 switch 多路开关条件语句的组成框架，并能用该结构解决具有该特征的实际问题。

素养目标

（1）具有严谨和精益求精的科学态度。
（2）热爱国产软件，增强国之大者意识。

3.1 三种基本程序设计结构

在第 2 章基本上完成了程序设计开发的备料工作，现在就要开始利用所学的 C 语言基本知识，并结合一些程序组成结构来真正享受编程的快乐。本章要学习的是程序设计中最常用最基本的程序语句结构。

最初的计算机语言程序的开发没有统一的规范，开发效率不高，而且不利于程序的交流与共享，同时也不便于维护。1972 年 IBM 公司的 Mills 提出程序应该只有一个入口和一个出口，这就奠定了结构化程序设计的规则。而顺序结构、选择结构、循环结构能实现任何单入口单出口的程序，因此这三种结构是结构化程序设计的基本结构。由于顺序结构是最简单的结构，前两章所举的例子大多属于该结构，故不再单独学习。选择结构与循环结构相对复杂一些，也正好迎合了错综复杂的实际问题，是 C 语言程序设计开发中最重要、最具有贡献力的知识，今后进行程序设计时将会始终用到它们，因此将分两章来学习。

3.1.1 结构化程序设计

结构化程序设计的基本思想：任何程序都可以用顺序结构、选择结构、循环结构这三种结构来表示。由这三种基本结构组成的程序称为结构化程序。

微课 3-1　程序设计的
三种基本结构

1. 顺序结构

所谓顺序结构是指程序流程自上而下，没有任何分支，顺序执行的程序结构，它是最简单的一种结构。前两章所举的例子全部属于顺序结构。

流程图能够使程序流程结构清晰展现，提高对程序的分析能力，并帮助编写简单易懂的程序。流程图，顾名思义，就是使用一些图形来表示流程结构，或者说将流程结构图示化。图 3-1 所示是顺序结构的流程图。

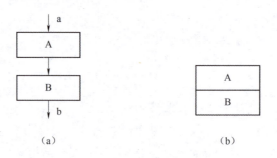

图 3-1
（a）传统流程图；（b）N-S 流程图

> 提醒：图 3-1（a）是传统流程图，由箭头指明程序的走向，矩形框是执行框；图 3-1（b）是1973年提出的一种新型流程图——N-S 流程图，这种流程图完全省去了带箭头的流程线，约定为自上而下的程序走向。

重点：顺序结构是指按程序的书写顺序依次执行 A 段程序与 B 段程序。

2. 选择结构

选择结构，又称分支结构。程序在执行时，根据判断条件决定程序走哪条路线，这种结构在今后的程序设计中将经常用到。

选择结构的流程图如图 3-2 所示。

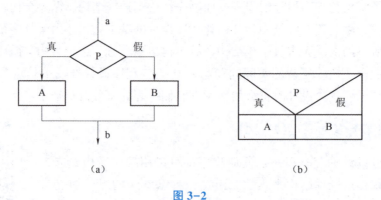

图 3-2
（a）传统流程图；（b）N-S 流程图

提醒：图 3-1（a）流程图中，P 表示判断条件（菱形框是判断框），其他与顺序结构流程图意义相同。

重点：选择结构就是根据给定的条件 P 进行判断，由判断结果来确定执行 A 分支还是 B 分支。

3. 循环结构

循环结构是指程序在执行过程中，当满足某种条件时，反复执行满足条件的那部分程序段，直到条件不再满足时才接着执行下面的程序段。这种情况在现实问题中经常出现。

循环结构的流程图如图 3-3 所示。

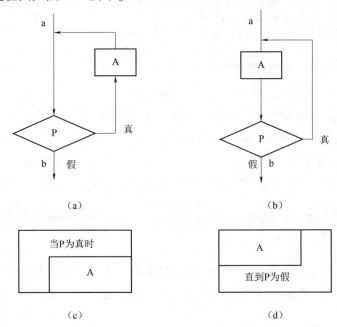

图 3-3
(a) 传统当型循环结构；(b) 传统直到型循环结构；
(c) N-S 当型循环结构；(d) N-S 直到型循环结构

提醒：图 3-3（a）、（c）表示当条件 P 成立时，执行 A 框操作，执行完 A 后，再判断条件 P 是否成立，如果仍成立，继续执行 A 框，如此反复执行 A 框，直到某一次 P 条件不成立为止，则退出循环结构，继续往下执行；图 3-3（b）、（d）表示先执行 A 框，再判定条件 P 是否成立，若条件 P 成立，则继续执行 A 框，如此反复执行 A 框，直到某一次 P 条件不成立为止，则退出循环结构，继续往下执行。

重点：直到型循环与当型循环最大区别就是直到型循环至少执行一次程序段 A（循环体）。

4. 三种基本程序设计结构的特点

从以上三种结构的流程图可以看出，三种基本结构有以下的共同特点。

(1) 程序只有一个入口。
(2) 程序只有一个出口。
(3) 程序结构内的每一部分都有机会被执行。
(4) 程序结构内不存在死循环。

3.1.2 C语言的语句

计算机语言的语句就是命令,用于指挥计算机进行工作。C语言也是利用函数中的可执行语句,向计算机系统发出操作命令。C语言的语句分为控制语句、函数调用语句、表达式语句、空语句和复合语句5类,下面将分别进行详细介绍。

微课 3-2
C语言的语句

1. 控制语句

控制语句用于完成一定的控制功能。

(1) 选择结构控制语句。例如,if-else,switch。
(2) 循环结构控制语句。例如,do-while,for,while,break,continue。
(3) 其他控制语句。例如,goto,return。

2. 函数调用语句

函数调用语句由一次函数调用并加一个分号构成。例如:

```
printf("How do you do.");
```

3. 表达式语句

表达式语句由表达式后加一个分号构成。最典型的表达式语句是,在赋值表达式后加一个分号构成赋值语句。例如,x=5是一个赋值表达式,而 x=5;是一个赋值语句。

4. 空语句

空语句仅由一个分号构成。显然,空语句什么操作也不执行。有时用作被转向点或循环体(此时表示循环体什么也不做)。例如,;就是一个空语句。

5. 复合语句

所谓复合语句,在C语言中是指用 { 和 } 括起来的若干语句。复合语句又叫块语句,构成块的所有语句被逻辑地形成一体,这些语句在执行时作为一个整体,在内存中占用一片连续区域。程序员常用块语句构造其他语句(如 if 语句和 for 语句)的执行目标,今后在编程时会经常用到复合语句,因此,在这里先让大家有个印象。例如:

```
main()
{
    ...
    { z=x+y;
      t=z/100;        为复合语句
      printf("%f",t);
    }
}
```

...
}
```

> **重点**：复合语句的性质如下。

（1）在语法上与单一语句相同，即单一语句出现的地方也可以使用复合语句。
（2）复合语句可以嵌套，即复合语句也可以出现在复合语句中。

## 3.2 顺序结构程序设计示例

前面学习的是 C 语言的顺序结构执行语句。顺序结构程序就是由顺序结构执行语句组成，程序运行是按照书写的顺序进行的，不发生控制转移，因此又被称为最简单的 C 语言程序。顺序结构程序，一般由以下几部分组成。

（1）编译预处理命令（在主函数 main( ) 之前）。如果程序中需要使用库函数，或自己设计了头文件，就要使用编译预处理命令，将相应的头文件包含进来。
（2）顺序结构程序的函数体，一般由定义变量类型、给变量提供数据、运算处理数据、输出结果数据 4 部分内容构成。下面举例说明顺序结构程序。

【例 3-1】输入圆柱体的底半径 r、高 h 的值，输出圆柱体体积 V。
程序分析：
根据题意画出 N-S 流程图，如图 3-4 所示。根据图示编写程序代码。

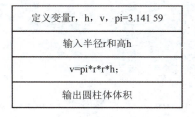

图 3-4

微课 3-3　顺序结构程序设计应用 1

程序如下：

```
main()
{ float   r,h,v,pi=3.14159;
   /*定义变量类型*/
   printf("Please input radius & high:");
   /*屏幕提示输入半径和高*/
   scanf("%f%f",&r,&h);   /*为r,h提供数据*/
   v=pi*r*r*h;   /*运算部分*/
   printf("radius=%7.2f,high=%7.2f,vol=%7.2f\n",r,h,v);   /*输出结果*/
}
```
```

运行结果：

```
Please input radius & high:1.0  2.0
radius=  1.00,high=  2.00,vol=   6.28
```

【例3-2】从键盘任意输入两个整数，求它们的平均值及和的平方根。

微课 3-4　顺序结构程序设计应用 2

程序如下：

```
#include<math.h>
main()
{  int x1,x2,sum;/*类型声明*/
   float aver,root;
   printf("Please input two numbers:");
   scanf("%d,%d",&x1,&x2);   /*提供数据*/
   sum=x1+x2;/*数据处理:求和*/
   aver=sum/2.0;/*数据处理:求均值*/
   root=sqrt(sum);/*数据处理:求方根*/
   printf("x1=%d,x2=%d \n",x1,x2);
   printf("aver=%7.2f,root=%7.2f \n",aver,root);   /*输出结果*/
}
```

运行结果：

```
Please input two numbers:1,2
x1=1,x2=2
aver=   1.50,root=   1.73
```

> 提醒：平方根函数 sqrt( ) 是数学函数库中的函数，因此在程序中的开头要有 #include" math. h"。凡是用到数学函数库中的函数，都要包含 math. h 头文件。

思考：把【例3-2】中的语句 aver=sum/2.0；改为 aver=sum/2；，合适吗？

3.3　选择结构 if 语句

顺序结构的程序执行时，计算机是按照程序的书写顺序一条一条地顺序执行的，而实际工作中需要的程序不会总是使用顺序结构。很多时候，执行语句的顺序依赖于输入的数据或中间运算的结果。这种情况下，必须根据某个变量或表达式（称为条件）的值做出选择，决定执行哪些语句而不执行哪些语句。这样的程序结构称为选择结构或分支结构。

本节学习分支语句（if 语句）和多分支语句（switch 语句）以及选择结构的程序设计。使用 C 语言的选择结构设计程序，要考虑两个方面的问题：一是如何表示条件；二是用什么语句实现选择结构。

3.3.1 if 语句的格式

用 if 语句可以构成分支结构。它根据给定的条件进行判断,以决定是否执行某个分支程序段。C 语言的 if 语句有三种基本形式。

微课 3-5
if 语句的格式

1. if (表达式) 语句

如果表达式的值为真,则执行其后的语句,否则不执行其后的语句。例如:

```
if(x>y)  printf("%d",x);
```

流程图如图 3-5 所示。

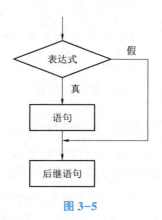

图 3-5

微课 3-6 if-else
语句的格式

2. if 语句中的复合语句

当 if 语句满足条件,并且执行的是多条语句时,必须用 { } 将若干语句括起来作为复合语句使用。例如:

```
if(x>y)  {t=x; x=y; y=t;}
```

3. if-else 二选一结构语句

格式如下:

流程图如图 3-6 所示。

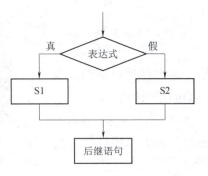

图 3-6

> **提醒**：其语义是如果表达式的值为真，则执行语句 S1，否则执行语句 S2。

> **重点**：if 语句的条件表达式可以是一个简单的条件，也可以是由逻辑运算符和关系运算符组合起来的复杂条件，甚至也可以是赋值表达式、算术表达式以及作为表达式特例的常量或变量等。总之，只要是合法的 C 语言表达式，当它的值为非 0 时，即代表真，否则为假。

3.3.2 if 语句的嵌套

在 3.3.1 节举例的程序中，只是对给定问题的两种情况进行判断，但很多问题需要区分多种情况。例如，比较两个数 a，b 的大小，有三种可能性：a>b，a==b 或 a<b，这就需要使用嵌套形式的 if 语句来进行判断。if 语句的嵌套就是在一个 if 语句中又包含另一个 if 语句。

微课 3-7
if 语句的嵌套

格式如下：

```
if(条件 1)
    if(条件 2)     语句 1 ┐
                         ├ 内嵌 if 语句
    else          语句 2 ┘
else
    if(条件 3)     语句 3 ┐
                         ├ 内嵌 if 语句
    else          语句 4 ┘
```

> **提醒**：该结构表示若条件 1 成立，而且条件 2 也成立，则执行语句 1；若只有条件 1 成立，而条件 2 不成立，则执行语句 2；若条件 1 不成立，则执行条件 3 的判断，若条件 3 成立，执行语句 3，否则执行语句 4。

3.3.3 if 语句的应用示例

【例 3-3】输入两个整数，输出其中的大数。

程序如下：

```
main()
{ int a,b,max;    /*变量max存a、b两个数中的较大者*/
  printf("\n input two numbers:");   /*提示程序执行者的信息*/
  scanf("%d%d",&a,&b);   /*键盘输入函数实现变量a,b的输入*/
  max=a;   /*假设输入的变量值a较大,将其暂放入max变量中*/
  if(max<b)  max=b;   /*将max的值(即a的值)与变量b进行比较,较大者放入max中*/
  printf("max=%d",max);
}
```

【例3-4】输入三个数a,b,c,要求按由小到大的顺序输出。

程序分析:如果变量a>变量b,那么a与b互换;如果变量a>变量c,那么a与c互换;经过这两轮比较和处理后,变量a一定是a,b,c中的最小者,此时,如果变量b>变量c,那么再对b与c进行互换;三轮下来,a,b,c一定是由小到大排列了。

微课3-8 if语句
的应用——
3个数的排序

程序如下:

```
main()
{ float  a,b,c,t;
  printf("please input a,b,c:");
  scanf("%f,%f,%f",&a,&b,&c);
  if(a>b)
  {t=a; a=b; b=t;}              /*当条件满足时,将执行复合语句中的每一条语句*/
  if(a>c)
  {t=a; a=c; c=t;}              /*复合语句实现交换*/
  if(b>c)
  {t=b; b=c; c=t;}              /*复合语句实现交换*/
  printf("%f,%f,%f",a,b,c);
}
```

【例3-5】输入两个整数,输出其中的大数。改用if-else语句判别a,b的大小,若a大,则输出a,否则输出b。

程序如下:

```
main()
{ int a,b;
  printf("input two numbers:");
  scanf("%d%d",&a,&b);
  if(a>b)
      printf("max=%d\n",a);
  else
      printf("max=%d\n",b);
}
```

【例3-6】 根据条件求 y 值。

$$y = \begin{cases} -1 & (x<0); \\ 0 & (x=0); \\ 1 & (x>0) \end{cases}$$

程序如下：

```
main()
{  int x,y;
   scanf("%d",&x);
   if(x<0)    y=-1;
   else if(x==0)  y=0;
   else   y=1;
   printf("x=%d,y=%d \n",x,y);
}
```

技巧：以上程序中的if语句结构也可采用标准的if语句嵌套结构，于是上面的程序也可改为如下代码。

```
main()
{  int x,y;
   scanf("%d",&x);
   if(x>=0)
      if(x>0)    y=1;
      else       y=0;
   else          y=-1;
 printf("x=%d,y=%d \n",x,y);
}
```

【例3-7】 求一个数的绝对值。

$$|x| = \begin{cases} x & (x \geq 0); \\ -x & (x<0) \end{cases}$$

程序如下：

```
main()
{  float  x;
   scanf("%f",&x);
   if(x>=0)
      x=x;
   else
      x=-x;
   printf("|x|=%f",x);
}
```

【例3-8】写一个程序,判断某一年是否为闰年。

程序分析:闰年的条件是符合下列条件之一:①能被 4 整除,但不能被 100 整除;②能被 400 整除。闰年的 C 语言判定条件如下。

```
(year%4==0 && year%100!=0) || year%400==0)
```

程序如下:

```
main()
{ int year,leap;
  printf("输入年份:");
  scanf("%d",&year);
  if((year%4==0 && year%100!=0) || (year%400==0))  leap=1;
  else  leap=0;
  if(leap)
      printf("%d 是闰年 \n",year);
  else
      printf("%d 不是闰年 \n",year);
}
```

3.4 多路选择结构 switch 语句

对于实际应用中大量存在的多路分支问题,虽然可以用嵌套的 if 语句实现,但分支越多,嵌套的层次就会越深,这在一定程度上影响了程序的可读性。为此 C 语言提供了直接实现多路选择的语句——switch 语句。switch 语句根据一个可供判断的表达式的结果来执行多个分支中的一个。

微课 3-9 switch 语句的格式

3.4.1 switch 语句的格式

(1) switch 语句的一般结构,如图 3-7 所示。

switch条件表达式				
case 1	case 2	…	case n	default
语句 1	语句 2	…	语句n	语句$n+1$

图 3-7

(2) switch 条件语句的一般语法格式如下。

```
switch(表达式)
{ case 常量表达式1: 语句1;
```

```
    case 常量表达式 2: 语句 2;
    …
    case 常量表达式 n: 语句 n;
    default: 语句 n+1;
}
```

> **提醒**：其语义是计算表达式的值，并逐个与其后的常量表达式的值相比较，当表达式的值与某个常量表达式的值相等时，即执行其后的语句，并且不再进行判断，继续执行后面所有 case 后的语句。如表达式的值与所有 case 后的常量表达式的值均不相同时，则执行 default 后的语句。

3.4.2 switch 语句应用示例

【例 3-9】该程序要求输入一个数字，计算机输出一个对应星期几的英文单词（如输入 6 和 7 时，输出分别对应 Saturday 和 Sunday）。

程序如下：

```c
main()
{   int a;
    printf("input integer number:");
    scanf("%d",&a);
    switch(a)
    {   case 1:printf("Monday \n");
        case 2:printf("Tuesday \n");
        case 3:printf("Wednesday \n");
        case 4:printf("Thursday \n");
        case 5:printf("Friday \n");
        case 6:printf("Saturday \n");
        case 7:printf("Sunday \n");
        default:printf("error \n");
    }
}
```

程序分析：

本程序是要求输入一个数字，输出一个英文单词，但情况并非如此。假如输入数字 3，却执行了 case 3 及其后的所有语句，输出了 Wednesday 及以后的所有单词，这并不是期望的结果。为什么会出现这种情况？这正好反映了 switch 语句的一个特点：在 switch 语句中，"case 常量表达式"只相当于一个语句标号，表达式的值和某标号的值相等则转向该标号执行，但不能在执行完该标号的语句后自动跳出整个 switch 语句，因此出现了继续执行所有后面 case 语句的情况。这与前面介绍的 if 语句是完全不同的，应特别注意。

为了避免上述情况，C 语言还提供了一种 break 语句，专用于跳出 switch 语句，break 语句只有关键字 break，没有参数，在后面将详细介绍。修改例题的程序，在每一个 case 语句后增加 break 语句，使每一次执行之后均可跳出 switch 语句，从而避免输出不应有的结果。修改后的程序如下：

```
main()
{ int a;
  printf("input integer number:");
  scanf("%d",&a);
  switch(a)
  { case 1:printf("Monday \n");break;
    case 2:printf("Tuesday \n"); break;
    case 3:printf("Wednesday \n");break;
    case 4:printf("Thursday \n");break;
    case 5:printf("Friday \n");break;
    case 6:printf("Saturday \n");break;
    case 7:printf("Sunday \n");break;
    default:printf("error \n");
  }
}
```

重点：在使用 switch 语句时还应注意以下几点。

①在 case 后的各常量表达式的值不能相同，否则会出现错误。

②在 case 后允许有多个语句，可以不用 { } 括起来。

③各 case 和 default 子句的先后顺序可以变动，而不会影响程序的执行结果。

④default 子句并非必须有，有时可以省略不用。

【例 3-10】输入年份和月份，求该年的该月有多少天？

程序分析：一年中，除 2 月外其他月份的天数是固定的，而且规律性较强。其中 1、3、5、7、8、10、12 七个月份为 31 天；4、6、9、11 四个月份为 30 天；2 月份的天数要看是平年还是闰年，平年 2 月 28 天，闰年 2 月 29 天。那么怎么判别平年和闰年？闰年符合下列条件之一：①能被 4 整除，但不能被 100 整除；②能被 400 整除。

闰年的 C 语言判定条件如下。

(year%4==0 && year%100!=0) || year%400==0

微课 3-10　switch 语句的应用——根据年、月求对应天数

程序如下：

```
main()
{ int  year,month,day;
```

```
    scanf("%d%d",&year,&month);
    switch(month)
    {   case  1 :
        case  3 :
        case  5 :
        case  7 :
        case  8 :
        case 10 :
        case 12 :day=31;break;      /*分析不要break语句行吗*/
        case  4 :
        case  6 :
        case  9 :
        case 11 :day=30; break;
        case  2 :if((year%4==0 &&year%100 !=0) || year%400==0)
                    day=29;
                 else day=28;
    }
    printf("year=%d,month=%d,day=%d",year,month,day);
}
```

> **提醒**：以上程序也可将 case 2 换成 default，思考一下为什么？

重点：

①switch 语句执行时，只要找到满足条件的情况入口，就将一直执行下去，直至遇到 break 语句才终止。

②switch 后面的条件表达式一般是整数表达式或字符表达式，与之对应，case 后面也应是整数或字符。

3.5 综合应用示例

【例 3-11】 某生产车间工人的月奖金按以下规定分配：辅助工，200 元；装配工完成指标（按 800 件计）得 250 元，以后每超额 1 件提 0.6 元；调试工完成指标（按 800 件计）得 300 元，以后每超额 1 件提 0.8 元。输入某工人的工号、工种以及工作量，编程计算某工人的奖金。

程序分析：工号 number，工种 type，工作量 n，奖金 m。根据题意，分以下三种情况考虑。

（1）辅助工：m=200。

（2）装配工：n<=800，m=250；n>800，m=250+(n-800)*0.6。

（3）调试工：n<=800，m=300；n>800，m=300+(n-800)*0.8。

程序如下：

```
#include<stdio.h>
main()
{   int  type,n,number;   /*type 表示工种,number 表示工号,n 表示工作量*/
    float m;   /*m 表示奖金*/
    printf("奖金分配管理\n");
    printf("== == == == == == == == == =\n");
    printf("1-辅助工    2-装配工    3-调试工\n");
    printf("== == == == == == == == == =\n");
    printf("请输入工种(1~3):");
    scanf("%d",&type);
    printf("请输入工号和工作量:");
    scanf("%d%d",&number,&n);
    if(type==1)
        m=200;
    else  if(type==2)
        if(n>800)   m=250+(n-800)*0.6;
        else        m=250;
    else
        if(n>800)   m=300+(n-800)*0.8;
        else        m=300;
    printf("工号 %d 应得奖金%.2f 元\n",number,m);
}
```

运行结果：

```
奖金分配管理
== == == == == == == == == =
1-辅助工    2-装配工    3-调试工
请输入工种(1~3):2
请输入工号和工作量:3017    924
工号 3017 应得奖金324.40 元
```

【例 3-12】模拟学校管理信息系统软件的菜单。

程序如下：

```
#include<stdio.h>
main()
{   int  PushButton;
```

```
        printf("== == == == == == == == == = \n");
        printf("=    职业技术学院管理信息系统    = \n");
        printf("== == == == == == == == == = \n");
        printf("=          1.学生管理          = \n");
        printf("=          2.教师管理          = \n");
        printf("=          3.课程管理          = \n");
        printf("=          4.成绩管理          = \n");
        printf("=          5.退出系统          = \n");
        printf("== == == == == == == == == = \n");
        printf("请按1-5按钮选择菜单项: ");
        scanf("%d",&PushButton);
        switch(PushButton)
        {   case  1:  printf("进入学生管理 \n"); break;
            case  2:  printf("进入教师管理 \n"); break;
            case  3:  printf("进入课程管理 \n"); break;
            case  4:  printf("进入成绩管理 \n"); break;
            case  5:  printf("退出系统 \n"); break;
            default:  printf("选择错误 \n");
        }
}
```

运行结果:

```
== == == == == == == == == =
=职业技术学院管理信息系统    =
== == == == == == == == == =
=          1.学生管理          =
=          2.教师管理          =
=          3.课程管理          =
=          4.成绩管理          =
=          5.退出系统          =
请按1-5按钮选择菜单项:2
进入教师管理
```

【例3-13】输入三个数a,b,c,要求按从小到大的顺序输出(通过函数来实现)。

程序分析:如果a>b,那么a与b互换;如果a>c,那么a与c互换;如果b>c,那么b与c互换。

其中,两个数据进行交换通过函数来实现。

程序如下:

```
void  swap(float a,  float b,float  c)
{  float  t;
   if(a>b)
   { t=a; a=b; b=t; }
   if(a>c)
   { t=a; a=c; c=t; }
   if  (b>c)
   { t=b; b=c; c=t;}
   printf("%f,%f,%f",a,b,c);
}
main()
{  float  a,b,c,t;
   printf("please  input a,b,c:");
   scanf("%f,%f,%f",&a,&b,&c);
   swap(a,b,c);
}
```

【技能实践】

3.6 分支选择结构程序设计实训

3.6.1 实训目的

（1）学会使用逻辑表达式表示条件的方法。
（2）掌握 if 语句三种形式的用法。
（3）掌握 switch 语句的用法。
（4）学会设计有价值的分支结构程序。

3.6.2 实训内容

（1）实训 1：简单 if 语句的用法。编写调试程序，从键盘输入一个任意大小的实数 x，如果 x 满足条件 $-26.5 \leqslant x \leqslant 26.5$，则输出 x 及其绝对值。

（2）实训 2：if-else 语句的用法。修改实训 1 的程序，使 x 满足 $-26.5 \leqslant x \leqslant 26.5$ 时输出 x 及其绝对值，否则只输出 x。

（3）实训 3：if 嵌套语句的用法。编写一个能够进行四则运算的程序，要求从键盘上输入两个实数，然后输入一个运算符，当运算符为 + 时，对这两个数进行加法运算；当为 - 时，对两个数进行减法运算；当为 * 时，对两个数进行乘法运算；当为 / 时，对两个数进行除法运算。其他字符时，只显示输入的符号，不进行运算。

（4）实训 4：switch 语句的使用。编写一个能够进行四则运算的程序，通过 switch 语句实现实训 3。

3.6.3 实训过程

1. 实训 1

(1) 实训分析。

正确表示条件,将数学不等式 $-26.5 \leqslant x \leqslant 26.5$ 表示成逻辑表达式如下。

```
x>=-26.5 && x<=26.5   或   (x>=-26.5)&&(x<=26.5)
```

也可以使用 x 的绝对值形式表示,具体如下。

```
fabs(x)<=26.5
```

(2) 实训步骤。

下面给出完整的源程序。

```c
#include<math.h>
main()
{   float  x;
    printf("x=  ");
    scanf("%f",&x);
    if(x>=-26.5 && x<=26.5)
       printf("x=%f \t |x|=%f \n",x,fabs(x));
}
```

2. 实训 2

(1) 实训分析。

只需修改上面程序中的 if 语句即可,将 if 语句修改为如下形式。

```c
if(x>=-26.5 && x<=26.5)
    printf("x=%f \t |x|=%f \n",x,fabs(x));
else
    printf("x=%f \n",x);
```

(2) 实训步骤。

下面给出完整的源程序。

```c
#include<math.h>
main()
{   float  x;
    printf("x=  ");
    scanf("%f",&x);
    if(x>=-26.5 && x<=26.5)
```

```
            printf("x=%f \t |x|=%f \n",x,fabs(x));
     else
            printf("x=%f \n",x);
}
```

3. 实训 3

(1) 实训分析。

首先需要定义两个实数变量 x, y, 输入这两个实数的值。其次需要定义一个字符变量存放键盘输入的一个运算符, 根据输入的运算符进行相应的运算, 并输出运算结果。

(2) 实训步骤。

下面给出完整的源程序。

```
#include<math.h>
#include<stdio.h>
main()
{  float  x,y;
   char   op;
   printf("input x,y:");
   scanf("%f,%f",&x,&y);
   printf("input operator:");
   scanf(" %c",&op);      //为避免计算机吃掉回车符,在输入字符前加了一个空格。
   if(op=='+')   printf("%f +%f =%f \n",x,y,x+y);
   else  if(op=='-')   printf("%f -%f =%f \n",x,y,x-y);
   else  if(op=='*')   printf("%f * %f =%f \n",x,y,x*y);
   else  if(op=='/')   printf("%f /%f =%f \n",x,y,x/y);
   else
   printf("operator:%c \n",op);
}
```

4. 实训 4

(1) 实训分析。

使用 switch 语句实现四则运算, 只需对实训 3 的程序进行适当的修改就可以了。

(2) 实训步骤。

下面给出完整的源程序。

```
#include<math.h>
#include<stdio.h>
main()
{  float   x,y;
   char    op;
   printf("input x,y:");
   scanf("%f,%f",&x,&y);
```

```
        printf("input operator:");
        scanf("%c",&op);
        switch(op)
        {   case '+':   printf("%f +%f =%f \n",x,y,x+y); break;
            case '-':   printf("%f -%f =%f \n",x,y,x-y); break;
            case '*':       printf("%f * %f =%f \n",x,y,x*y); break;
            case '/':   printf("%f /%f =%f \n",x,y,x/y); break;
            default:    printf("运算符输入不正确 \n",op);
        }
}
```

3.6.4 实训总结

通过实训，进一步熟悉了选择结构在程序设计中的运用，因为生活中的各种问题总是存在一定的分支结构。选择结构语句包括 if 语句和 switch 语句。在 if 语句中，有多种不同的使用方法：有缺省 else 子句的单分支程序设计；更多的是条件相对复杂的需用带 else 子句来完成的双分支或多分支结构。当使用条件进行判断，且只需计算一个表达式并由这个表达式的不同值来决定做何种操作时，常用 switch 语句来完成。

【技能测试】

3.7 综合实践

3.7.1 选择题

（1）以下程序的运行结果是（　　）。

```
main()
{   int m=5;
    if(m ++>5)  printf("%d\n",m);
    else printf("%d\n",m--);
}
```

A. 4　　　　　　B. 5　　　　　　C. 6　　　　　　D. 7

（2）变量 x 与 y 的函数关系如图 3-8 所示。

x	y
x<0	x-1
x=0	x
x>0	x+1

图 3-8

以下程序段中能正确表示上面关系的是（　　）。

A. y=x+1;　　　　B. y=x-1;　　　　C. if (x<=0)　　　D. y=x;
　 if (x>=0)　　　　 if (x!=0)　　　　　 if (x<0)　　　　　 if (x<=0)
　 if (x==0)　　　　 if (x>0)　　　　　 y=x-1;　　　　　　 if (x<0)
　 y=x;　　　　　　 y=x+1;　　　　　　 else y=x;　　　　　 y=x-1;
　 else y=x-1;　　　 else y=x;　　　　　 else y=x+1;　　　　 else　y=x+1;

(3) 以下程序的输出结果是（　　）。

```
main()
{ int x=2,y=-1,z=2;
  if(x<y)
     if(y<0)  z=0;
     else    z+=1;
  printf("%d \n",z);
}
```

A. 3　　　　　　B. 2　　　　　　C. 1　　　　　　D. 0

(4) 为避免在嵌套的条件语句 if-else 中产生二义性，C 语言规定：else 子句总是与（　　）配对。

A. 缩排位置相同的 if　　　　　　B. 其之前最近的 if
C. 其之后最近的 if　　　　　　　D. 同一行上的 if

(5) 以下不正确的语句是（　　）。

A. if(x>y);
B. if(x=y)&&(x!=0) x+=y;
C. if(x!=y) scanf("%d", &x); else scanf("%d", &y);
D. if(x<y){ x++; y++;}

3.7.2　程序填空

(1) 以下程序实现：输入三个整数，按从大到小的顺序进行输出。

```
main()
{ int x,y,z,c;
  scanf("%d %d %d",&x,&y,&z);
  if(_____)
  { c=y; y=z; z=c; }
  if(_____)
  { c=x; x=z; z=c; }
  if(_____)
  { c=x; x=y; y=c; }
  printf("%d,%d,%d",x,y,z);
}
```

（2）输入一个字符，如果它是一个大写字母，则把它变成小写字母；如果它是一个小写字母，则把它变成大写字母；其他字符不变。

```
main()
{  char ch;
   scanf("%c",&ch);
   if(_____)   ch=ch+32;
   else if(ch >='a' && ch <='z')_____;
   printf("%c",ch);
}
```

（3）根据如图 3-9 所示的函数关系，对输入的每个 x 值，计算出相应的 y 值。

x	y
x＜0	0
0＜=x＜10	x
10＜=x＜20	10
20＜=x＜40	-0.5*x+20

图 3-9

```
main()
{  int x,c,m;
   float y;
   scanf("%d",&x);
   if(_____)   c=-1;
   else   c=_____;
   switch(c)
   {  case -1:y=0; break;
      case  0: y=x; break;
      case  1: y=10; break;
      case  2:
      case  3: y=-0.5 * x+20; break;
      default:y=-2;/*y=-2 表示输入非法*/
   }
   if(_____)printf("y=%f",y);
   else  printf("error \n");
}
```

3.7.3 编程题

（1）编写一个程序，要求用户从终端上键入两个整数。检测这两个数，判定第一个数能否被第二个数整除，并在终端上显示相应的信息。

（2）有三个整数 a，b，c，由键盘输入，输出其中最大的数。

（3）给出一个百分制成绩，要求输出成绩等级 A，B，C，D，E。其中：90 分以上为 A，80~89 分为 B，70~79 分为 C，60~69 分为 D，60 分以下为 E。

微课 3-11 if 语句的应用实例
——显示学生成绩等级

微课 3-12 switch 语句的应用实例
——显示学生成绩等级

（4）新世纪百货进行打折促销活动，消费金额（P）越高，折扣率（d）越大，标准如表 3-1 所示。

表 3-1 消费金额及所对应的折扣率

消费金额	折扣率
$P<100$	0%
$100 \leqslant P<200$	5%
$200 \leqslant P<500$	10%
$500 \leqslant P<1\,000$	15%
$P \geqslant 1\,000$	20%

编程实现输入消费金额，输出折扣率和实付金额（f）。要求分别用 if 语句和 switch 语句来实现。

（5）使用选择结构来解决三只小猪称体重的问题，要求根据用户输入的每只小猪的体重，判断并输出哪只小猪最重、哪只小猪最轻，并判断是否存在至少两只小猪的体重相同。

【技能拓展】

3.8 形状计算器实战演练

3.8.1 项目背景

在日常生活和工作中，经常需要计算各种形状的面积或周长。为了简化这一计算过程，编写一个基于 C 语言的形状计算器程序。该程序将允许用户输入想要计算的形状（如圆形、矩形、三角形等）以及相关的尺寸（如半径、边长等），输出该形状的面积或周长。

微课 3-13 形状计算器实战演练

3.8.2 项目目标

（1）创建一个 C 语言程序，该程序能够处理多种形状的面积或周长的计算。
（2）使用选择结构（如 switch 语句）来根据用户输入的形状类型选择相应的计算函数。
（3）提供用户友好的界面，提示用户输入必要的尺寸数据。
（4）验证用户输入的有效性，确保输入的数据能够用于计算。
（5）输出计算结果。

3.8.3 项目实现

程序如下：

```c
#include <stdio.h>

//函数声明
double calculateCircleArea(double radius);
double calculateCirclePerimeter(double radius);
double calculateRectangleArea(double length,double width);
double calculateRectanglePerimeter(double length,double width);
double calculateTriangleArea(double base,double height);
double calculateTrianglePerimeter(double a,double b,double c);

main()
{
    int choice;
    double radius,length,width,base,height,a,b,c;

    //显示主菜单
    printf("形状计算器 \n");
    printf("1. 圆形 \n");
    printf("2. 矩形 \n");
    printf("3. 三角形(使用底和高) \n");
    //这里不包括基于三角形三边的周长计算
    printf("请选择形状(输入数字1-3):");
    scanf("%d",&choice);

    switch(choice){
        case 1: //圆形
            printf("请输入圆的半径:");
            scanf("%lf",&radius);
```

```c
            printf("圆的面积为:%.2f\n",calculateCircleArea(radius));
            printf("圆的周长为:%.2f\n",calculateCirclePerimeter(radius));
            break;

        case 2: //矩形
            printf("请输入矩形的长:");
            scanf("%lf",&length);
            printf("请输入矩形的宽:");
            scanf("%lf",&width);
            printf("矩形的面积为:%.2f \n",calculateRectangleArea(length,width));
            printf("矩形的周长为:%.2f \n",calculateRectanglePerimeter(length,width));
            break;

        case 3: //三角形(基于底和高)
            printf("请输入三角形的底:");
            scanf("%lf",&base);
            printf("请输入三角形的高:");
            scanf("%lf",&height);
            printf("三角形的面积为:%.2f\n",calculateTriangleArea(base,height));
            //注意:三角形周长需要三边长度,这里省略了周长计算
            break;

        default:
            printf("无效的选择！\n");
            break;
    }
}
//计算圆形的面积
double calculateCircleArea(double radius)
{
    return 3.14159 * radius * radius; //使用π的近似值
}
//计算圆形的周长
double calculateCirclePerimeter(double radius)
{
    return 2 * 3.14159 * radius; //使用π的近似值
}
```

```c
//计算矩形的面积
double calculateRectangleArea(double length,double width)
{
    return length * width;
}
//计算矩形的周长
double calculateRectanglePerimeter(double length,double width)
{
    return 2 *(length+width);
}
//计算三角形的面积(基于底和高)
double calculateTriangleArea(double base,double height)
{
    return 0.5 * base * height;
}
//计算三角形的周长(这里省略了实现,因为它需要三个边长)
double calculateTrianglePerimeter(double a,double b,double c)
{
    //省略实现细节,因为此处没计算
}
```

程序说明：

（1）头文件包含：#include <stdio.h>，用于标准输入/输出函数。

（2）函数声明：在 main() 函数之前声明了所有用于计算形状面积和周长的函数。

（3）主函数 main()：首先定义了用户输入所需的变量，其次显示主菜单并读取用户的选择，最后使用 switch 语句根据用户的选择调用相应的函数并输出结果。

（4）形状计算函数：每个函数都接收必要的参数（如半径、边长等），并返回计算结果。

3.8.4 项目总结

本项目是一个较实用的案例编写，允许用户通过简单的交互来选择并计算不同形状的面积与周长。它使用了 switch 语句来实现选择结构，并根据用户的选择调用不同的函数来计算结果。程序中的函数分别用于计算圆形、矩形和三角形的面积或周长，这些函数定义了相应的计算逻辑，使得主程序更加清晰和模块化。

【素质拓展】

3.9 工匠精神：严谨和求精的工匠情怀

在当今时代浪潮中，工匠精神不仅是传统技艺的坚守与传承，更是推动社会进步与创新的不竭动力。它蕴含着对工作的极致热爱与敬畏，体现在每一位从业者严谨求实、精益求精的科学态度上。面对国产软件的蓬勃发展，更应将工匠精神内化于心、外化于行，不仅要在技术上追求卓越，更要在情感上树立强烈的国之大者意识。

　　热爱国产软件，是拥抱自主创新的未来，是对国家科技自立自强的坚定信念。要以工匠之心，雕琢每一行代码，优化每一处细节，不仅追求功能的完善，更致力于用户体验的极致提升。在这个过程中，严谨的科学态度是基石，它要求对待每一个问题深入探究、反复验证，确保软件的稳定性与安全性；精益求精则是动力，激励从业者不断突破自我，勇于攀登技术高峰，让国产软件在全球舞台上绽放光彩。编程的道路充满挑战，需要有持之以恒的奋斗情怀，不畏困难，勇于探索，通过不懈的努力和坚持，才能攀登到编程的高峰。在 C 程序设计课程中，将严谨和求精的工匠情怀融入日常的学习中，努力成为一名优秀的程序员。

第 4 章

循环结构程序设计

技能目标

（1）掌握 goto 语句的使用，能够运用 goto 语句和 if 语句构成循环解决实际问题。

（2）掌握 while 语句循环结构及 do-while 语句循环结构的控制原理，并能灵活运用解决相关问题。

（3）掌握 for 语句循环结构的控制流程原理，并能熟练应用解决具体问题。

（4）具备运用循环结构解决二重循环及二重循环以内的实际问题的能力。

素养目标

（1）具有创新精神。

（2）具有《中华人民共和国数据安全法》的基本知识和守法意识。

4.1 循环程序结构

微课 4-1 循环的引入及定义

在实际应用中，会遇到大量需要按一定规律重复处理的问题。比如，计算前 100 个自然数之和、求 10 的阶乘、一元方程的迭代求根等，这些都需要用到循环结构。所谓循环结构，是指按照特定的测试条件，对某一操作序列进行重复性操作的一种计算结构。其中，测试条件称为循环条件，重复的操作序列称为循环体。实用的程序几乎包含循环，因此熟练掌握循环结构的概念及其使用是程序设计的最基本的要求。

循环结构是结构化程序设计的三种基本结构之一，它与顺序结构、选择结构共同作为各种复杂程序的基本构造单元。在 C 语言中，用来实现循环结构的语句有 while 语句、do-while 语句和 for 语句。if 和 goto 语句也可以构成循环结构，但很少使用。在后续各节中将分别作介绍。

微课 4-2 循环语句——goto 语句

4.2 goto 语句

4.2.1 goto 语句的格式

goto 语句为无条件转向语句，它的一般格式如下：

```
goto 语句标号；
```

> **提醒**：语句标号用标识符表示，它的命名规则与变量名相同，即由字母、数字和下划线组成，其第一个字符必须为字母或下划线，不能用整数来做标号。

例如，goto quit；是合法的，而 goto 123；是不合法的。

结构化程序设计方法主张限制使用 goto 语句，因为滥用 goto 语句将使程序流程无规律、可读性差且不符合结构化程序设计的原则。但也不是绝对禁止使用 goto 语句，一般来说，使用 goto 语句有以下两种情况。

（1）与 if 语句一起构成循环结构。

（2）从循环体中跳转到循环体外，但在 C 语言中可以用 break 语句和 continue 语句跳出本层循环和结束本次循环。

4.2.2 goto 语句的应用

【例 4-1】求 1+2+3 +…+100 的值。

要求：使用 if 语句和 goto 语句构成循环，计算结果。

程序设计思路如下。

第一步：根据 1+2+3 +…+100 分析出是连续数据求和，需要定义循环变量 i 和求和变量 sum 来表示数据。

第二步：设置循环变量 i 的初始值为 1，sum 变量的初始值 0。

第三步：设置循环变量的循环条件为 i<=100，如果满足循环条件执行第四步，否则退出循环体，执行第五步。

第四步：满足循环条件，执行循环体语句，sum = sum+i；i++；接着返回第三步。

第五步：输出 sum 的值。

程序执行的流程图如图 4-1 所示。

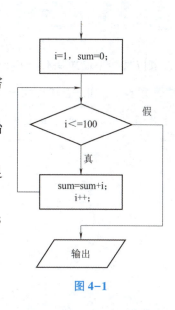

图 4-1

程序如下：

```
main()
{   int  i,sum=0;
    i=1;
    loop:if(i<=100)    /*loop 是标号不是变量,不需要定义*/
    {   sum=sum+i;
        i++;
        goto  loop;    /*通过返回 loop 标号处构成循环*/
    }
    printf("%d",sum);
}
```

运行结果：

5050

这里用的是当型循环结构，当满足 i<=100 时执行花括号内的循环体。

> **提醒**：虽然使用 if 语句和 goto 语句可以构成循环，但一般不提倡使用 goto 型循环。

4.3 while 语句

4.3.1 while 语句的格式

格式如下：

while(表达式)　语句;

其中，表达式是循环条件。语句是循环体（即需要反复多次执行的重复操作），循环体既可以是一个简单语句，也可以是复合语句。

重点：while 语句的执行过程，首先计算条件表达式的值，如果表达式的值为真，则执行循环体语句；重复上述操作，直到表达式的值为假时才结束循环。流程图如图 4-2 所示。

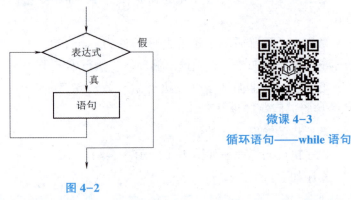

图 4-2

微课 4-3
循环语句——while 语句

4.3.2 while 语句的应用

【例 4-2】求 1+2+3 +…+ 100 的值。

程序如下：

```
main()
{  int  i,sum=0;    /*存储累加和的变量一般要初始化为 0 */
   i=1;
   while(i<=100)    /*当满足条件 i<=100 时,程序将不断执行下面的复合语句循环体*/
```

```
        {  sum=sum+i;
           i++;
        }
        printf("sum=%d",sum);
}
```

运行结果：

sum=5050

【例4-3】统计输入一行字符的个数，输入回车结束。
程序如下：

微课4-4 统计输入一行字符的
个数，输入回车符结束

```
#include <stdio.h>
main()
{  int n=0;
   printf("input a string:\n");      /*提示信息*/
   while(getchar()!='\n')   n++;    /*循环条件是当输入的字符不是回车符时执行循环体语句*/
   printf("%d",n);           /*当循环结束后,输出变量n的值*/
}
```

运行结果：

input a string:
hello liu!
10

程序分析：本例程序中的循环条件为 getchar()!='\n'，其意义是，只要从键盘输入的字符不是回车就继续循环。循环体 n++ 完成对输入字符个数进行计数，从而实现了对输入一行字符的字符个数计数。

提醒：使用 while 语句应注意以下几点。

（1）while 语句中的表达式一般是关系表达式或逻辑表达式，只要表达式的值为真即可继续循环。例如：

```
main()
{  int a=0,n;
   printf("\n input n:");       /*提示信息*/
   scanf("%d",&n);              /*通过键盘给变量n赋值*/
   while(n--)                   /*循环变量负增值,以便使循环结束*/
       printf("%d",a++*2);      /*唯一的一条循环体语句,因此可不要大括号*/
}
```

本例程序将执行 n 次循环，每执行一次，n 值减1，循环体输出表达式 a++*2 的值。该表达式等效于（a*2；a++）。

（2）循环体如果包括一个以上的语句，则必须用 {} 括起来，组成复合语句。

（3）应注意循环条件的选择，以避免死循环。例如：

```
main()
{  int a,n=0;
   while(a=5)
       printf("%d",n++);
}
```

本例中 while 语句的循环条件为赋值表达式 a=5，因此该表达式的值永远为真，而循环体中又没有其他中止循环的语句，因此该循环将一直进行下去，形成死循环。

（4）允许 while 语句的循环体中包含 while 语句，从而形成双重循环。

重点：

①在循环体中，如果有一个以上的语句，应用复合语句。
②在循环体中，应有使循环趋于结束的语句。

4.4 do-while 语句

4.4.1 do-while 语句的格式

格式如下：

```
do
循环体语句；
while(表达式);
```

流程图如图 4-3 所示，表示先执行循环体语句一次，再判别表达式的值，若为真则继续循环，否则终止循环。

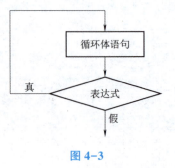

图 4-3

微课 4-5　循环语句
——do-while 语句

重点：do-while 语句与 while 语句的区别在于 do-while 语句是先执行后判断，因此 do-while 语句至少要执行一次循环体，而 while 语句是先判断后执行，如果条件不满足，则一次循环体语句也不执行。

4.4.2 do-while 语句的应用

【例 4-4】求 1+2+3+…+100 的值。

```
main()
{  int i,sum=0;
   i=1;
   do
   {  sum=sum+i;
      i++;
   }
   while(i<=100);    /*循环条件*/
   printf("%d",sum);
}
```

运行结果：

5050

> **提醒**：对于 do-while 语句还应注意以下几点。
> （1）在 if 语句和 while 语句中，表达式后面都不能加分号，而在 do-while 语句的表达式后面则必须加分号。
> （2）do-while 语句可以组成多重循环，也可以和 while 语句相互嵌套。
> （3）当 do 和 while 之间的循环体由多个语句组成时，也必须用 { } 括起来组成一个复合语句。
> （4）do-while 语句和 while 语句相互替换时，要注意修改循环控制条件。

4.5　for 语句

4.5.1 for 语句的格式

格式如下：

for(表达式1;表达式2;表达式3)　循环体语句;

即：

微课 4-6　循环语句
　　　——for 语句

```
for(循环体变量赋初值;循环条件;循环变量增值){循环体语句;}
```

for 语句的执行情况如下。

（1）首先计算表达式 1 的值。

（2）其次计算表达式 2 的值，若值为真则执行循环体一次，否则跳出循环。

（3）最后计算表达式 3 的值，转回第（2）步重复执行。在整个循环过程中，表达式 1 只计算一次，表达式 2 和表达式 3 则可能计算多次。循环体可能多次执行，也可能一次都不执行。

4.5.2 for 语句的应用

在循环语句中，for 语句最为灵活，不仅可以用于循环次数已经确定的情况，也可以用于循环次数虽不确定、但给出了循环继续条件的情况，它可以完全代替 while 语句，因此 for 语句也最为常用。

【例 4-5】用 for 语句计算 1+2+3+…+99+100 的值。

程序如下：

```
main()
{   int n,s=0;
    for(n=1;n<=100;n++)
        s=s+n;          /*循环体语句*/
    printf("s=%d\n",s);
}
```

程序分析：

（1）程序第一次执行到 for 语句时，先执行①n=1;，对循环变量 n 赋初值，其次执行②n<=100;，判断循环变量是否满足循环条件，由于条件为真，故执行循环体③s=s+n;，最后回到 for 处执行循环变量增值④n++，接着又执行②，若条件满足则继续执行循环体③，接着又是④，如此反复，直到条件不为真为止。

（2）整个循环执行流程为①→②→③→④。

（3）整个过程循环变量赋初值只执行一次。

【例 4-6】验证一个正整数 n（n>3）是否为素数。

程序分析：所谓素数，就是指除了 1 和它本身外再也没有其他的约数的自然数，也叫质数。要想验证一个数是否为素数，只要看它除了 1 和它本身外是否还有公因子，若有，则该数不是素数。若 n 有公因子，则其公因子只能在 2~n/2 的范围内。例如，6 的公因子有 2，3；8 的公因子有 2，4；…。因此要看一个数 n 是否为素数，只需看在 2~n/2 中能否找到一个整数 m（m 能将 n 整除），若 m 存在，则 n 不是素数，否则 n 是素数。

循环结构分析如下。
① 循环变量初值：m=2。
② 循环条件：m<=n/2。
③ 循环变量增值：m++。
程序如下：

微课 4-7　验证一个正整数
n（n>3）是否为素数

```
main()
{ int n,m,sign=1;      /*sign变量作为一个信号标志,它的初值为1*/
  printf("请输入一个大于3的正整数n:");
  scanf("%d",&n);      /*输入要验证的数n*/
  for(m=2; m<=n/2; m++)
  { if(n%m==0)
      sign=0;          /*若有因子则使信息变量sign为0*/
  }
  if (sign==0)  printf("%d不是素数!",n);
  else  printf("%d是素数!",n);
}
```

【例4-7】从0开始输出 n 个连续的偶数，其中 n 由输入指定。
程序如下：

```
main()
{ int a=0,n;
  printf("\n input n:");
  scanf("%d",&n);
  for(;n>0;a++,n--)
      printf("%d",a*2);
}
```

程序分析：本例的 for 语句中，表达式1已省去，循环变量的初值在 for 语句之前由 scanf 语句取得，表达式3是一个逗号表达式，由 a++，n--两个表达式组成，每循环一次变量 a 自增1，变量 n 自减1。a 的变化使输出的偶数递增，n 的变化控制循环次数。

> **提醒**：在使用 for 语句中要注意以下几点。
>
> （1）for 语句中的各表达式都可省略，但分号间隔符不能少。例如，for(;表达式;表达式)省去了表达式1；for(表达式;;表达式)省去了表达式2；for(表达式;表达式;)省去了表达式3；for(;;)省去了全部表达式。
>
> （2）在循环变量已赋初值时，可省去表达式1，如【例4-7】即属于这种情形。但省去表达式2或表达式3则将造成无限循环，这时应在循环体内设法结束循环。下面的程序代码就属于此情况。

```
main()
{ int a=0,n;
  printf("\n input n:");
  scanf("%d",&n);
  for(;n>0;)
    { a++; n--;
      printf("%d",a*2);
    }
}
```

【例4-8】输出100~1 000之间的所有奇数,要求每行输出8个数。
程序如下:

```
main()
{ int i,j,k=0;              /*变量k统计输出的奇数个数,初始k为0*/
  for(i=100;i<=1000;i++)    /*该循环提供要输出的奇数来源*/
    if(i%2!=0)              /*由于只输出奇数,因此先判断i是否为奇数*/
      { if(k%8==0)          /*若i是奇数,则还要看是否已输出了8个奇数,若是,则首先要换行*/
          printf("\n");
        printf("%d   ",i);  /*满足条件i%2!=0的i将被输出*/
        k++;                /*统计输出奇数的个数*/
      }
}
```

4.6 循环的嵌套

4.6.1 循环的嵌套概念

所谓循环的嵌套,是指一个循环体内又包含另一个完整的循环结构,也称多重循环。内嵌的循环中还可以嵌套循环,形成多重循环。一个循环的外面包含一层循环称为双重循环。

for语句、while语句、do-while语句可以相互嵌套,自由组合,构成多重循环。以下形式都是合法的嵌套。但需要注意的是,各个循环必须完整包含,相互之间绝对不允许有交叉现象。

微课4-8 循环的拓展——嵌套结构

(1)
```
for()
{ ...
  while()
```

```
                {…}
                    …
            }
(2)     do
        {   …
            for()
            {…}
                …
        }while();

(3)     while()
        {   …
            for()
            {…}
                …
        }

(4)     for()
        {   …
            for()
            {
                …
            }
                …
        }
```

4.6.2 循环的嵌套应用

如果要求输出一个连续范围内（100~1 000）的所有奇数，并且每行输出 8 个数，行与行之间用直线分隔，如何实现？

这是一个典型的循环应用问题。【例 4-8】实现的是每行输出 8 个 100~1 000 之间的奇数，并没有实现行与行之间用直线分割的功能。如果要实现该功能可以考虑在满足数据换行的条件下，通过子循环连续输出 8 组下划线，每组由 5 个小下划线组成（3 位奇数+2 位空格），来实现输出直线。这就需要在一个循环体内含另一个完整循环结构的框架，这就是嵌套循环。

【例 4-9】分别用两种循环结构编程实现：输出在 100~1 000 之间的所有奇数，要求每行输出 8 个数，数与数之间相隔 2 个空格，而且行间用直线分隔。

(1) 全部用 for 语句循环结构实现。

程序如下：

```
main()
{ int i,j,k=0;  /*变量k统计输出的奇数个数,初始k为0*/
  for(i=100;i<=1000;i++)      /*该循环提供要输出的奇数来源*/
  { if(i%2!=0)  /*由于只输出奇数,因此首先判断i是否为奇数*/
     { if(k%8==0)  /*若i是奇数,则还要看是否已输出了8个奇数,若是,则首先要换行*/
        { printf("\n");  /*实现换行,为输出下划线做准备*/
          for(j=1;j<=8;j++) /*由于每行8个数,因此需8组下划线与其对应*/
             printf("___");  /*一组下划线由5个小下划线组成:3位奇数+2位空格*/
          printf("\n");  /*下划线输出结束后实现换行,为输出下一行8个奇数打基础*/
        }
       printf("%d ",i);    /*满足条件i%2!=0的i将被输出*/
       k++;  /*统计输出奇数的个数*/
     }
  }
}
```

(2) for 语句与 while 语句混合应用实现。

程序如下:

```
main()
{ int i,j,k=0;
  for(i=100;i<=1000;i++)
  { if(i%2!=0)
     { if(k%8==0)
        { printf("\n");
          j=1; /*控制输出下划线组个数的循环变量*/
          while(j<=8)
          { printf("___");
            j++;
          }
          printf("\n");
        }
       printf("%d ",i);
       k++;
     }
  }
}
```

运行结果(部分显示),如图 4-4 所示。

```
101  103  105  107  109  111  113  115
117  119  121  123  125  127  129  131
133  135  137  139  141  143  145  147
149  151  153  155  157  159  161  163
```

图 4-4

4.7 break 和 continue 语句

微课 4-9 特殊问题
特别处理 1——
break 语句

4.2~4.6 节的循环只能在循环条件不成立的情况下才能结束循环；然而，有时人们希望从循环中强行终止当前循环或提前结束本次循环，要想实现该功能就要用到 break 和 continue 语句。

4.7.1 break 语句

break 语句只能用在循环语句和多分支选择结构 switch 语句中。当 break 语句用于 switch 语句中时，可使程序跳出 switch 语句而继续执行 switch 语句下面的一个语句；当 break 语句用于 while 语句、do-while 语句和 for 语句中时，可用于从循环体内跳出，即使程序提前结束当前循环，转而执行该循环语句的下一个语句。例如：

```
for(r=1;r<=10;r++)
{   area=pi*r*r;
    if(area>100)  break;
    printf("%f",area);
}
```

该程序的功能是，计算 r=1 到 r=10 的圆面积，直到面积（area）大于 100 为止。从上面的 for 语句可以看出，当 area>100 时，执行 break 语句，提前结束循环，即不再继续执行其余的几次循环。

微课 4-10 特殊问题
特殊处理 2
——continue 语句

提醒：break 语句不能用于循环语句和 switch 语句之外的任何语句中。

4.7.2 continue 语句

continue 语句的作用为结束本次循环，即跳过循环体中下面尚未执行的语句，接着进行下一次是否执行循环的判定。

> **提醒**：continue 语句与 break 语句的区别如下。
>
> （1）continue 语句只能用于 while 语句、do-while 语句和 for 语句中，而 break 语句既可以用于 while 语句、do-while 语句和 for 语句中，又可以用于多分支选择结构 switch 语句中。
>
> （2）continue 语句只结束本次循环，而不是终止整个循环的执行，而 break 语句则是结束整个循环过程。

下面的程序段形象地表示了这两条语句的功能。

(1)
```
    …
    while ()
    { …
        break;
        …
    }
    …
```

(2)
```
    …
    while ()
    { …
        continue;
        …
    }
    …
```

【例 4-10】输出 100~200 之间不能被 3 整除的数。

程序如下：

```
main()
{   int  n;
    for(n=100; n<=200; n++)
    {   if(n%3==0)
        continue;
        printf("%6d",n);  /*格式 6d 表示输出值占 6 个宽度*/
    }
}
```

【例 4-11】求 100~200 之间的全部素数。

程序如下：

```
main()
{  int m,k,i,n=0;
   for(m=101;m<200;m++)   /*该循环提供了从100到200内的整数*/
   {  k=m/2;     /*k是m的最大可能的最大因子*/
      for(i=2;i<=k;i++)    /*变量i是待检查的m的可能因子*/
        if(m%i==0)break;    /*若m有因子,则退出内循环*/
      if(i>=k+1)   /*若m为素数,则内层for语句必定执行到条件i<=k为假*/
      {  printf("%d",m);
         n=n+1;    /*变量n用来统计输出的素数的个数*/
      }
      if(n%10==0)     /*使输出的素数每10个数一行*/
        printf("\n");
   }
}
```

4.8 综合应用示例

循环结构程序设计是重点，也是初学者的难点，为了加深理解循环程序设计，将通过综合举例来进一步强化循环结构程序设计。

【例 4-12】求 Fibonacci 数列的前 50 项并打印输出。

程序分析：Fibonacci 数列的规律是第 1，2 两项均为 1，除此之外的其余各项都是其相邻的前两项之和，即

$$\begin{cases} F_1 = 1 \ (n=1); \\ F_2 = 1 \ (n=2); \\ F_n = F_{n-1} + F_{n-2} \ (n \geq 3) \end{cases}$$

这是一个有趣的古典数学问题：有一对兔子，从出生后第 3 个月起每个月都生一对兔子。小兔子长到第 3 个月后每个月又生一对兔子。假设所有兔子都不死，问每个月的兔子总数为多少对？

不满 1 个月的为小兔子，满 1 个月不满 2 个月的为中兔子，满 3 个月以上的为老兔子。可以分析出每个月兔子的对数依次为 1，1，2，3，5，8，13，……。

解此题的算法如图 4-5 所示。

程序如下：

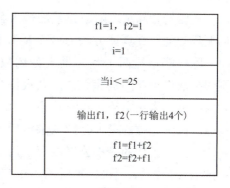

图 4-5

```
main()
{
    double f1,f2;
    int   i;
    f1=1;f2=1;
    for(i=1; i<=25; i++)
    {
        printf("%15.0f %15.0f",f1,f2);
        if(i%2==0)printf("\n");              /* 控制换行,使每行上只输出4个数 */
        f1=f1+f2;
        f2=f2+f1;
    }
}
```

运行结果（因数据较多，这里仅显示了前5行数据）：

1	1	2	3
5	8	13	21
34	55	89	144
233	377	610	987
1597	2584	4181	6765

> **提醒**：程序中 if 语句的作用是输出 4 个数后换行。i 是循环变量，当 i 为偶数时换行，而 i 每增值 1，就要计算和输出两个数（f1，f2），因此 i 每隔 2 换一次行相当于每输出 4 个数后换行输出。

【例 4-13】用辗转相除法求两个整数的最大公约数和最小公倍数。

用辗转相除法求两个整数的最大公约数是一个典型的循环问题。其具体方法为两个整数相除，其余数为 0 时，除数就是这两个数的最大公约数；若余数不为 0，则以除数作为新的被除数，以余数作为新的除数，继续相除……，直到余数为 0 时，除数即为两个数的最大公约数。两个整数的最大公约数求出后，其最小公倍数即可求出。两个数的最小公倍数等于两个数的乘积除以它们的最大公约数。图 4-6 所示为求变量 a，b 最大公约数和最小公倍数的流程图。

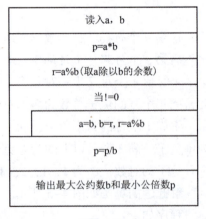

图 4-6

例如，求 24 和 10 的最大公约数的具体过程如下。

（1） a=24，b=10。

(2) a%b 的值为 4,即 24/10 的余数不为 0,则使 a=10,b=4。

(3) a%b 的值为 2,即 10/4 的余数不为 0,则使 a=4,b=2。

(4) a%b 的值为 0,则 b 即为最大公约数。

因此,24 和 10 的最大公约数为 2,最小公倍数为 120。

程序如下:

```
main()
{  int a,b,r,p;
   scanf("%d,%d",&a,&b);
   p=a*b;            /*先将a和b的乘积保存在p中,以便求最小公倍数时用 */
   r=a%b;            /* r存a除以b的余数 */
   while(r!=0)       /*求a和b的最大公约数 */
   {
      a=b;
      b=r;
      r=a%b;
   }
   p=p/b;            /*求a和b的最小公倍数 */
   printf("它们的最大公约数为:%d\n",b);
   printf("它们的最小公倍数为:%d\n",p);
}
```

运行结果:

```
24,10
它们的最大公约数为:2
它们的最小公倍数为:120
```

【例 4-14】百马驮百担问题,有 100 匹马,驮 100 担货,大马驮 3 担,中马驮 2 担,两个小马驮 1 担,问有大、中、小马各有多少匹?

穷举法的基本思想是对问题的所有可能状态——测试,直到找到解或将全部可能的状态都测试过为止。

微课 4-11
百马驼百担

程序如下:

```
main()
{  int I=0,j,k,s,t;
   double r,p;
   printf("    big    middle    small \n");
   while(I<=33)
   {  j=0;
```

```
       while(j<=(50-I))
         { k=100-I-j;
            r=3*I+2*j+0.5*k;
            if(r==100)
              printf("%8d%10d%10d\n",I,j,k);
            j++;
         }
         I++;
      }
}
```

【例4-15】通过穷举法求两个整数的最大公约数（通过函数实现）。

微课4-12 使用穷举法求两个整数的最大公约数

程序分析：假如求两个整数m，n的最大公约数，那么结果肯定不超过m与n中的最小值且不小于1。因此可以使变量i从m与n中的最小值开始查找，如果不满足m%i==0&&n%i==0条件，则i--；，继续判断是否能同时整除m，n，直到出现第一个满足条件的i值，就是这两个整数的最大公约数。

程序如下：

```
int div(int m,int n)
{  int i;
   if(m<n)   i=m;
   else      i=n;
   for(; i>=1; i--)
   if(m%i==0&&n%i==0)   break;
   return i;
}
main()
{  int a,b,p;
   scanf("%d,%d",&a,&b);
   p=div(a,b);
   printf("它们的最大公约数为:%d\n",p);
}
```

思考：如果求两个整数的最小公倍数，使用穷举法该如何实现？

【技能实践】

4.9 循环结构编程实训

4.9.1 实训目的

(1) 理解 while 语句、do-while 语句和 for 语句的执行过程。
(2) 掌握用三种循环语句实现循环结构程序设计的方法。
(3) 能熟练地在程序设计中用循环实现一些常用算法。
(4) 进一步练习程序的跟踪调试技术。

4.9.2 实训内容

(1) 实训 1：输入一个整数 n，求 n 的各位上的数字之积。例如，若输入 918，输出应该是 72；若输入 360，则输出应该是 0。

(2) 实训 2：输入一行字符，分别统计出其中的英文字母、空格、数字和其他字符的个数。

注意：在得到正确结果后，请修改程序使之能分别统计大小写英文字母、空格、数字和其他字符的个数。

微课 4-13　输入一个整数 n，求 n 的各位上数字之积

(3) 实训 3：从 3 个红球、6 个白球和 7 个黑球中任意取出 8 个球作为一组输出，在每组中，可以没有黑球，但必须有红球和白球，求总的组数以及每组的红球、白球、黑球数。

基本要求：利用循环结构实现题目要求，同时要对输出进行格式控制。

4.9.3 实训过程

1. 实训 1

(1) 实训分析。

根据问题描述可知，实现该问题的关键是取数，即如何取出整数 n 各位上的数字。思路是从整数 n 的个位开始，从后向前依次取其各位上的数字。具体做法是首先用表达式 n%10 取得 n 的个位上的数字；然后用表达式 n/10 去掉 n 已取的个位，此时 n 原来十位上的数字移到了个位，再用除 10 取余法取其当前的个位，即得 n 的十位上数字；以此类推，反复进行，直到 n 为 0 时，结束该重复操作，即可取出 n 的各位上的数字。显然这是一个循环问题。在程序中，设置一个结果变量 k（存放 n 的各位上的数字之积），其初值为 1。在循环体中，将取出的各位上的数字与乘积变量 k 相乘，循环结束后，输出结果值 k。

(2) 实训步骤。

下面给出完整的源程序：

```
main()
{  long n,k;
   k=1;
   scanf("%ld",&n);        /* 输入已知整数 n */
   do
   {
      k*=n%10;             /* 表达式 n%10 实现取 n 的个位 */
      n=n/10;              /* 将整数 n 右移 1 位,即去掉个位 */
   }
   while(n);               /* 当 n 为 0 时,结束循环 */
   printf("k=%ld\n",k);
}
```

2. 实训 2

(1) 实训分析。

根据问题描述可知,输入的是一行字符的序列,字符的个数不确定(有效字符的个数可以为 0,即只有回车换行),结束标志为换行符('\n');组成该字符序列中的每个字符的处理方式相同,即逐一读取字符序列中的各个字符,判断其是否为英文字母、空格、数字或其他字符,根据判断结果,使相应的计数器计数。显然这是一个条件型循环问题,循环次数可以为 0,因此用 while 语句可以实现。

(2) 实训步骤。

下面给出完整的源程序:

```
#include <stdio.h>
main()
{  char c;
   int letter=0,space=0,digit=0,other=0;
   printf("请输入一行字符:\n");
   while((c=getchar())!='\n')
   {  if(c>='a'&&c<='z'||c>='A'&&c<='Z')      /* 判断 c 是否为字母字符 */
         letter++;
      else if(c==' ')                          /* 判断 c 是否为空格字符 */
         space++;
      else if(c>='0'&&c<='9')                  /* 判断 c 是否为数字字符 */
         digit++;
      else
         other++;    /* 如果 c 不是字母、空格和数字字符,则归入其他字符 */
   }
   printf("字母数=%d,空格数=%d,数字数=%d,其他字符数=%d\n",letter,space,digit,other);
}
```

3. 实训3

(1) 实训分析。

用穷举法、二重循环实现。定义变量 i，j，k，分别用来表示每一组取出的红球、白球、黑球的数目。根据题意，设 i 为外循环变量控制外循环，外循环条件是 i≤3，即每一组中的红球个数可能是 1，也可能是 2 或 3，但不可能为 0，因此 i 的初值为 1；而内循环由 j 控制，j 的初值为 1，内循环条件是 j≤6；当条件 i≤3 和 j≤6 都成立时，变量 k 就等于 8-i-j，因为可以没有黑球，所以 k 的范围应满足 k>=0 且 k<=7；至此，程序的思路已经明朗。

(2) 实训步骤。

下面给出完整的源程序：

```
main()
{
  int i,j,k,sum=0;
  for(i=1;i<=3;i++)
    for(j=1;j<=6;j++)
    {
        k=8-i-j;
        if(k>=0&&k<=7)
        {
            sum++;
            printf("red:%d  white:%d  black:%d\n",i,j,k);
        }
    }
  printf("sum=%d\n",sum);
}
```

运行结果：

```
red:1  white:1  black:6
red:1  white:2  black:5
red:1  white:3  black:4
red:1  white:4  black:3
red:1  white:5  black:2
red:1  white:6  black:1
red:2  white:1  black:5
red:2  white:2  black:4
red:2  white:3  black:3
red:2  white:4  black:2
red:2  white:5  black:1
red:2  white:6  black:0
red:3  white:1  black:4
red:3  white:2  black:3
```

```
red:3   white:3   black:2
red:3   white:4   black:1
red:3   white:5   black:0
sum=17
```

4.9.4 实训总结

通过实训，进一步了解了循环结构的重要性，因为计算机的优势就在于它可以不厌其烦地重复工作。循环语句包括 while 语句、do-while 语句、for 语句。重复执行的语句称为循环体，控制循环次数的变量称为循环变量，控制循环的表达式称为循环条件。循环控制的次数要正确，否则，要么逻辑不对，要么可能构成死循环。设计循环结构程序时，有时通过循环变量来控制循环次数，有时通过一些特殊的条件来终止循环。多重循环也叫循环嵌套，就是在一个循环体内包含了另一个或另几个循环。在实际应用中，很多问题需要用到多重循环才能解决。

【技能测试】

4.10 综合实践

4.10.1 选择题

(1) C 语言中 while 语句与 do-while 语句的主要区别是（   ）。
A. do-while 语句的循环体至少无条件执行一次
B. do-while 语句允许从外部转到循环体内
C. do-while 语句的循环体不能是复合语句
D. while 语句的循环控制条件比 do-while 的循环控制条件严格

(2) 假定 a 和 b 为 int 类型的变量，则执行以下语句后 b 的值为（   ）。

```
a=1; b=10;
do
{ b-=a; a++; }
while(b--<0);
```

A. 9   B. -2   C. -1   D. 8

(3) 对以下程序段，叙述正确的是（   ）。

```
x=-1;
do
{ x=x*x; }
while(!x);
```

A. 是死循环   B. 循环执行两次

C. 循环执行一次　　　　　　　D. 有语法错误

(4) 以下程序的运行结果是（　　）。

```
#include <stdio.h>
main()
{ int y=10;
  do {y--;}
  while(--y);
  printf("%d\n",y--);
}
```

A. -1　　　　B. 1　　　　C. 8　　　　D. 0

(5) 对 for(表达式1;;表达式3)可理解为（　　）。

A. for(表达式1; 0;表达式3)
B. for(表达式1; 1;表达式3)
C. for(表达式1;表达式1;表达式3)
D. for(表达式1;表达式3;表达式3)

(6) 若 i, j 均为整型变量，则以下循环（　　）。

```
for(i=0,j=-1; j=1; i++,j++)
printf("%d,%d\n",i,j);
```

A. 循环体只执行一次　　　　B. 循环体一次也不执行
C. 判断循环结束的条件不合法　D. 是无限循环

(7) 对以下的 for 语句，说法正确的是（　　）。

```
for(x=0,y=0;(y!=123)&&(x<4); x++);
```

A. 执行3次　　　　　　　　B. 执行4次
C. 循环次数不定　　　　　　D. 是无限循环

(8) 设 j 为 int 类型的变量，则下面 for 循环语句的执行结果是（　　）。

```
for(j=10;j>3;j--)
{ if(j % 3)   j--;
  --j; --j;
  printf("%d   ",j);
}
```

A. 6　3　　　B. 7　4　　　C. 6　2　　　D. 7　3

4.10.2 程序填空

(1) 以下程序段是从键盘输入的字符中统计数字字符的个数，用换行符结束循环。

```
int  n=0,c;
c=getchar();
while(_____)
{  if(_____)  n++;
   c=getchar();
}
```

（2）以下程序的功能是用 do-while 语句求 1~1 000 之间满足用 3 除余 2；用 5 除余 3；用 7 除余 2 的数，且一行只打印 5 个数。

```
#include <stdio.h>
main()
{  int  i=1,j=0;
   do  { if(_____)
        { printf("%4d",i);
          j=j+1;
          if(_____)  printf("\n");
        }
        i=i+1;
      }
   while(i<1000);
}
```

（3）以下程序的功能是打印 100 以内个位数为 6 且能被 3 整除的所有数。

```
#include <stdio.h>
main()
{  int  i,j;
   for(i=0;_____; i++)
     { j=i*10+6;
       if(_____)  continue;
       printf("%d",j);
     }
}
```

4.10.3 编程题

（1）编一个程序求 n 的阶乘（n 由键盘输入）。

（2）计算 1! +2! +3! +…+10! 的值。

（3）求 $S_n=a+aa+aaa+\cdots+aa\cdots a$（$n$ 个 a）的值，其中 a 是一个数字。例如，3+33+333+3 333（此时 $n=4$），n 由键盘输入。

（4）打印出所有的"水仙花数"，所谓"水仙花数"是指一个 3 位数，其各位数字立方和等于该数本身。例如，153 是一个水仙花数。

（5）每个苹果 0.8 元，第一天买 2 个苹果，从第二天开始，每天买前一天的 2 倍，直至购买的苹果个数达到不超过 100 的最大值。编写程序求每天平均花多少钱？

微课 4-14 综合应用 1——买苹果

（6）两个乒乓球队进行比赛，各出三人。甲队为 a，b，c 三人，乙队为 x，y，z 三人。已抽签决定比赛名单。有人向队员打听比赛的名单，a 说他不和 x 比，c 说他不和 x，y 比。请编程找出 3 队赛手的名单。

（7）编程完成用 1 元人民币换成 1 分、2 分、5 分的所有兑换方案，即输出所有满足搭配要求的 1 分币个数、2 分币个数、5 分币个数。

（8）请分别用 while 语句、do-while 语句和 for 语句设计一个三重循环输出九九九乘法表，再同时用 while 语句、do-while 语句和 for 语句这三种循环结构设计一种三重循环输出九九九乘法表。

微课 4-15 综合应用 2——打比赛

（9）魔术师手中有 A，2，3，…，J，Q，K 十三张黑桃扑克牌。在表演魔术前，魔术师已经将他们按照一定的顺序叠放好（有花色的一面朝下）。魔术表演过程为第一次，魔术师数 1，然后把最上面的那张牌翻过来，是黑桃 A，然后将其放到桌面上；第二次，魔术师数 1，2，将第一张牌放到这些牌的最下面，将第二张牌翻转过来，正好是黑桃 2；第三次，魔术师数 1，2，3，将第 1，2 张牌依次放到这些牌的最下面，将第三张牌翻过来正好是黑桃 3……直到将所有的牌都翻出来为止。问原来牌的顺序为？

【技能拓展】

4.11 随机点名系统实战演练

4.11.1 项目背景

在许多教育或会议场景中，经常需要随机点名来提问或参与互动。教师手动点名不仅耗时，而且可能会倾向于选择他们熟悉或认为活跃的学生。因此，开发一个随机点名系统可以提高点名过程的效率和保证公平性。

4.11.2 项目目标

本项目旨在开发一个简单的随机点名系统，该系统能够从预定义的学生名单中随机选择一个学生的姓名并输出。该系统应该具备以下功能。

（1）编写一个函数，用于从数组中随机选择一个学生的姓名。

（2）主函数中通过循环结构（如 for 语句）多次调用随机点名函数。

微课 4-16 随机点名系统实战演练

(3) 确保随机点名过程能够重复进行,以模拟多次点名的场景。

4.11.3 项目实现

程序如下:

```c
#include <stdio.h>
#include <stdlib.h>
#include <time.h>

#define NUM_STUDENTS 10   //假设有10个学生
  //声明随机点名函数
void randomRollCall(char *students[],int numStudents);
main()
{
    //初始化随机数种子
    srand(time(NULL));
    //学生姓名数组
    char *students[]={
        "张三","李四","王五","赵六","孙七",
        "周八","吴九","郑十","陈十一","刘十二"
    };
    //模拟多次随机点名
    for(int i=0; i<5; i++){   //假设要点名5次
        printf("第%d次点名:\n",i+1);
        randomRollCall(students,NUM_STUDENTS);   //调用随机点名函数
    }
}
//随机点名函数实现
void randomRollCall(char *students[],int numStudents)
{
    //生成一个0到numStudents-1之间的随机数
    int randomIndex=rand()% numStudents;
      //输出被选中的学生姓名
    printf("被点名的学生是:%s\n",students[randomIndex]);
}
```

程序说明:

(1) #include 指令用于包含必要的头文件,stdio.h 用于输入/输出,stdlib.h 用于调用 rand() 和 srand() 函数进行随机数生成和初始化随机数种子,time.h 用于获取当前时间作为随机数种子。

(2) #define NUM_STUDENTS 10 定义了 NUM_STUDENTS,表示学生数量。

（3）randomRollCall 函数声明在 main() 函数之前，该函数接收一个字符指针数组（即学生姓名）和一个整数（学生数量）作为参数，然后随机选择一个学生姓名并输出。

（4）在 main() 函数中，首先使用 srand(time(NULL)) 初始化随机数种子，以确保每次运行程序时都能得到不同的随机结果；其次定义了一个包含 10 个学生姓名的数组 students；最后通过一个 for 语句来模拟多次点名过程。在每次循环中，首先输出当前是第几次点名，其次调用 randomRollCall() 函数来随机选择一个学生并输出其姓名。

（5）使用 rand()% numStudents 生成一个随机数，这个随机数的范围是 0 到 numStudents-1 之间的整数。这个随机数被用作数组 students 的索引，以随机选择一个学生的姓名，通过索引访问数组 students 中的元素，并使用 printf() 函数输出被选中学生的姓名。

4.11.4 项目总结

整个程序通过结合循环、srand() 函数、rand() 函数、数组等 C 语言的基础知识，实现了一个简单而有效的随机点名系统。程序运行时，会随机地从预定义的学生名单中选择一个学生的姓名并输出，通过循环调用 randomRollCall() 函数，可以模拟多次点名的过程。这种随机选择的方式不仅提高了点名的趣味性，还确保了公平性。

【素质拓展】

4.12 精益求精：展现卓越的职业素养

在人生的职业旅途中，精益求精不仅是一句响亮的口号，更是展现卓越职业素养的璀璨灯塔。它要求在每一个平凡的岗位上，都能以匠心独运的态度，不断探索、不断创新，将简单的事情做到极致，将复杂的问题解决优雅而精准。这不仅仅是对技艺的磨练，更是对自我价值的深度挖掘与实现。

在当今这个日新月异的时代，拥有创新精神，同时坚守法律底线，是展现卓越的必要条件，是每一位程序员不可或缺的品质。目前，数据已成为核心生产要素，掌握《中华人民共和国数据安全法》的基本知识并具备强烈的守法意识，显得尤为重要。对 C 程序设计课程的学习不仅是对编程技能的训练，更是对职业素养的塑造，旨在培养出不断追求创新与具有数据安全意识的卓越软件工程师。

第 5 章

模块化程序设计——函数

技能目标

(1) 掌握函数的定义、声明和调用方法,以及函数中形参和实参的设置。
(2) 掌握编译预处理,包括宏定义、文件包含、条件编译和特殊符号处理。
(3) 掌握函数的模块化设计,设计清晰的模块接口,编写高质量的子函数。
(4) 掌握头文件和源文件的模块化编程,实现程序的错误处理和异常管理。

素养目标

(1) 砥砺家国情怀,激发使命担当。
(2) 以奋斗姿态激扬青春,不负时代,不负韶华。

5.1 概述

微课 5-1
函数介绍

在第 1 章中已经介绍过,C 语言源程序是由函数组成。虽然在前面各章的程序中都只有一个主函数 main(),但实用程序往往由多个函数组成。函数是 C 语言源程序的基本单位,程序通过对函数模块的调用实现特定的功能。C 语言中的函数相当于其他高级语言的子程序。C 语言不仅提供了极为丰富的库函数(如 Turbo C,MS C 都提供了三百多个库函数),还允许用户建立自己定义的函数。用户可把自己的算法编成一个个相对独立的函数模块,然后通过函数调用的方式来使用。

C 语言程序的全部工作都是由各种各样的函数完成,因此也把 C 语言称为函数式语言。由于采用了函数模块式的结构,C 语言易于实现结构化程序设计,同时也使 C 语言程序的层次结构清晰,便于编写、阅读和调试。

整个 C 语言程序项目的结构大致如图 5-1 所示。

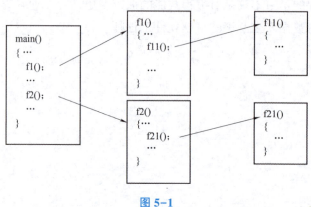

图 5-1

在 C 语言中可从不同的角度对函数分类。

（1）从函数定义的角度看，函数可分为库函数和用户定义函数两种。

①库函数。由 C 语言系统提供，用户无须定义，也不必在程序中作类型说明，只需在程序前包含该函数原型的头文件即可在程序中直接调用，比如，在前面各章的例题中反复用到的 printf( )，scanf( )，getchar( )，putchar( )，gets( )，puts( )，strcat( ) 等函数均属此类。

②用户定义函数。由用户按需要编写的函数。对于用户定义函数，不仅要在程序中定义函数本身，而且在主调函数模块中还必须对该被调函数进行类型说明，然后才能使用。

（2）从对函数返回值的需求状况看，C 语言的函数又可分为有返回值函数和无返回值函数两种。

①有返回值函数。此类函数被调用执行完后将向调用者返回一个执行结果，称为函数返回值，如数学函数即属于此类函数。由用户定义的这种要返回函数值的函数，必须在函数定义和函数声明中明确返回值的类型。

②无返回值函数。此类函数用于完成某项特定的处理任务，执行完成后不向调用者返回函数值。其实这类函数并非真的没有返回值，而是程序设计者不关心它而已，此时关心的是它的处理过程。由于函数无须返回值，用户在定义此类函数时可指定它的返回值为空类型，空类型的说明符为 void。

（3）从主调函数与被调函数之间数据传递的角度看，又可分为无参函数和有参函数两种。

①无参函数。函数定义、函数说明及函数调用中均不带参数，主调函数和被调函数之间不进行参数传送。此类函数通常用来完成一组指定的功能，可以返回或不返回函数值。

②有参函数。也称为带参函数。在函数定义及函数声明时都有参数，称为形式参数（简称形参）。在函数调用时也必须给出参数，称为实际参数（简称实参）。进行函数调用时，主调函数将把实参的值传递给形参，供被调函数使用。

（4）C 语言提供了极为丰富的库函数，这些库函数又可从功能角度分为多种类型，具体请参看附录Ⅳ。

在 C 语言中，所有的函数定义（包括主函数 main( ) 在内）都是平行的。即在一个函数的函数体内，不能再定义另一个函数，即不能嵌套定义。但是函数之间允许相互调用，也允许嵌套调用。习惯上把调用者称为主调函数。函数还可以自己调用自己，称为递归调用。在 C 程序中，main( ) 函数是主函数，它可以调用其他函数，但不允许被其他函数调用。

> **提醒**：C 语言程序的执行总是从 main( ) 函数开始，完成对其他函数的调用后再返回到 main( ) 函数，最后由 main( ) 函数结束整个程序。一个 C 语言源程序必须有且只能有一个主函数 main( )。

5.2 函数的定义与声明

5.2.1 函数的定义

格式如下：

```
函数类型  函数名(形参及其类型)
{   函数体变量说明;  ⎫
    语句;            ⎬ 函数体
                     ⎭
}
```

(1) 函数类型是函数返回值的类型，若不关心函数返回值，则函数类型可定义为 void 类型，即空类型。

(2) 函数名的命名必须符合标识符的要求。

(3) 形参是实现函数功能所要用到的传输数据，它是函数间进行通信的唯一途径。由于形参是由变量充当的，所以必须定义类型，即在函数名后的括号中定义，但有些功能函数不一定要形参，是否有形参将会根据具体情况来定。

微课 5-2　函数的定义与声明

(4) 函数体是由实现函数功能的若干程序语句组成的，在函数体内也许还会定义除形参之外要用到的其他变量。

(5) 函数可以没有参数，但圆括号不能省略。

【例 5-1】写一个求 $n!$ 的函数。

程序分析：因为求的是 n 的阶乘，所以 n 对于这个函数功能的实现起到重要的作用，也就是说，具体的 n 值是所需要知道的信息。因此，n 就是要定义的函数的形参。

程序如下：

```c
int  fac(int  n)
{   int i,f;
    f=1;
    for(i=n; i>=1; i--)
        f=f * i;
    return f;   /*返回函数的值f*/
}
```

提醒：如果函数没有 return 语句，并不说明函数没有返回值，只是并不用关心它的返回值，这种情况下它的返回值是不确定的。

编写功能函数解决问题，与前面只用主函数实现问题的思路相似，不过自定义函数只是一个实现功能的框架，它本身没有活力，因为它缺少活动的动力源——实际的参数。功能函数只有通过主函数给其提供实际参数值才能运行,单独的功能函数是不能运行的。

【例 5-2】编写一个求任意数绝对值的函数。

程序如下:

```
float  abs_value(float  x )
{
  return(x>=0? x:-x);
}
```

【例 5-3】编写一个打印 n 个空格的函数。

程序如下:

```
void  spc(int n)
{ int  i;
  for(i=0; i<n; i++)
    printf(" ");
  return;  /* 此时不需要 spc 的返回值,该语句可不要 */
}
```

【例 5-4】编写一个完整的程序,用函数求两个数中的最大值。

程序如下:

```
int max(int a,int b)
{ if(a>b)  return a;
  else  return b;
}
main()
{ int x,y,z;
  printf("input two numbers:\n");
  scanf("%d%d",&x,&y);
  z=max(x,y);
  printf("maxmum=%d",z);
}
```

【例 5-5】编写一个函数,判断一个整数是否为素数(函数返回 0 表示不是素数,返回 1 表示是素数)。

程序如下:

```
int  prime(int n)
{ int  m;
  for(m=2; m<=n/2; m++)
    { if(n%m==0)
```

```
        return 0;
    }
    return 1;
}
```

> **重点**：关于函数类型的几点说明如下。

①int 类型与 char 类型的函数在定义时，可以不定义类型，系统隐含指定为 int 类型。

②对不需要使用函数返回值的函数，应定义为 void 类型，且函数体中无须包含 return 语句。

5.2.2 函数的声明

下面的程序片段中就用到了函数声明。

```
main()
{ …
    double  style(float a,double x); /*函数声明*/
    …
}
double  style(float  a,double x)
{
    函数体;
}
```

函数声明是对所要用到的函数的特征进行必要的声明。编译系统以函数声明中给出的信息为依据，对调用函数的表达式进行检测，以保证调用表达式与函数之间的参数能正确传递。可能大家会产生疑问，为什么前面的【例5-4】中的函数没有进行声明？其实对那个程序来说可以声明，也可以不声明。

> **重点**：函数声明的原则如下。

①在函数声明中，形参名可以不写，但形参类型必须写。

②在同一源程序中，当函数定义编写在主调函数前面时，不需要做函数声明；当函数定义写在主调函数后面时，需要做函数声明。目前，行业上习惯将函数声明写在 main() 函数前面，作为全局声明，避免遗漏。此外，当函数返回值为 int 或 char 类型时，可不要函数声明。

③函数定义与函数声明不是一回事。定义的功能是创建函数，函数是由函数首部和函数体组成的。而声明的作用是把函数的名字、函数类型及形参类型、个数顺序通知编译系统，以便在调用函数时系统按此对照检查。

④函数声明的格式如下。

函数类型   函数名([形参表]);

对有参函数来说,在声明时形参名可不写,但形参类型一定要写。

【例5-6】输入两个实数,求这两个数的差。

程序如下:

```c
#include <stdio.h>
main()
{   float  sub(float x,float y);     /*函数的声明*/
    float  n1,n2,result;
    scanf("%f,%f",&n1,&n2);
    result=sub(n1,n2);
    printf("result=%f \n",result);
}
float  sub(float x,float y)      /*函数的定义*/
{   float  z;
    z=x-y;
    return  z;
}
```

5.3 函数的调用

5.3.1 函数的一般调用方式

在程序中通过对函数的调用来执行函数体,其过程与其他语言的子程序调用相似。C语言中,函数调用的一般格式如下:

函数名(实际参数表);

> **提醒**:对无参函数调用时并无实际参数表,而对有参函数调用时,实际参数表中的参数可以是常数、变量或其他构造类型数据及表达式,各实参之间用逗号分隔。

微课5-3
函数的调用

在C语言中,可以用以下几种方式调用函数。

(1)函数表达式。

函数作为表达式中的一项出现在表达式中,以函数返回值参与表达式的运算。这种方式要求函数有返回值。例如:

z=max(x,y);

是一个赋值表达式,把max()函数的返回值赋予变量z。

（2）函数语句。

函数调用的一般格式加上分号即构成函数语句。例如：

```
printf("%d",a);
scanf("%d",&b);
```

都是以独立函数语句的方式调用函数。

（3）函数实参。

函数作为另一个函数调用的实际参数出现。这种情况是把该函数的返回值作为实参进行传递，因此要求该函数必须有返回值。例如：

```
printf("%d",max(x,y));
```

即把调用 max( ) 函数的返回值又作为 printf( ) 函数的实参来使用。

【例 5-7】编写一个实现交换功能的函数，并写出主函数。

程序如下：

```
main()
{ int  a=3,b=5;
  void swap(int,int);    /*函数声明*/
  swap(a,b);
  printf("a=%d,b=%d \n",a,b);
}
void swap(int x,int y)
{ int  temp;
  temp=x; x=y; y=temp;
  printf("x=%d,y=%d \n",x,y);
}
```

运行结果：

```
x=5,y=3
a=3,b=5
```

重点：

①调用函数时，函数名必须与具有该功能的自定义函数名称完全一致。

②实参在类型上按顺序与形参一一对应和匹配。如果类型不匹配，C 语言编译程序将按赋值兼容的规则（例如，实型可以兼容整型和字符类型）进行转换。如果实参和形参的类型不能赋值兼容，通常并不会提示出错信息，且程序仍然继续执行，只是得不到正确的结果。

③C 语言程序中，允许函数直接或间接地自己调用自己，称为递归调用。有关递归调用的内容将在 5.3.2 节中介绍。

思考：在【例 5-7】中，为什么变量 a 和变量 b 的值没有发生交换？

5.3.2 函数的嵌套调用与递归调用

1. 函数的嵌套调用

C 语言中函数的定义互相平行、独立。一个函数的函数体内不能包含另一个函数的定义,换言之,C 语言是不能嵌套定义函数的,但 C 语言允许嵌套调用函数。所谓嵌套调用就是在调用一个函数并在执行该函数过程中,又调用了另一个函数的情况。

【例 5-8】输入三个数求最大者。

微课 5-4 函数的嵌套调用与递归调用

程序如下:

```c
int  max(int x,  int y)
{  int  Max;
   if(x<y)
      Max=y;
   else
      Max=x;
   return Max;
}
main()
{  int a,b,c,d;
   int  max(int,int);
   scanf("%d,%d,%d",&a,&b,&c);
   d=max(a,max(b,c));     /* 在调用max函数中的一个参数采用调用自己的情况 */
   printf("%d",d);
}
```

2. 函数的递归调用

一个函数在它的函数体内调用它自身称为递归调用,这种函数称为递归函数。C 语言允许函数的递归调用。在递归调用中,主调函数又是被调函数。执行递归函数将反复调用其自身,每调用一次就进入新的一层。例如,递归函数 f( ) 如下:

```c
int f(int x)
{  int y,z;
   z=f(y);
   return z;
}
```

该函数在运行时,将无休止地调用其自身,这当然是不允许的。为了防止递归调用无终止地进行,必须在函数内有终止递归调用的手段。常用的方法是增加条件判断,当满足某种条件后就不再进行递归调用,然后逐层返回。下面举例说明递归调用的执行过程。

【例 5-9】用递归法计算 $n!$。

程序分析：用递归法计算 n！可用下述公式表示。

$$\begin{cases} n! = 1 & (n = 0, 1); \\ n! = n(n-1)! & (n > 1) \end{cases}$$

非负整数 n 的阶乘是 $n(n-1)(n-2)\cdots 1$（规定 1 和 0 的阶乘是 1），例如，$5! = 5 \times 4 \times 3 \times 2 \times 1$。通过分析 5! 发现如下的规律，如图 5-2 所示。

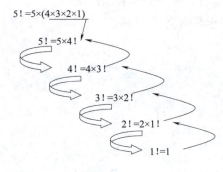

图 5-2

由此可得出求阶乘的一般递归公式：$n! = n(n-1)!$。

程序如下：

```c
long ff(int n)
{   long f;
    if(n<0)  printf("n<0,input error");
    else if(n==0||n==1) f=1;
    else f=ff(n-1)*n;
    return f;
}
main()
{   int n;
    long y;
    printf("\ninput a integer number:\n");
    scanf("%d",&n);
    y=ff(n);
    printf("%d!=%ld",n,y);
}
```

程序分析：程序中给出的函数 ff( ) 是一个递归函数。主函数调用函数 ff( ) 后即进入函数 ff( ) 执行，当变量 n<0，n=0 或 n=1 时将结束函数的执行，否则就递归调用 ff( ) 函数自身。由于每次递归调用的实参为 n-1，即把 n-1 的值赋予形参 n，最后当 n-1 的值为 1 时再进行递归调用，形参 n 的值也为 1，将使递归终止，然后可逐层返回。下面再举例说明该过程。设执行本程序时输入为 5，即求 5!。在主函数中的调用语句即为 y=ff(5)，进入 ff( ) 函数后，

由于 n=5，不等于 0 或 1，故执行 f=ff(n-1)*n，即 f=ff(5-1)*5。该语句对 ff( ) 函数进行递归调用即 ff(4)。逐次递归展开，进行 4 次递归调用后，ff( ) 函数形参取得的值变为 1，故不再继续递归调用而开始逐层返回主调函数。ff(1) 的函数返回值为 1，ff(2) 的返回值为 1×2=2，ff(3) 的返回值为 2×3=6，ff(4) 的返回值为 6×4=24，最后 ff(5) 的返回值为 24×5=120。

5.3.3 函数参数

函数的参数分为形参和实参两种。形参出现在函数定义中，在整个函数体内都可以使用，离开该函数则不能使用。实参出现在主调函数中，进入被调函数后，实参变量也不能使用。形参和实参的功能是作数据传递。发生函数调用时，主调函数把实参的值传递给被调函数的形参从而实现主调函数向被调函数的数据传递。

函数的形参和实参具有以下特点。

（1）形参变量只有在被调用时才分配内存单元，在调用结束时，即刻释放所分配的内存单元。因此，形参只有在函数内部才有效，而当函数调用结束返回主调函数后则不能再使用该形参变量。

（2）实参可以是常量、变量、表达式、函数等，无论实参是何种类型的量，在进行函数调用时，它们都必须具有确定的值，以便把这些值传递给形参。因此应预先用赋值、输入等操作使实参获得确定值。

（3）实参和形参在数量、类型、顺序上应严格一致，否则会发生类型不匹配的错误。

（4）函数调用中发生的数据传递是单向的。即只能把实参的值传递给形参，而不能把形参的值反向地传递给实参。因此在函数调用过程中，形参的值发生改变，而实参的值不会变化。【例 5-7】就说明了这个问题。

微课 5-5 函数的参数

```
main()
{  int   a=3,b=5;
   void swap(int,int);    /*函数声明*/
   swap(a,b);
   printf("a=%d,b=%d \n",a,b);
}
void swap(int x,int y)
{  int  temp;
   temp=x;x=y;y=temp;
   printf("x=%d,y=%d \n",x,y);
}
```

实参 a=3，b=5，在调用了交换函数 swap( ) 以后，将 a 的值传递给形参 x，将 b 的值传递给形参 y，如图 5-3 所示。由于 swap( ) 函数实现了 x 与 y 的数据交换，所以 x 的值变成了 5，y 的值变成了 3，但是实参 a 和 b 的值却没有发生任何变化。

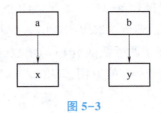

图 5-3

5.4 变量类型

C 语言中所有的变量都有自己的作用域,变量说明的方式不同,其作用域也不同。C 语言中的变量,按作用域范围可分为两种,即局部变量和全局变量。

微课 5-6
变量的类型

5.4.1 局部变量

局部变量也称内部变量。局部变量是在函数内作定义说明,其作用域仅限于函数内,离开该函数后再使用该变量是无效的。

例如:

(1)
```
float   f1(int  a)
{
    int  b,c; /*b,c为局部变量*/          变量b,c的有效范围
    …
}
```

(2)
```
main()
{ int m ,n; /*m,n为局部变量*/            变量m,n的有效范围
    …
}
```

(3)
```
main()
{ int  a;/*a为局部变量*/
    …
    {  int c;/*c为局部变量*/
       c=a+9;                            c的有效区    a变量的有效范围
       …
    }
    …
}
```

提醒：

①在复合语句中定义的变量，仅在本复合语句范围内有效。

②有参函数中的形参也是局部变量，只在其所在的函数范围内有效。

③允许在不同的函数中使用相同的变量名，它们代表不同的对象，分配不同的内存单元，互不干扰，相互独立。

④局部变量所在的函数被调用或执行时，系统临时给相应的局部变量分配内存单元，一旦函数执行结束，则系统立即释放这些内存单元。因此在各个函数中的局部变量起作用的时刻是不同的。

5.4.2 全局变量

全局变量也称外部变量，它是在函数外部定义的变量。它不属于哪一个函数，而属于一个源程序文件，其作用域是整个源程序。在函数中使用全局变量，一般应作全局变量说明。只有在函数内部经过说明的全局变量才能使用。全局变量的关键字为 extern。但在一个函数之前定义的全局变量，在该函数内部使用时，可不再加以说明。

例如：

(1)
```
int  a=3,b=5;      /*a,b为全局变量*/
main()
{
    printf("%d,%d \n",a,b);
}
fun(void)
{ ...
    printf("%d,%d \n",a,b);
    ...
}
```

(2)
```
void gx()
{  extern   int x,y;    /*声明x,y是外部变量*/
    x=135;
    y=x+20;
    printf("%d",y);
}
int   x ,y;
```

提醒：全局变量的有效范围从定义位置开始到文件结束，但是若在同一个程序中，全局变量与局部变量名相同，则在局部变量的作用域里，该全局变量自动失效。

思考：分析下面程序的运行结果。

```
int a=3,b=5;
max(int a,int b)
{ int c;
  c=a>b? a:b;
  return c;
}
main()
{ int  a=8;
  printf("%d",max(a,b));
}
```

运行结果：

8

5.4.3 变量的存储方式

在5.4.2节和5.4.1节中介绍的局部变量和全局变量是从变量的作用域（即从空间）来划分的。若从变量值存在的时间长短（即变量的生存期，或称时域）来划分的话，变量还可分为动态存储变量和静态存储变量。也就是说，变量的生存期取决于变量的存储方式。

在C语言中，变量的存储方式可分为动态存储方式和静态存储方式。而变量的存储类型声明有以下4种。

微课 5-7 函数的变量存储方式

```
auto       自动变量  ┐
register   寄存器变量 ┘动态存储方式

extern     外部变量  ┐
static     静态变量  ┘静态存储方式
```

> **提醒**：自动变量和寄存器变量属于动态存储方式，外部变量和静态变量属于静态存储方式。

在介绍了变量的存储类型之后，可以知道对一个变量的声明不仅应声明其数据类型，还应声明其存储类型。因此变量声明的完整格式如下：

存储类型说明符 数据类型说明符 变量名1,变量名2,…;

例如：

```
static int a,b;            /*说明a,b为静态类型变量*/
auto char c1,c2;           /*说明c1,c2为自动字符变量*/
```

```
static int a[5]={1,2,3,4,5};    /*说明a为静态整型数组*/
extern int x,y;                 /*说明x,y为外部整型变量*/
```

1. 动态存储方式

所谓动态存储方式，是指在程序运行期间根据需要为相关的变量动态分配存储空间的方式。在 C 语言中，变量的动态存储方式主要有自动型存储方式和寄存器型存储方式两种，下面分别加以介绍。

（1）自动型存储方式。

这种存储类型是 C 语言程序中使用最广泛的一种类型。自动存储方式的变量建立和撤销，都是由系统自动进行的，使用该方式进行存储的变量叫自动变量。C 语言规定，函数内凡未加存储类型说明的变量均视为自动变量，也就是说自动变量可省去说明符 auto。在前面各章的程序中所定义的变量凡未加存储类型说明符的都是自动变量。例如：

```
{  int i,j,k;                          {  auto int i,j,k;
   char c;              等价              auto char c;
   ...                 ⟵⟶                 ...
}                                      }
```

自动变量的特点如下。

① 自动变量属于局部变量范畴。自动变量的作用域仅限于定义该变量的个体内部。在函数中定义的自动变量只在该函数内部有效，在复合语句中定义的自动变量只在该复合语句中有效。例如：

```
int kv(int a)
{  auto int x,y;              ⎫
   {  auto char c;    ⎫       ⎬ 变量 a,x,y 的作用域
                      ⎬ 变量 c 的作用域
   }                  ⎭       ⎪
   ...                        ⎭
}
```

② 自动变量属于动态存储方式，只有在使用它，即定义该变量的函数被调用时才给它分配内存单元，开始它的生存期。函数调用结束，释放内存单元，结束生存期。因此函数调用结束之后，自动变量的值不能保留。在复合语句中定义的自动变量，在退出复合语句后也不能再使用，否则将引起错误。例如，以下程序：

```
main()
{  auto int a;
   printf("\ninput a number:\n");
   scanf("%d",&a);
   if( a>0){ auto int s,p;
       s=a+a;
       p=a*a;
```

```
    }
    printf("s=%d p=%d\n",s,p);
}
```

程序分析：变量 s，p 是在复合语句内定义的自动变量，只能在该复合语句内有效。而程序的第 9 行却是退出复合语句之后使用 printf 语句输出 s，p 的值，这显然会引起错误。

③由于自动变量的作用域和生存期都局限于定义它的个体内（函数或复合语句内），因此不同的个体中允许使用同名的变量而不会混淆。即在函数内部定义的自动变量也可与该函数内部的复合语句中定义的自动变量同名。

【例 5-10】分析下面程序中各个自动变量的作用域。

程序如下：

```
main()
{   auto int a,s=100,p=100;
    printf("\ninput a number:\n");
    scanf("%d",&a);
    if(a>0)
    {   auto int s,p;
        s=a+a;
        p=a*a;
        printf("s=%d p=%d\n",s,p);
    }
    printf("s=%d p=%d\n",s,p);
}
```

程序分析：本程序在 main() 函数中和复合语句内两次定义了变量 s，p 为自动变量。按照 C 语言的规定，在复合语句内，应由复合语句中定义的 s，p 起作用，故 s 的值应为 a+a，p 的值为 a*a。退出复合语句后的 s，p 应为 main() 函数所定义的 s，p，其值在初始化时给定，均为 100。从输出结果可以分析出两个 s 和两个 p 虽变量名相同，但却是两个不同的变量。

（2）寄存器型存储方式。

上述各类变量都存放在内存，因此当对一个变量频繁读写时，必须反复访问内存，从而花费大量的存取时间。为此，C 语言提供了寄存器存储方式。

采用寄存器型存储方式的变量，称为寄存器变量。这种变量存放在 CPU 的寄存器中，使用时不需要访问内存，直接从寄存器中读写，因此存取效率较高。寄存器变量的说明符是 register。对于循环次数较多的循环控制变量及循环体内反复使用的变量，均可定义为寄存器变量。

【例 5-11】求 $\sum_{i=1}^{200} i$。

程序如下：

```
main()
{   register i,s=0;
```

```
for(i=1;i<=200;i++)
    s=s+i;
printf("s=%d\n",s);
}
```

程序分析：本程序循环 200 次，变量 i 和 s 都将频繁使用，因此可定义为寄存器变量。对寄存器变量还有以下几点需要说明。

① 只有局部自动变量和形式参数才可以定义为寄存器变量，因为寄存器变量属于动态存储方式，凡需要采用静态存储方式的量不能定义为寄存器变量。

② 在 Turbo C，MS C 等计算机上使用的 C 语言中，实际上是把寄存器变量当成自动变量处理的，因此并不能提高速度。而在程序中允许使用寄存器变量只是为了与标准 C 保持一致。

③ 即使是能真正使用寄存器变量的计算机，由于其 CPU 中寄存器的个数是有限的，因此使用寄存器变量的个数也是有限的。

2. 静态存储方式

所谓静态存储方式，是指在程序编译时就给相关的变量分配固定的存储空间（即在程序运行的整个期间内不变）的方式。

（1）静态存储的局部变量。

由静态存储方式存储的局部变量，也称静态局部变量。该类变量就是在局部变量前面加 static 修饰符，其中 static 是静态存储方式类别符，不可省略。例如：

微课 5-8　变量的静态存储方式

```
static int a,b;
static float array[5]={1,2,3,4,5};
```

静态局部变量属于静态存储方式，具有以下特点。

① 静态局部变量在函数内部定义，但不像自动变量那样，当调用时就存在，退出函数时就消失。静态局部变量始终存在，也就是说它的生存期为整个源程序。

② 静态局部变量的生存期虽然为整个源程序，但是其作用域仍与自动变量相同，即只能在定义该变量的函数内部使用该变量。退出该函数后，尽管该变量还继续存在，但不能使用它。

③ 对基本类型的静态局部变量，若在说明时未赋初值，则系统自动赋予零值。而对自动变量不赋初值，则其值是不确定的。根据静态局部变量的特点，可以看出它是一种生存期为整个源程序的量。虽然离开定义它的函数后不能使用，但如果再次调用定义它的函数时，又可以继续使用，而且保存了前次被调用后留下的值。因此，当多次调用一个函数且要求在调用之间保留某些变量的值时，可考虑采用静态局部变量。虽然用全局变量也可以达到上述目的，但全局变量有时会带来意外的副作用，因此仍以采用局部静态变量为宜。

【例 5-12】分析程序。

程序如下：

```
main()
{  int i;
   void f();              /* 函数声明 */
   for(i=1;i<=5;i++)
       f();               /* 函数调用 */
}
void f()                  /* 函数定义 */
{  auto int j=0;
   ++j;
   printf("%d\n",j);
}
```

程序分析：程序中定义了函数 f()，其中的变量 j 说明为自动变量并赋予初始值为 0。当主函数中多次调用函数 f()时，j 均赋初值为 0，故每次输出值均为 1。现在把 j 改为静态局部变量，程序如下：

```
main()
{  int i;
   void f();
   for(i=1;i<=5;i++)
       f();
}
void f()
{  static int j=0;
   ++j;
   printf("%d\n",j);
}
```

程序分析：由于 j 为静态局部变量，能在每次调用后保留其值并在下一次调用时继续使用，所以输出值为累加的结果。读者可自行分析其执行过程。

（2）静态全局变量。

在全局变量（外部变量）的声明之前再加上关键字 static 就构成了静态的全局变量。全局变量本身就是静态存储方式，静态全局变量当然也是静态存储方式，这两者在存储方式上并无不同。

这两者的区别在于非静态全局变量的作用域是整个源程序，当一个源程序由多个源文件组成时，非静态的全局变量在各个源文件中都是有效的。而静态全局变量则限制了其作用域，即只在定义该变量的源文件内有效，在同一源程序的其他源文件中不能使用。由于静态全局变量的作用域局限于一个源文件内，只能为该源文件内的函数共用，因此可以避免在其他源文件中引起错误。

(3) 用 extern 声明全局变量。

全局变量（即外部变量）的特征如下。

①外部变量和全局变量是对同一类变量的两种不同角度的提法。全局变量是从它的作用域提出的，外部变量是从它的存储方式提出的，表示了它的生存期。

②当一个源程序由若干个源文件组成时，在一个源文件中定义的外部变量在其他的源文件中也有效。例如，有一个源程序由源文件 F1.C 和 F2.C 组成，如图 5-4 所示。

```
        F1.C
int a, b; /*外部变量定义*/
char c; /*外部变量定义*/
main()
{
    ...
}
```

```
          F2.C
extern int a, b; /*外部变量声明*/
extern char c; /*外部变量声明*/
func(int x, y)
{
    ...
}
```

图 5-4

在 F1.C 和 F2.C 两个文件中都要使用 a，b，c 三个变量。在 F1.C 文件中把 a，b，c 都定义为外部变量。在 F2.C 文件中用 extern 把三个变量声明为外部变量，表示这些变量已在其他文件中定义，并把这些变量的类型和变量名进行声明，编译系统不再为它们分配内存空间。

5.5　编译预处理

编译预处理是 C 语言区别于其他高级程序设计语言的特征之一，它属于 C 语言编译系统的一部分。C 语言程序中使用的编译预处理命令均以#开头，它在 C 语言编译系统对源程序进行编译之前，先对程序中的这些命令进行预处理。从而改进程序设计环境，提高编程效率。

C 语言提供的预处理功能主要包括三种：宏定义、文件包含、条件编译。分别用宏定义命令（define）、文件包含命令（include）、条件编译命令（ifdef…endif 等）来实现。这些命令均以#开头，以区别 C 语言中的语句。

5.5.1　宏定义

宏定义是用预处理命令#define 实现的预处理，它分为两种形式：不带参数的宏定义与带参数的宏定义。

1. 不带参数的宏定义

不带参数的宏定义也称字符串的宏定义，它用来指定一个标识符代表一个字符串常量。

一般格式如下：

微课 5-9　编译预处理

```
#define  标识符  字符串
```

其中，标识符就是宏的名字，简称宏，字符串是宏的替换正文，通过宏定义，使得标识符等同于字符串。例如：

```
#define  PI  3.14
```

其中，PI 是宏名，字符串 3.14 是替换正文。预处理程序将程序中凡以 PI 作为标识符出现的地方都用 3.14 替换，这种替换称为宏替换或宏扩展。

这种替换的优点在于，用一个有意义的标识符代替一个字符串，便于记忆，易于修改，提高了程序的可移植性。

【例 5-13】求 100 以内所有偶数之和。

程序如下：

```
#define  N  100
main()
{  int i,sum=0;
   for(i=2; i<=N; i=i+2)
       sum=sum+i;
   printf("sum=%d\n",sum);
}
```

经过编译预处理后将得到如下程序：

```
main()
{  int i,sum=0;
   for(i=2; i<=100; i=i+2)
       sum=sum+i;
   printf("sum=%d\n",sum);
}
```

如果要改变处理数的内容，只需要修改宏定义中替换 N 的字符串即可，不需修改其他地方。

提醒：

①宏定义在源程序中单独占一行，通常#出现在一行的第一个字符的位置，允许#号前有若干的空格或制表符，但不允许有其他字符。

②每个宏定义以换行符作为结束的标志，与 C 语言的语句不同，不以分号(;)作为结束。如果使用了分号，则会将分号作为字符串的一部分一起替换。例如：

```
#define  PI  3.14;
area=PI*r*r;
```

在宏扩展后成为

```
area=3.14;*r*r;
```

；也作为字符串的一部分参与了替换，结果在编译时出现语法错误。

③宏的名字用大写字母或小写字母作为标识符都可以，为了与程序中的变量名或函数名区分和醒目，习惯用大写字母作为宏名。宏名是一个常量的标识符，它不是变量，不能对它进行赋值。若对上面 PI 进行赋值操作（如 PI=3.1415926;）是错误的。

④一个宏的作用域是从定义的地方开始到本文件结束。也可以用#undef命令终止宏定义的作用域。例如，在程序中定义宏如下：

```
#define  INTEGER  int
```

后来又用如下宏定义撤销：

```
#undef  INTEGER
```

那么，之后程序中再出现 INTEGER 时就是未定义的标识符。也就是说，INTEGER 的作用域是从宏定义的地方开始到#undef之前结束。从上面代码看出可以使用宏定义来表示数据类型。

⑤宏定义可以嵌套。例如：

```
#define  PI    3.14
#define  TWOPI (2.0*PI)
```

若有语句 s=TWOPI*r*r;，则在编译时被替换为 s=(2.0*3.14)*r*r;。

2. 带参数的宏定义

C 语言的预处理命令允许使用带参数的宏，带参数的宏在展开时，不是进行简单的字符串替换，而是进行参数替换。带参数的宏定义的一般格式如下：

```
#define 标识符(参数表)  字符串
```

例如，定义一个计算圆面积的宏。

```
#define  S(r)  (PI*r*r)
```

则在程序中的 printf("%10.4f\n",S(2.0));将被替换为 printf("%10.4f\n",(3.14*2.0*2.0));。

提醒：

①在宏定义中宏名和左括号之间没有空格。

②带参数的宏展开时，用实参字符串替换形参字符串，可能会发生错误。比较好的做法是将宏的各个参数用圆括号括起来。例如，有以下的宏定义：

```
#define  S(r)   PI*r*r
```

若在程序中有语句 area=S(a+b);，则将被替换为 area=PI*a+b*a+b;。显然不符合程序设计的意图，最好采用下面的形式。

```
#define  S(r)   PI*(r)*(r)
```

语句 area=S(a+b) 在宏展开后将变为 area=PI*(a+b)*(a+b);，这就达到了程序设计的目的。

③带参数的宏调用和函数调用非常相似，但它们是有区别的。其主要区别在于：带参数的宏调用只是简单的字符串替换，不存在函数类型、返回值及参数类型的问题；函数调用时，先计算实参表达式的值，再将它的值传给形参，在传递过程中，要检查实参和形参的数据类型是否一致。而带参数的宏调用是用实参表达式原封不动地替换形参，并不进行计算，也不检查参数类型的一致性（在第②点中已经说明了该特点）。

5.5.2 文件包含

文件包含是指把指定文件的全部内容包含到本文件中。文件包含控制行的一般格式如下：

```
#include  "文件名"
```

或

```
#include  <文件名>
```

例如：

```
#include <stdio.h>
```

微课 5-10　编译的预处理——文件包含

在编译预处理时，就把 stdio.h 头文件的内容与当前的文件连在一起进行编译。同样此命令对用户自己编写的文件也适用。

使用文件包含命令的优点：在程序设计中常常把一些公用性符号常量、宏、变量和函数的声明等集中起来组成若干文件，使用时可以根据需要将相关文件包含进来，避免在多个文件中输入相同的内容，也为程序的可移植性、可修改性提供良好的条件。

【例 5-14】假设有三个源文件 f1.c、f2.c 和 f3.c，它们的内容如下所示，利用编译预处理命令实现多个文件的编译和链接。

（1）源文件 f1.c。

```
main()
{  int  a,b,c,s,m;
   printf("\n a,b,c=?");
   scanf("%d,%d,%d",&a,&b,&c);
```

```
    s=sum(a,b,c);
    m=mul(a,b,c);
    printf("The  sum  is  %d\n",s);
    printf("The  mul  is  %d\n",m);
}
```

(2) 源文件 f2.c。

```
int  sum(int x,int y,int z)
{
    return (x+y+z);
}
```

(3) 源文件 f3.c。

```
int  mul(int x,int y,int z)
{
    return (x*y*z);
}
```

处理的方法是在含有主函数的源文件中使用预处理命令#include 将其他源文件包含进来即可。这里需要把源文件 f2.c 和 f3.c 包含在源文件 f1.c 中，则修改后源文件 f1.c 的内容如下。

```
#include "f2.c"
#include "f3.c"
main()
{   int  a,b,c,s,m;
    printf("\n a,b,c=?");
    scanf("%d,%d,%d",&a,&b,&c);
    s=sum(a,b,c);
    m=mul(a,b,c);
    printf("The  sum  is  %d\n",s);
    printf("The  mul  is  %d\n",m);
}
```

现在文件 f2.c 中的函数 sum( ) 和文件 f3.c 中的函数 mul( ) 都被包含到文件 f1.c 中，如同在文件 f1.c 中定义了这两个函数一样，因此文件包含处理也是模块化程序设计的一种手段。

重点：

①一个 include 命令只能指定一个被包含文件，如果要包含 n 个文件，则需要用 n 个 include 命令。

②文件包含控制行可出现在源文件的任何地方，但为了醒目，大多放在文件的开头部分。

③#include 命令的文件名，使用双引号和尖括号是有区别的：使用尖括号仅在系统指定的标准目录中查找文件，而不在源文件的目录中查找；使用双引号表明首先在正在处理的源文件目录中搜索指定的文件，若没有，再到系统指定的标准目录中查找。因此使用系统提供的文件时，一般使用尖括号，以节省查找时间。如果包含用户自己编写的文件（这些文件一般在当前目录中），使用双引号比较好。

④文件包含命令可以是嵌套的，在一个被包含的文件中还可以包含其他的文件。

5.5.3 条件编译

一般情况下，源程序中所有的行都参加编译。但是有时希望对其中一部分内容只在满足一定条件时才进行编译，即对一部分内容指定编译的条件，这就是条件编译。有时希望当满足某条件时对一组语句进行编译，当条件不满足时则编译另一组语句。

微课 5-11 编译的预处理——条件编译

条件编译命令有以下几种格式。

（1）使用#ifdef 的格式。

```
#ifdef    标识符
    程序段 1
#else
    程序段 2
#endif
```

此语句的作用是当标识符已经被#define 命令所定义时，条件为真，编译程序段 1；否则为假，编译程序段 2。它与选择结构的 if 语句类似，可以没有 else 语句，如下面的格式：

```
#ifdef    标识符
    程序段 1
#endif
```

【例 5-15】程序调试信息的显示。

```
#define   DEBUG
#ifdef    DEBUG
printf("x=%d,y=%d,z=%d \n",x,y,z);
#endif
```

程序说明：printf()语句被编译，程序运行时可以显示 x，y，z。在程序调试完成后，不再需要显示 x，y，z 的值，则只需要去掉 DEBUG 标识符的定义。

> **提醒**：虽然直接使用 printf()语句也可以显示调试信息，在程序调试完成后去掉 printf()语句，同样也达到了目的。但如果程序中有很多处需要调试观察，增删语句既麻烦又容易出错，而使用条件编译则相当清晰、方便。

(2) 使用#ifndef 的格式。

```
#ifndef   标识符
    程序段1
#else
    程序段2
#endif
```

此语句的作用是当标识符未被#define 命令所定义时，条件为真，编译程序段1；否则为假，编译程序段2。与（1）中的条件编译类似，可以没有 else 语句，如下面的格式：

```
#ifndef   标识符
    程序段1
#endif
```

提醒：以上#ifndef 与#ifdef 用法差不多，根据需要任选一种，视方便而定。例如，【例 5-15】调试时输出信息的条件编译段也可以改为如下格式。

```
#ifndef    RUN
    printf("x=%d,y=%d,z=%d\n",x,y,z);
#endif
```

如果在此之前没有对 RUN 定义，则输出 x，y，z 的值。调试完成后，在运行之前，增加以下命令行：

```
#define   RUN
```

则不再输出 x，y，z 的值。

(3) 使用#if 的格式。

```
#if   表达式
    程序段1
#else
    程序段2
#endif
```

它的作用与 if-else 语句类似，当表达式的值非 0 时，条件为真，编译表达式后的程序段1，否则条件为假，转至程序段2进行编译。

【例 5-16】输入一行字母字符，根据需要设置条件编译，将字母全改为大写输出或全改为小写输出。

```
#define    LETTER   1
main()
```

```c
{   char   str[20]="C Language",c;
    int  i;
    i=0;
    printf("String is:%s\n",str);
    printf("Change String is:");
    while((c=str[i])!='\0')
    {   i++;
#if   LETTER
        if(c>='a'&&c<='z')
            c=c-32;
#else
        if(c>='A'&&c<='Z')
            c=c+32;
#endif
        printf("%c",c);
    }
    printf("\n");
}
```

运行结果：

```
String is:C Language
Change String is:C LANGUAGE
```

程序分析：在程序中 LETTER 通过宏定义值为 1，因此编译时将对第一个 if 语句进行编译，即将小写字母转化为大写字母。假如宏定义为如下形式。

```
#define LETTER  0
```

则表达式的值为 0，在编译时编译#else 后的 if 语句，将大写字母转化为小写字母。此时程序的运行结果如下。

```
String is:C Language
Change String is:c language
```

重点：条件编译可以用 if 语句代替，但使用 if 语句后的目标代码比较长，因为所有的语句均要参与编译；而使用条件编译，只有一部分参与编译，且编译后的目标代码比较短，因此条件编译的使用更广泛。

5.5.4 特殊符号处理

编译预处理程序可以识别一些特殊的符号，并对于在源程序中出现的这些符号将使用合适的值进行替换，从而可以实现某种程序上的编译控制。常见的定义好的供编译预处理程序识别和处理的特殊符号有如下几个（不同的编译器还可以定义自己的特殊符号）。

  __FILE__　　　　包含当前程序文件名的字符串。
  __LINE__　　　　表示当前行号的整数。
  __DATE__　　　　包含当前日期的字符串。
  __STDC__　　　　如果编译器遵循 ANSI C 标准，则它就是个非零值。
  __TIME__　　　　包含当前时间的字符串。

微课 5-12　编译的预处理——特殊符号处理

注意：符号中都是双下划线，而不是单下划线，并且日期和时间都是一个从特定的时间起点开始的长整数，并不是熟悉的年月日时分秒格式。

【例 5-17】编译预处理中特殊符号的显示。

程序如下：

```c
//本程序的文件名为 test.c
#include <stdio.h>
main()
{
    printf("%s\n",__FILE__);
    printf("%d\n",__LINE__);
    printf("%d\n",__DATE__);
    printf("%d\n",__TIME__);
}
```

运行结果：

```
F:\软件\VC6\test.c
6
4333608
4333596
```

另外，#error 指令将使编译器显示一条错误信息，然后停止编译；#line 指令改变 __LINE__ 与 __FILE__ 的内容，它们是在编译程序中预先定义的标识符；#pragma 指令没有正式的定义，编译器可以自定义其用途，典型的用法是禁止或允许某些烦人的警告信息。

【例 5-18】演示 #line 的用法。

程序如下：

```c
#line  10   //初始化行计数器
#include <stdio.h>
main()
{
    printf("本行为第%d行！\n",__LINE__);   //本行行号为 13
}
```

运行结果：

本行为第 13 行！

> **提醒**：标识符 __LINE__ 和 __FILE__ 通常用来调试程序；标识符 __DATE__ 和 __TIME__ 通常用来在编译后的程序中加入一个时间标志，以区分程序的不同版本；当要求程序严格遵循 ANSIC 标准时，标识符 __STDC__ 就会被赋值为 1。

本节介绍的预编译命令是 C 语言特有的功能，使得 C 语言编译的程序易于移植，编程的手法更灵活。

【技能实践】

5.6 函数应用实训

5.6.1 实训目的

（1）掌握自定义函数的一般结构及定义函数的方法。
（2）掌握形参、实参、函数原型等重要概念。
（3）掌握函数声明、函数调用的一般方法。
（4）掌握函数嵌套、函数递归的概念和特点。
（5）能定义和使用嵌套函数及能用递归函数求解实际问题。
（6）掌握宏定义、文件包含和条件编译的概念，学会宏的定义和使用，以及学会使用条件编译调试程序。

5.6.2 实训内容

（1）实训 1：求素数的函数。
①编写一个判断素数的函数，当一个数为素数时，函数的返回值为 1，否则为 0。
②在主函数中，输入 10 个整数，求其中所有的素数之和。对素数的判断调用①中的素数函数实现。

（2）实训 2：用函数嵌套方法求 $x!+y!+z!$。

（3）实训 3：用递归函数求解 Fibonacci 数列问题。在主函数中调用该函数求 Fibonacci 数列中任意一项的值。

（4）实训 4：输入两个整数，求它们相除的余数（用带参数的宏实现）。

（5）实训 5：密码程序的条件编译。编写程序，用条件编译方法实现以下功能，输入一行电报文字，可以按两种形式输出，一种为原文输出，另一种将所有字母均转化为其下一个字母后输出，如 a 变成 b，b 变成 c，……，z 变成 a，其他字符不变。

（6）实训 6：用 C 语言实现简单的模拟退火（simulated annealing, SA）算法，用于求

解二次函数 $f(x)=x^2+2x+1$ 的最小值及对应的 x 值。

（7）实训 7：假设有一个加热器和一个温度传感器，目标是通过控制加热器的功率（最小功率 2.5 W，最大功率 100 W），使房间温度快速达到并稳定在设定值（25 ℃）。用 C 语言模拟 PID 控制器（proportional-integral-derivative controller）的反馈调节机制。

5.6.3 实训过程

1. 实训 1

（1）实训分析。

①判断素数的算法已经进行过多次讨论，这里不再赘述。判断素数的函数只有一个整型参数 n，函数的返回值为整型。当 n 为素数时函数返回值为 1，否则为 0。

②在主函数中用每一个输入值作为实参调用判断素数函数，若函数值为 1，则将该数累加。

（2）实训步骤。

下面给出完整的源程序。

```c
/*定义和使用素数判断函数求素数累加和的程序*/
#include<stdio.h>
#define  M  10
int  prime(int  n);    /*判断素数的函数原型*/
main()
{  int i,n,s=0;
   printf("请输入数据:");
   for(i=1; i<=M; i++)
   {  scanf("%d",&n);
      if(prime(n))  s+=n;  /*对素数进行累加*/
   }
   printf("sum=%d\n",s);
}
int  prime(int n)
{  int  m;
   for(m=2; m<=n/2; m ++)
   {  if(n%m==0)
         return 0;
   }
   return 1;
}
```

2. 实训 2

（1）实训分析。

①定义求 n! 的函数 fac()。

②调用 fac( ) 函数定义求 x!+y!+z! 的 sum_fac( ) 函数，此函数需要 3 个整型参数。

③在主函数中输入 x，y，z 的值，并以 x，y，z 为实参调用 sum_fac( ) 函数，求得阶乘的累加和。

（2）实训步骤。

下面给出完整的源程序。

```
/*用函数的嵌套方法求x!+y!+z!的程序 */
#include"stdio.h"
long int fac(int);         /*求n!的函数声明 */
long int sum_fac(int,int,int);  /* 求x!+y!+z!的函数声明 */
main()
{ int x,y,z;
  printf("Enter x,y,z:");
  scanf("%d,%d,%d",&x,&y,&z);
  printf("Sum=%ld \n",sum_fac(x,y,z));
}
/*求n!的函数 */
long int fac(int n)
{ int i;
  long int t=1;
  for(i=1; i<=n; i++)
     t*=i;
  return t;
}
/*求x!+y!+z!的函数 */
long int sum_fac(int x, int y, int z)
{  return (fac(x)+fac(y)+fac(z));
}
```

3. 实训 3。

（1）实训分析。

Fibonacci 数列第 n（$n \geq 1$）个数的递归表示如下：

$$\begin{cases} F_1 = 1 \ (n=1); \\ F_2 = 1 \ (n=2); \\ F_n = F_{n-1} + F_{n-2} \ (n \geq 3) \end{cases}$$

由此可得到求 Fibonacci 数列的第 n 个数的递归函数。

（2）实训步骤。

下面给出完整的源程序。

```
/*用递归函数求Fibonacci数的程序 */
#include<stdio.h>
long fibonacci(int);   /* 求第n个Fibonacci数的函数声明 */
main()
{ int n;
  printf("n=");
  scanf("%d",&n);
  printf("第%d个Fibonacci数是:%ld\n",n,fibonacci(n));
}
/*求第n个Fibonacci数的函数代码 */
long  fibonacci(int  n)
{  if(n==1||n==2)   return 1;
   else
       return  (fibonacci(n-1)+fibonacci(n-2));
}
```

4. 实训4

(1) 实训分析。

两个整数m，n的余数用求余运算可得，可定义如下形式的带参数宏。

```
#define   mode(m,n)    m%n
```

(2) 实训步骤。

下面给出完整的源程序。

```
/*用带参数的宏求两个整数的余数 */
#include<stdio.h>
#define   mode(m,n)    m%n
main()
{ int   m,n;
  printf("Input  m,n:");
  scanf("%d,%d",&m,&n);
  printf("%d%%%d=%d\n",m,n,mode(m,n));
}
```

5. 实训5

(1) 实训分析。

条件编译的形式有三种，根据题意，需要定义宏CHANGE的值来实现密码程序的条件编译，因此选择#if的形式。

```
#if(CHANGE)
{  for(i=0;str[i]!='\0'; i++)     /* str表示字符数组,用来存放字符串表示密码 */
```

```
    { if(str[i]>='a'&&str[i]<'z' || str[i]>='A'&&str[i]<'Z')
          str[i]=str[i]+1;
      else if(str[i]=='z' || str[i]=='Z')
          str[i]=str[i]-25;
    }
}
#endif
```

（2）实训步骤。

下面给出完整的源程序。

```
#include<stdio.h>
#define CHANGE 1
#define M 100
main()
{ char str[M];
  int i;
  printf("Input text:");
  gets(str);
  #if(CHANGE)
  { for(i=0;str[i]!='\0'; i++)
    { if(str[i]>='a'&&str[i]<'z' || str[i]>='A'&&str[i]<'Z')
          str[i]=str[i]+1;
      else if(str[i]=='z' || str[i]=='Z')
          str[i]=str[i]-25;
    }
  }
  #endif
  printf("Result: %s\n",str);
}
```

> **提醒：**
> ①程序中使用#define CHANGE 1，运行程序后应得到密码。
> ②将#define CHANGE 1改为#define CHANGE 0，再运行程序，应得到原文。

6. 实训6

（1）实训分析。

模拟退火是一种基于物理退火过程的全局优化算法。它通过模拟物理系统在高温下逐渐冷却达到最低能量状态的过程，来寻找全局最优解。用C语言实现简单的模拟退火算法，

用于求解二次函数 $f(x)=x^2+2x+1$ 的最小值及对应的 x 值。算法如下。

①初始化：选择初始解、初始温度、最终温度、降温速率和最大迭代次数。

②迭代过程：在当前解的邻域中随机选择一个新解；计算新解和当前解的目标函数值差异；根据 Metropolis 准则决定是否接受新解；降低温度。

微课 5-13　模拟退火算法

③终止条件：当达到最大迭代次数或温度降到足够低时，终止算法，输出 $f(x)$ 的最小值及对应的 x 值。

（2）实训步骤。

下面给出完整的源程序。

```c
#include <stdio.h>
#include <stdlib.h>
#include <math.h>
#include <time.h>

//定义目标函数 f(x)
double f(double x){
    return x * x+2 * x+1;
}

//生成随机邻域解
double getNeighbor(double x){
    return x+((double)rand()/RAND_MAX-0.5);
}

//模拟退火算法
double simulatedAnnealing(double initial_x,double initial_temp,double final_temp,double alpha,int max_iter){
    double x=initial_x;
    double temp=initial_temp;
    double best_x=x;
    double best_f=f(x);
    for(int iter=0; iter<max_iter; iter++){
        if(temp<final_temp){
            break;
        }
        double new_x=getNeighbor(x);
        double delta_f=f(new_x)- f(x);
        if(delta_f<0 || exp(-delta_f /temp)>((double)rand()/RAND_MAX))
        {
```

```c
            x=new_x;
            if(f(x)<best_f){
                best_x=x;
                best_f=f(x);
            }
        }
        temp*=alpha;
    }
    return best_x;
}
main(){
    srand(time(NULL));
    double initial_x,initial_temp,final_temp,alpha;
    int max_iter;
    //输入初始参数、初始温度、最终温度、降温速率和最大迭代次数
    printf("请输入初始值 x:");
    scanf("%lf",&initial_x);
    printf("请输入初始温度:");
    scanf("%lf",&initial_temp);
    printf("请输入最终温度:");
    scanf("%lf",&final_temp);
    printf("请输入降温速率:");
    scanf("%lf",&alpha);
    printf("请输入最大迭代次数:");
    scanf("%d",&max_iter);
    //使用模拟退火算法求解
    double result=simulatedAnnealing(initial_x,initial_temp,final_temp,alpha,max_iter);
    //输出结果
    printf("最小值出现在 x=%.15f,f(x)=%.15f\n",result,f(result));
}
```

提醒：

①math.h 头文件定义了各种数学函数，time.h 头文件定义了日期和时间函数。

②函数的定义放在 main() 函数前面，无须对函数进行声明。

③函数 simulatedAnnealing() 中嵌套调用了 f() 函数和 getNeighbor() 函数。

7. 实训7

（1）实训分析。

PID 控制器是一种经典的反馈控制器，用于调节和控制动态系统的输出。PID 控制器通

过调整比例（Kp）、积分（Ki）和微分（Kd）三个参数，使系统达到并维持在目标值。假设有一个加热器和一个温度传感器，目标是通过控制加热器的功率（最小功率 2.5 W，最大功率 100 W），使房间温度达到设定值（25 ℃）。

微课 5-14 模拟 PID 控制器的反馈调节机制

(2) 实训步骤。

下面给出完整的源程序。

```c
#include <stdio.h>
#include <stdlib.h>
#include <time.h>

//定义 PID 控制器结构体
typedef struct {
    double Kp;          //比例增益
    double Ki;          //积分增益
    double Kd;          //微分增益
    double prev_error;  //前一个误差
    double integral;    //积分项
    double output_min;  //控制输出最小值
    double output_max;  //控制输出最大值
} PIDController;

void pid_init(PIDController * pid,double Kp,double Ki,double Kd,double output_min,double output_max); //声明函数 pid_init
double pid_compute(PIDController * pid,double setpoint,double measured_value,double dt); //声明函数 pid_compute
double heater_effect(double heater_power,double current_temp); //声明函数 heater_effect

main(){
    //定义 PID 控制器
    PIDController pid;
    //初始化 PID 控制器
    double Kp=2.0;   //比例增益
    double Ki=0.1;   //积分增益
    double Kd=1.0;   //微分增益
    double output_min=0.0;    //控制输出最小值(加热器功率最小值)
    double output_max=100.0;  //控制输出最大值(加热器功率最大值)
    pid_init(&pid,Kp,Ki,Kd,output_min,output_max);
    //模拟控制系统
```

```c
    double setpoint=25.0;    //目标温度
    double measured_value=20.0;    //初始温度
    double dt=1.0;   //时间步长(1秒)
    //应用PID控制器
    for(int i=0;i<500;i++){   //运行100秒
        double control_output=pid_compute(&pid,setpoint,measured_value,dt);
        measured_value=heater_effect(control_output,measured_value);
        //更新温度值
        printf("Time: %d,Control Output: %f,Measured Value: %f \n",i,control_output,measured_value);  //输出当前时间、控制输出和测量值
    }
}
//初始化PID控制器
void pid_init(PIDController * pid,double Kp,double Ki,double Kd,double output_min,double output_max){
    pid->Kp=Kp;
    pid->Ki=Ki;
    pid->Kd=Kd;
    pid->prev_error=0.0;
    pid->integral=0.0;
    pid->output_min=output_min;
    pid->output_max=output_max;
}
//计算PID控制输出
double pid_compute(PIDController * pid,double setpoint,double measured_value,double dt){
    double error=setpoint-measured_value;  //计算误差
    pid->integral +=error * dt;  //计算积分项
    double derivative=(error-pid->prev_error)/dt;  //计算微分项
    double output=pid->Kp * error+pid->Ki * pid->integral+pid->Kd * derivative;  //计算控制输出
    if(output>pid->output_max){
        output=pid->output_max;
    }    //输出限幅
    else if(output<pid->output_min){
        output=pid->output_min;
    }
    pid->prev_error=error;  //更新前一个误差
    return output;
```

```
}
//模拟加热器对温度的影响
double heater_effect(double heater_power,double current_temp){
    //简单模型:加热器功率直接影响温度变化,假设环境温度为20度
    double ambient_temp=20.0;
    double heating_rate=0.1;   //加热速率系数
    return current_temp+heating_rate * heater_power-0.05 *(current_temp-ambient_temp);
}
```

> **提醒：**
> ①程序中定义了一个PID控制器结构体，包含PID算法的输入、输出关键特征。
> ②函数的定义放在main()函数后面时，需要在main()函数前面对该函数进行声明。
> ③涉及三个子函数：pid_init()函数初始化PID控制器的参数，pid_compute()函数计算PID控制输出，heater_effect()函数模拟加热器对温度的影响。

5.6.4 实训总结

通过实训，能够理解采用函数模块式的程序结构，C语言易于实现结构化程序设计。使程序的层次结构清晰，便于程序的编写、阅读、调试。使用函数一般经过三步：函数声明、函数定义和函数调用。其中，函数声明在有些情况下可以省略。同时后两个实例采用了编译预处理方式，可以使C语言编译系统对源程序进行编译之前，先对程序中的这些命令进行预处理，从而改进程序设计环境，提高编程效率。

【技能测试】

5.7 综合实践

5.7.1 选择题

(1) 以下建立函数的目的中，正确的说法是(　　)。
A. 提高程序的执行效率　　　　　　B. 提高程序的可读性
C. 减少程序的篇幅　　　　　　　　D. 减少程序文件所占内存

(2) 以下正确的说法是(　　)。
A. 用户若需调用标准库函数，调用前必须重新定义
B. 用户可以重新定义标准库函数，若如此，该函数将失去原有含义
C. 系统根本不允许用户重新定义标准库函数

D. 用户若需调用标准库函数，调用前不必使用预编译命令将该函数所在文件包含到用户源文件中，系统自动去调用

(3) 以下函数定义的首部形式中，正确的是（　　）。

A. double　fun(int x,int y)　　　　　　B. double fun(int x;int y)

C. double　fun(int x,int y);　　　　　　D. double fun(int x,y);

(4) 在 C 语言中，以下正确的说法是（　　）。

A. 实参和与其对应的形参各占用独立的存储单元

B. 实参和与其对应的形参共占用存储单元

C. 只有当实参和与其对应的形参同名时才共占用存储单元

D. 形参是虚拟的，不占用存储单元

(5) 若调用一个函数，且此函数中没有 return 语句，则正确的说法是（　　）。

A. 没有返回值

B. 返回若干个系统默认值

C. 能返回一个用户所希望的函数值

D. 返回一个不确定的值

(6) C 语言规定，函数返回值的类型是由（　　）。

A. return 语句中的表达式类型所决定

B. 调用该函数时的主调函数类型所决定

C. 调用该函数时系统临时决定

D. 在定义该函数时所指定的函数类型所决定

(7) C 语言规定，简单变量做实参时，它和对应形参之间的数据传递方式是（　　）。

A. 地址传递　　　　　　　　　　　　　B. 单向值传递

C. 由实参传给形参，再由形参传回实参　D. 由用户指定传递方式

(8) C 语言允许函数值类型缺省定义，此时该函数值隐含的类型是（　　）。

A. float　　　　　　　　　　　　　　　B. int

C. long　　　　　　　　　　　　　　　D. double

(9) 在 C 语言程序中，以下正确的说法是（　　）。

A. 函数的定义可以嵌套，但函数的调用不可以嵌套

B. 函数的定义不可以嵌套，但函数的调用可以嵌套

C. 函数的定义和函数的调用均不可以嵌套

D. 函数的定义和函数的调用均可以嵌套

(10) 如果在一个函数中的复合语句中定义了一个变量，则该变量（　　）。

A. 只在该复合语句中有效　　　　　　　B. 在该函数中有效

C. 在本程序范围内均有效　　　　　　　D. 为非法变量

5.7.2 编程题

(1) 已知三角形的三边长，编程实现求三角形面积的功能函数。说明：用海伦公式来

求面积，但注意输入的三边长要符合构成三角形的条件。海伦公式为 $S_\triangle = \sqrt{s(s-a)(s-b)(s-c)}$，其中 $s=(a+b+c)/2$。

（2）写一个判断素数的函数，在主函数输入一个整数，输出是否是素数的信息。

（3）编写函数，求 $1!+2!+3!+\cdots+K!$ 的和。

（4）求方程 $ax^2+bx+c=0$ 的根，用两个函数分别求当 b^2-4ac 大于 0 和等于 0 时的根并输出结果，从主函数中输入 a，b，c 的值。

（5）一个数如果恰好等于它的因子之和，这个数就称完数。例如，$6=1+2+3$，编程序找出 1 000 以内的所有完数。

（6）输入矩阵 matrix[3][3]={{5,-2,2},{1,0,1},{3,-1,1}}，求解矩阵的逆。需要进行以下步骤：①打印出输入的矩阵，对应函数命名为 printMatrix()；②计算矩阵的行列式，对应函数命名为 determinant()；③计算矩阵的余子式，对应函数命名为 cofactor()；④计算矩阵的伴随矩阵，对应函数命名为 adjoint()；⑤使用行列式和伴随矩阵来计算矩阵的逆，对应函数命名为 inverse()。

（7）蚁群算法是一种基于自然界中蚂蚁觅食行为的启发式优化算法，常用于解决组合优化问题，如旅行商问题。在该算法中，人工蚂蚁在图上移动，通过信息素来标记路径，并逐步寻找最优解。请用 C 语言实现蚁群算法。算法中的函数声明：①声明 init_distance() 函数初始化城市距离矩阵和信息素矩阵；②声明 calculate_length() 函数计算给定路径的总长度；③声明 construct_solution() 函数为每只蚂蚁构造一条路径，基于信息素和启发式信息选择下一个城市；④声明 update_pheromone() 函数根据蚂蚁路径更新信息素浓度，信息素挥发并增加沿路径的浓度。

【技能拓展】

5.8 鸢尾花种类智能识别实战演练

5.8.1 项目背景

鸢尾花是单子叶百合目花卉，主要分为山鸢尾（setosa）、杂色鸢尾（versicolour）和维吉尼亚鸢尾（virginica）三大类，如图 5-5 所示。但三类鸢尾花有相似之处，常常混淆，那如何才能智能识别出看到的是哪种类型的鸢尾花？

提供鸢尾花数据集文件 iris.csv，包括 4 个属性和 1 个品种类别：萼片长度（sepal length）、萼片宽度（sepal width）、花瓣长度（petal length）、花瓣宽度（petal width），单位为 cm；鸢尾花品种类别（species）是 setosa，versicolour，virginica，样本数量 150 个，每类 50 个。

微课 5-15 鸢尾花种类智能识别实战演练

(a)　　　　　　　　　　　(b)　　　　　　　　　　　(c)

图 5-5

(a) 山鸢尾；(b) 杂色鸢尾；(c) 维吉尼亚鸢尾

5.8.2 项目设计

总体方案如图 5-6 所示，先用提供的鸢尾花数据集训练主成分分析（principle component analysis，PCA）模型，然后输入新数据验证模型的准确率。具体过程为①在主函数 mian( ) 中调用函数 load_data( ) 从 iris.csv 文件中加载鸢尾花数据集；②调用函数 pca( ) 对鸢尾花数据集进行主成分分析降维；③调用函数 nearest_neighbor_classify( ) 分类鸢尾花的品种，计算并输出分类的准确率；④调用函数 new_data( ) 负责新样本输入，对新样本进行分类并输出预测结果。

```
main( )
{
load_data( );                                    //加载数据集
pca( )                                           //调用PCA算法
   {
     compute_mean( );                            //计算数据均值
     center_data( );                             //处理数据中心化
     compute_covariance_matrix( );               //计算协方差矩阵
     power_iteration( );                         //求解最大特征值和特征向量
   }
nearest_neighbor_classify( )                     //调用最近邻分类算法
   {
     euclidean_distance( );                      //计算欧几里得距离
   }
printf("样本%d: 真实类别=%d, 预测类别=%d \n", i, true_label, predicted_label);
new_data( );                                     //获取用户输入的新样本数据
printf("请输入新的鸢尾花数据(用空格分隔): ");
}
```

图 5-6

5.8.3 PCA 技术概述

PCA 是一种统计学方法，在机器学习领域，是一种非监督学习算法，可对复杂或多变量的数据做预处理，减少次要变量，便于进一步使用精简后的主要变量进行数学建模和统计学模型的训练，并且不会造成大量的信息丢失。PCA 技术广泛应用在以下方向。

①数据压缩：降低数据的维度，减少存储和计算的需求。
②特征提取：将原始特征转换为更少、更简单的特征，使得数据更容易理解和分析。
③异常检测：观察投影到各主成分上的数据点，可以快速识别出异常值或离群点。
④图像处理：用于图像压缩和特征提取，降低计算复杂度并提高识别率。
⑤自然语言处理：用于主题建模和关键词提取，提取出文本的主要情感特征。

5.8.4 PCA 函数模块化设计

用 C 语言实现 PCA 的完整算法，需要处理六个关键步骤：数据准备、计算数据均值、处理数据中心化、计算协方差矩阵、计算协方差矩阵的特征值和特征向量以及排序和选择主成分。

第 1 步，数据准备：在 main() 函数中，首先调用函数 load_data（"iris.csv"，&data，&labels，&rows，&cols）加载 iris.csv 数据集文件到 data 数组，然后调用 pca（data，pca_result，rows，cols，num_components）函数。

第 2 步，计算数据均值：函数 void compute_mean（double * data，double * mean，int rows，int cols）计算数据矩阵的均值，作为数据中心化的预处理。

第 3 步，处理数据中心化：函数 void center_data（double * data，double * mean，int rows，int cols）从原始数据中减去均值，将数据中心化，帮助找到数据中的主要变化方向。

第 4 步，计算协方差矩阵：函数 void compute_covariance_matrix（double * data，double * cov_matrix，int rows，int cols）计算中心化后数据的协方差矩阵，衡量数据集中各特征之间的相关性，确定数据的主要变化方向。

第 5 步，计算协方差矩阵的特征值和特征向量：函数 void power_iteration（double * cov_matrix，double * eigenvector，int cols，int max_iter）计算协方差矩阵的特征值和特征向量，描述数据的主要变化方向和幅度。

第 6 步，排序和选择主成分：函数 void pca（double * data，double * result，int rows，int cols，int num_components）对特征值和特征向量进行排序，找到最大特征值的特征向量，其代表了数据的主要变化方向（即主成分）。

5.8.5 项目实现

输入一组新的鸢尾花数据，得到的分类结果如图 5-7 所示，其中分类结果 0 表示山鸢尾，1 表示杂色鸢尾和 2 表示维吉尼亚鸢尾。本项目展示了使用 C 语言实现 PCA 算法以及基于 PCA 算法智能识别鸢尾花种类的应用实战，重点在于帮助读者深入理解子函数的调用，例如项目中的数据预处理、计算协方差矩阵、求解特征值和特征向量，以及选择和输出主成分等子函数。

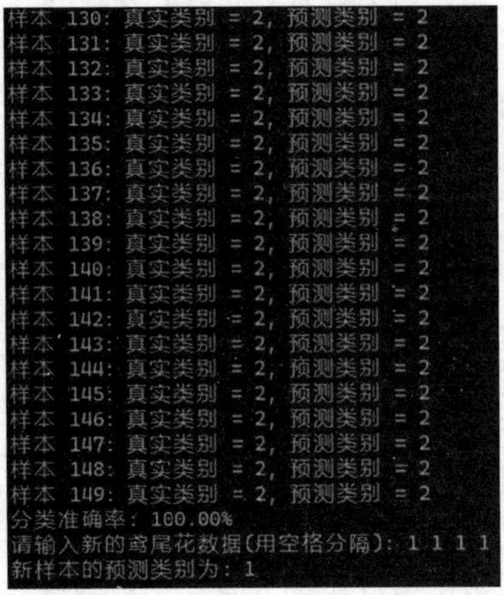

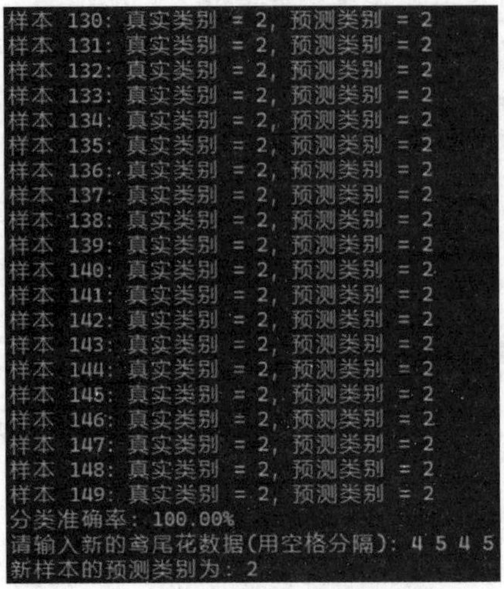

图 5-7

完整的程序代码如下：

```
#include <stdio.h>
#include <stdlib.h>
#include <math.h>
#include <string.h>

#define MAX_LINE_LENGTH 1024
#define NUM_FEATURES 4
#define NUM_CLASSES 3

//计算均值
void compute_mean(double * data,double * mean,int rows,int cols){
    for(int j=0; j < cols; j++){
        mean[j]=0.0;
        for(int i=0; i < rows; i++){
            mean[j] +=data[i * cols + j];
        }
        mean[j] /=rows;
    }
}

//中心化数据
void center_data(double * data,double * mean,int rows,int cols){
    for(int i=0; i < rows; i++){
```

```c
        for (int j = 0; j < cols; j++) {
            data[i * cols + j] -= mean[j];
        }
    }
}

// 计算协方差矩阵
void compute_covariance_matrix(double * data, double * cov_matrix, int rows, int cols) {
    for (int i = 0; i < cols; i++) {
        for (int j = 0; j < cols; j++) {
            cov_matrix[i * cols + j] = 0.0;
            for (int k = 0; k < rows; k++) {
                cov_matrix[i * cols + j] += data[k * cols + i] * data[k * cols + j];
            }
            cov_matrix[i * cols + j] /= (rows - 1);
        }
    }
}

// 使用简化的幂迭代法求解最大特征值和特征向量
void power_iteration(double * cov_matrix, double * eigenvector, int cols, int max_iter) {
    double * b_k = (double *)malloc(cols * sizeof(double));
    double * b_k1 = (double *)malloc(cols * sizeof(double));
    for (int i = 0; i < cols; i++) {
        b_k[i] = (double)rand() / RAND_MAX;
    }
    for (int iter = 0; iter < max_iter; iter++) {
        // Matrix-vector multiplication
        for (int i = 0; i < cols; i++) {
            b_k1[i] = 0.0;
            for (int j = 0; j < cols; j++) {
                b_k1[i] += cov_matrix[i * cols + j] * b_k[j];
            }
        }
        // Normalize b_k1
        double norm = 0.0;
```

```c
        for (int i=0; i < cols; i++) {
            norm += b_k1[i] * b_k1[i];
        }
        norm = sqrt(norm);
        for (int i=0; i < cols; i++) {
            b_k[i] = b_k1[i] / norm;
        }
    }
    for (int i=0; i < cols; i++) {
        eigenvector[i] = b_k[i];
    }
    free(b_k);
    free(b_k1);
}

// 使用 PCA 降维数据
void pca(double * data, double * result, int rows, int cols, int num_components) {
    double * mean = (double *)malloc(cols * sizeof(double));
    compute_mean(data, mean, rows, cols);
    center_data(data, mean, rows, cols);
    double * cov_matrix = (double *)malloc(cols * cols * sizeof(double));
    compute_covariance_matrix(data, cov_matrix, rows, cols);
    double * eigenvectors = (double *)malloc(cols * num_components * sizeof(double));
    for (int i=0; i < num_components; i++) {
        power_iteration(cov_matrix, &eigenvectors[i * cols], cols, 1000);
    }
    for (int i=0; i < rows; i++) {
        for (int j=0; j < num_components; j++) {
            result[i * num_components + j] = 0.0;
            for (int k=0; k < cols; k++) {
                result[i * num_components + j] += data[i * cols + k] * eigenvectors[j * cols + k];
            }
        }
    }
    free(mean);
    free(cov_matrix);
    free(eigenvectors);
```

}

```
//计算欧几里得距离
double euclidean_distance(double * a,double * b,int length){
    double distance=0.0;
    for (int i=0; i < length; i++){
        distance+=(a[i]-b[i])*(a[i]-b[i]);
    }
    return sqrt(distance);
}

//最近邻分类算法
int nearest_neighbor_classify(double * train_data,int * train_labels,double * test_instance,int train_rows,int cols){
    double min_distance=1e9;
    int nearest_class=-1;
    for (int i=0; i < train_rows; i++){
        double distance=euclidean_distance(&train_data[i * cols],test_instance,cols);
        if (distance < min_distance){
            min_distance=distance;
            nearest_class=train_labels[i];
        }
    }
    return nearest_class;
}

//加载数据集
void load_data(const char * filename,double * * data,int * * labels,int * rows,int * cols){
    FILE * file=fopen(filename,"r");
    if (! file){
        perror("Failed to open file");
        exit(EXIT_FAILURE);
    }
    char line[MAX_LINE_LENGTH];
    int row_count=0;
    while (fgets(line,sizeof(line),file)){
        row_count++;
```

```c
    }
    rewind(file);
    *rows=row_count;
    *cols=NUM_FEATURES;
    *data=(double*)malloc(row_count * NUM_FEATURES * sizeof(double));
    *labels=(int*)malloc(row_count * sizeof(int));
    int row=0;
    while (fgets(line,sizeof(line),file)) {
        sscanf(line,"%lf,%lf,%lf,%lf,%d",
            &(*data)[row * NUM_FEATURES],
            &(*data)[row * NUM_FEATURES + 1],
            &(*data)[row * NUM_FEATURES + 2],
            &(*data)[row * NUM_FEATURES + 3],
            &(*labels)[row]);
        row++;
    }
    fclose(file);
}

//用 PCA 转换新输入的数据
void transform_new_data(double * new_data,double * mean,double * eigenvectors,
double * transformed_data,int cols,int num_components) {
    for (int j=0; j < cols; j++) {
        new_data[j] -=mean[j];
    }
    for (int j=0; j < num_components; j++) {
        transformed_data[j]=0.0;
        for (int k=0; k < cols; k++) {
            transformed_data[j] +=new_data[k] * eigenvectors[j * cols + k];
        }
    }
}

main() {
    double * data;
    int * labels;
    int rows,cols;
    load_data("iris.csv",&data,&labels,&rows,&cols);
```

```c
    int num_components=2; //降维到 2 个主成分
    double * pca_result=(double *)malloc(rows * num_components * sizeof(double));
    pca(data,pca_result,rows,cols,num_components);

    int correct=0;
    for (int i=0; i < rows; i++) {
        double * test_instance=&pca_result[i * num_components];
        int true_label=labels[i];
        int predicted_label=nearest_neighbor_classify(pca_result,labels,test_instance,rows,num_components);
        if (true_label==predicted_label) {
            correct++;
        }
        printf("样本 %d: 真实类别=%d,预测类别=%d\n",i,true_label,predicted_label);
    }
    printf("分类准确率: %.2f%%\n",(double)correct / rows * 100);

    //获取用户输入的新样本数据
    double new_data[NUM_FEATURES];
    printf("请输入新的鸢尾花数据(用空格分隔): ");
    for (int i=0; i < NUM_FEATURES; i++) {
        scanf("%lf",&new_data[i]);
    }

    //将新数据进行 PCA 转换
    double mean[NUM_FEATURES];
    compute_mean(data,mean,rows,cols);
    double * cov_matrix=(double *)malloc(cols * cols * sizeof(double));
    compute_covariance_matrix(data,cov_matrix,rows,cols);
    double * eigenvectors=(double *)malloc(cols * num_components * sizeof(double));
    for (int i=0; i < num_components; i++) {
        power_iteration(cov_matrix,&eigenvectors[i * cols],cols,1000);
    }
    double transformed_data[2];
    transform_new_data(new_data,mean,eigenvectors,transformed_data,cols,num_components);
```

```
    //对新数据进行分类
    int new_class=nearest_neighbor_classify(pca_result,labels,transformed_da-
ta,rows,num_components);
    printf("新样本的预测类别为：%d\n",new_class);

    free(data);
    free(labels);
    free(pca_result);
    free(cov_matrix);
    free(eigenvectors);
}
```

本项目中的源代码及辅助数据集文件可通过微课 5-15 扫码下载。

【素质拓展】

5.9　家国情怀：聚是一团火，散是满天星

　　凝聚共识，汇聚力量。即每个人发挥自己的特长，汇聚成强大的凝聚力和向心力，才能更好地实现集体的目标和任务。C 语言源程序中的 main( ) 函数正是由具有独特功能的子函数组成，通过有机地整合这些子函数的功能，形成一个具有强大功能的系统，服务于社会。

　　激发潜力，个性发展。即每个人有独特的价值，当集体目标实现后，每个人应发挥自己的特长，继续在不同的领域发光发热。C 语言源程序中的子函数正是个性的体现，因其独特的功能，不依赖于一个 main( ) 函数，能被其他有需求的 main( ) 函数调用，并在新的系统中发挥作用。

　　作为"子函数"的我们，应该不断培养自己的技术和能力特长，加强自己在不同工作情境下的适应能力，增强自己的核心竞争力，尽可能多地符合"main( ) 函数"的功能需求，才能更好地服务社会，在社会中奉献自己的力量。

第 6 章

数 组

技能目标

（1）熟练掌握一维数组的定义、初始化及其元素的引用。
（2）掌握二维数组的定义、初始化及其元素的引用。
（3）能够根据实际情况恰当地运用一维数组、二维数组解决实际问题。
（4）掌握字符数组的定义及存储特点，并掌握其输入/输出方法。
（5）掌握简单数组作为函数参数的程序编写。
（6）掌握常规的排序方法。

素养目标

（1）具有坚韧不拔的开拓精神，勇于挑战困难。
（2）提升社会主义自豪感。

【技能基础】

6.1 一维数组

在程序设计中，为了处理方便，把具有相同类型的若干变量按有序的形式组织起来，这些按序排列的同类数据元素的集合称为数组。在 C 语言中，数组属于构造数据类型。一个数组可以分解为多个数组元素，这些数组元素可以是基本数据类型或构造类型。因此按数组元素的类型不同，数组又可分为数值数组、字符数组、指针数组、结构数组等。数组是重要的数据结构，有了数组的应用，许多涉及大量数据的处理就容易解决了，因此读者要深入体会数组的妙用。

微课 6-1
一维数组的概念

本节主要学习数值数组和字符数组。

6.1.1 一维数组的定义

1. 一维数组的定义

一般格式如下：

类型标识符　数组名[元素个数];

其中,类型标识符是对数组元素类型的定义,每个数组元素类型是一致的,即所定义的所有数组元素类型是一致的;数组名的命名同样要遵守标识符的命名规范;元素个数一般是常量,由它确定数组的大小,因为数组所占的内存单元大小是由数组元素类型和元素个数决定的。

例如,定义一个具有 5 个整型元素的数组。

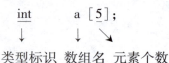

类型标识　数组名　元素个数

重点:

① 数组名的命名规则与变量名相同,遵循标识符命名规则。

② 数组名后是用方括号(不能用圆括号)括起的常量表达式,不能为变量(或变量表达式)。

③ C 语言不允许对数组作动态定义。

思考: 想一想下面数组的定义是否正确?

(1)
```
int  b(7);
```

(2)
```
int  n;
scanf("%d",&n);
int  a[n];
```

(3)
```
#define  MAX  500
main()
{  int  aa[MAX];
   ...
}
```

> **提醒:** 数组元素的下标是从 0 开始的,而不是从 1 开始的,因此,若有定义 char cc[6];,则数组 cc 的元素为 cc[0], cc[1], cc[2], cc[3], cc[4], cc[5]。想一想为什么没有 cc[6]?

2. 数组的初始化

(1) 定义数组的同时给数组赋初值。例如:

int b[10]={0,1,2,3,4,5,6,7,8,9};

(2) 可对部分元素赋初值,此时,未赋值元素将自动初始化为 0。例如:

```
int b[10]={0,1,2,3,4};
```

如果初值为0的元素位置不在数组的最后位置，而是位于在元素中间，则不能省略0。例如：

```
int a[10]={0,3,0,0,7};
```

该数组共有10个元素，其中，a[1]=3,a[4]=7，其余元素的初值都为0。

（3）若对全部元素赋初值，则可省略数组下标。例如：

```
int b[]={1,2,3,4,5};
```

相当于

```
int b[5]={1,2,3,4,5};
```

> **提醒**：只有在对数组进行初始化，并给出了全部初值时才允许省略数组长度。以下表示都是错误的。
> ①int a[ ];。
> ②如希望数组a的长度为5，但写成如下格式：
> ```
> int a[]={1,2,3};
> ```
> 该数组的实际长度为3。

3. 数组元素的使用

C语言规定只能逐个引用数组元素，而不能一次引用整个数组。例如：

```
int  a[8]={0,1,2,3,4,5,6,7};
a[0]=a[5]+a[7]+a[2*3];
```

微课 6-2
一维数组的
定位和搜索

思考：想一想下面元素的引用是否正确？

```
int  a[8]={0,1,2,3,4,5,6,7},s=0;
s +=a[8];
```

6.1.2 一维数组的应用

【例6-1】通过键盘给有7个元素的数组a赋值，然后显示该数组内容。
程序如下：

```
main()
{  int  a[7],i;
   printf("请给数组元素赋值:");
```

```
        for(i=0; i<7; i ++)
            scanf("%d",&a[i]);
        for(i=0; i<7; i ++)
            printf("%d\t",a[i]);
}
```

程序分析：本例程序第一个循环用于输入数组 a 的元素，主要是通过控制下标实现的；第二个循环用于逐个输出数组 a 的元素。

【例 6-2】求有 10 个元素的数组的最大值。

程序如下：

```
main()
{   int i,max,a[10];
    printf("input 10 numbers:\n");
    for(i=0;i<10;i++)
        scanf("%d",&a[i]);
    max=a[0];
    for(i=1;i<10;i++)
        if(a[i]>max)max=a[i];
    printf("maxmum=%d\n",max);
}
```

程序分析：本例程序中第一个 for 循环逐个输入 10 个数到数组 a 中，然后把 a[0] 存入变量 max 中。在第二个 for 循环中，从 a[1] 到 a[9] 逐个与 max 中的内容比较，若比 max 的值大，则把该下标变量存入 max 中，因此 max 存入的总是最大者。直到比较结束，输出 max 的值。

微课 6-3　一维数组的极值操作

【例 6-3】用起泡法（冒泡法）对 10 个数排序。

程序分析：排序的方法很多，有比较法、选择法、起泡法、希尔法等，不同的方法其排序效率是不同的，在此不多加讨论。起泡法的基本思想是将相邻两个数 a[0] 与 a[1] 作比较，由小到大将这两个数排好序，再依次对 a[1] 与 a[2]、a[2] 与 a[3]、……进行比较，直到最后两个数比较并排好序。此时，最大数已换到最后一个位置，即完成第一轮比较。经过若干轮比较后，较小的数依次"浮上"前面的位置，较大的数依次"沉底"到后面的位置，就像水泡上浮似的，所以称为起泡法或冒泡法。

算法分析：先以数组 b[6]={10，8，5，7，3，1}为例，第一轮比较如图 6-1 所示。

由图 6-1 可以分析得出，6 个数的数组第 1 轮排序共比较 6-1=5 次，可使最大数"沉底"，由此可推出第 2 轮排序共比较 6-2=4 次，可使次大数下沉到预定位置。经过实际比较可知：6 个数的数组共需 5 轮排序，才能达到要求。

一般地，若是 n 个元素的数组要进行 $n-1$ 轮排序，而在第 j 轮中要比较 $n-j$ 次，一定要想清楚为什么，这是解此题的关键所在。相信读者通过多次尝试比较，一定能得出这个结论。

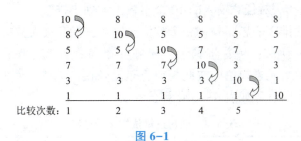

图 6-1

其解题流程图如图 6-2 所示。

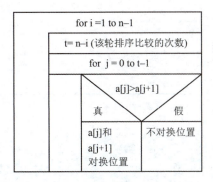

图 6-2

微课 6-4　一维数组的排序操作

程序如下：

```
main()
{   int a[10];
    int i,j,t,temp;
    printf("请输入10个数:");
    for(i=0;i<=9; i++)
        scanf("%d",&a[i]);
    for(j=1; j<=9; j++){
    {   t=10-j; /*本轮要比较的次数*/
        for(i=0; i<t; i++)
            if(a[i]>a[i+1]){
            {   temp=a[i];
                a[i]=a[i+1];
                a[i+1]=temp;
            }
    }
    for(i=0; i<=9; i++)
        printf("%d\t",a[i]);
}
```

【例6-4】采用选择法对任意输入的10个整数由大到小排序。

程序分析：选择法排序的思路是将 n 个数依次比较，保存最大数的下标位置，然后将最大数和第1个数组元素换位；接着将剩余的 $n-1$ 个数依次比较，保存次大数的下标位置，再将次大数和第2个数组元素换位；按此规律直至比较换位完毕。例如，对于8，6，9，3，2，7，使用选择法排序的过程如表6-1所示。

表6-1 使用选择法排序的过程

第 n 次交换后	交换后的数据
第1次交换后	9 6 8 3 2 7
第2次交换后	9 8 6 3 2 7
第3次交换后	9 8 7 3 2 6
第4次交换后	9 8 7 6 2 3
第5次交换后	9 8 7 6 3 2

程序如下：

```
main()
{ int I,j,t,max,maxj,b[10];
  for(I=0;I<10;I++)
      scanf("%d",&b[I]);
  for(j=0;j<9;j++)
  { max=b[j];maxj=j;
    for(I=j;I<10;I++)
        if(b[I]>max)
          { max=b[I];maxj=I;}
    t=b[maxj];b[maxj]=b[j];b[j]=t;
  }
  for(I=0;I<10;I++)
      printf("%4d",b[I]);
      printf("\n");
}
```

【例6-5】在一维数组中查找指定元素的位置，如未找到则输出"未找到"，假设数组元素互不相同。

程序如下：

```
#define SIZE 10
main()
{ int a[SIZE]={5,3,2,6,1,7,9,8,11};
  int i,x;
  printf("Please input x:");
```

```
    scanf("%d",&x);
    for(i=0;i<SIZE;i++)
        if(a[i]==x)
            break;
    if(i<SIZE)
        printf("Found %d,located in %d position \n",x,i+1);
    else
        printf("Not found %d \n",x);
}
```

运行结果:

```
Please input x: 7
Found 7,located in 6 position
```

程序分析：本例程序的循环有两个出口，一个是当找到变量 x 时，通过 break 语句提前结束循环，此时下标 i 的值一定小于数组的长度 SIZE；另一个是 for 语句的循环条件 i<SIZE 为假时，结束循环，说明从头到尾没找到 x，此时下标 i 的值等于数组的长度 SIZE。因为 for 语句的两个出口得到的是两个截然不同的结果，所以最后要根据下标 i 值的情况决定输出的结果。

重点：由本节的例子可以看出，对数组元素进行的总是相同的操作，因此数组的处理几乎总是与循环联系在一起的，特别是 for 语句，循环控制变量一般又作为数组的下标，在使用中要注意数组下标的有效范围，避免出界。

6.2　二维数组

从一维数组中可以看到，元素在数组中的位置是由下标值决定的，这些数据呈线性排列。但是当遇到图 6-3 所示的二维表格数据时，仅用一个下标值就不能唯一确定某一个数据。

	语文	数学	英语
赵一	78	89	86
王二	80	87	77
张三	92	90	85

图 6-3

微课 6-5　二维数组的概念

例如，要查找张三的语文成绩，应该先找到张三这一行，再找到语文这一列，这样在交叉处就查找到了一个唯一确定的数据，即表格数据（或矩阵数据）的位置应该由行号和列号共同来决定。

因此，当用数组来存放这样的数据时，用两个下标值，分别用来表示数据所在的行号和列号，即二维数组。

6.2.1 二维数组的定义

1. 二维数组的定义

一般格式如下：

类型说明符 数组名[常量表达式1][常量表达式2];

其中，常量表达式1表示第一维下标的长度，常量表达式2表示第二维下标的长度。例如：

int a[3][4];

表示一个三行四列的数组，数组名为a，其下标变量的类型为整型。该数组的下标变量共有3×4个，即

a[0][0],a[0][1],a[0][2],a[0][3]
a[1][0],a[1][1],a[1][2],a[1][3]
a[2][0],a[2][1],a[2][2],a[2][3]

二维数组在概念上是二维的，即其下标在两个方向上变化，下标变量在数组中的位置也处于一个平面之中，而不像一维数组那样只是一个向量。但是，实际的硬件存储器却是连续编址的，也就是说存储器单元是按一维线性排列的，如图6-4所示。在一维存储器中存放二维数组有两种方式：一种是按行排列，即放完一行之后再顺次放入第二行；另一种是按列排列，即放完一列之后再顺次放入第二列。

重点：在C语言中，二维数组是以按行排列为主顺序进行排列的。

在图6-4中，按行顺序存放，先存放a[0]行，再存放a[1]行，最后存放a[2]行。每行中的4个元素也是依次存放。由于数组a类型说明符为int类型，该类型占2B的内存空间，因此每个二维数组的元素均占有2B（图6-4中每1格为2B）。

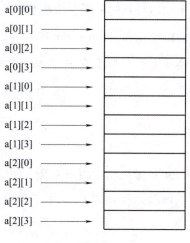

图6-4

2. 二维数组元素的表示方法

二维数组元素又称双下标变量，其表示格式如下：

数组名[下标1][下标2]

其中，下标1和下标2应为整型常量或整型表达式。例如，a[3][4]表示二维数组a第三行第四列的元素。

重点：二维数组元素的下标与二维数组定义时的下标在形式上有些相似，但这两者具有

完全不同的含义。二维数组定义时方括号中给出的是某一维的长度，即可取下标的最大值；而二维数组元素的下标是该元素在二维数组中的位置标识。前者只能是常量，后者可以是常量、变量或表达式。

3. 二维数组的初始化

二维数组的初始化也是在类型说明时给各下标变量赋初值。二维数组可按行分段赋值，也可按行连续赋值。例如，对数组 a[5][3] 的赋值如下：

微课 6-6 二维数组的定位和搜索

（1）按行分段赋值可写成：

```
int a[5][3]={ {80,75,92},{61,65,71},{59,63,70},{85,87,90},{76,77,85} };
```

（2）按行连续赋值可写成：

```
int a[5][3]={ 80,75,92,61,65,71,59,63,70,85,87,90,76,77,85 };
```

这两种赋初值的结果是完全相同的。

对于二维数组的初始化赋值还有以下说明。

（1）可以只对部分元素赋初值，未赋初值的元素自动取 0 值。例如：

```
int a[3][3]={{1},{2},{3}};
```

是对每一行的第一列元素赋值，未赋值的元素取 0 值。赋值后各元素的值为 1，0，0，2，0，0，3，0，0。

```
int a[3][3]={{0,1},{0,0,2},{3}};
```

赋值后的元素值为 0，1，0，0，0，2，3，0，0。

（2）如对全部元素赋初值，则第一维的长度可以不给出。例如：

```
int a[3][3]={1,2,3,4,5,6,7,8,9};
```

可以写成：

```
int a[][3]={1,2,3,4,5,6,7,8,9};
```

> **提醒：** 数组是一种构造类型的数据。二维数组可以看作是由一维数组嵌套而构成的。假设一维数组的每个元素都又是一个一维数组，它们就组成了二维数组。当然，前提是各元素类型必须相同。按照这样的分析，一个二维数组可以分解为多个一维数组。

C 语言允许这样分解，如一个二维数组 a[3][4]，可分解为三个一维数组，其数组名分别为 a[0]，a[1]，a[2]。对这三个一维数组不需另作说明即可使用。这三个一维数组都有 4 个元素，例如一维数组 a[0] 的元素为 a[0][0]，a[0][1]，a[0][2]，a[0][3]。必须强调的是 a[0]，a[1]，a[2] 不能当作下标变量使用，它们是数组名。

6.2.2 二维数组的应用

【例6-6】 一个学习小组有5个人,每个人有3门课的考试成绩,如表6-2所示,求全组分科的平均成绩和各科综合平均成绩。

表6-2 考试成绩

姓名	math	C	dBASE
张扬	80	75	92
王洋	61	65	71
李三	59	63	70
赵明	85	87	90
周密	76	77	85

问题分析:可设一个二维数组 a[5][3],存放5个人3门课的成绩,再设一个一维数组 v[3] 存放所求得各分科平均成绩,设变量l为全组各科综合总平均成绩。

程序如下:

```
main()
{ int i,j,s=0,l,v[3],a[5][3];
  printf("input score\n");
  for(i=0;i<3;i++)
  { for(j=0;j<5;j++)
    { scanf("%d",&a[j][i]); /*输入成绩并求和*/
      s=s+a[j][i];
    }
    v[i]=s/5;
    s=0;
  }
  l=(v[0]+v[1]+v[2])/3;
  printf("math:%d \nc language:%d \ndbase:%d \n",v[0],v[1],v[2]);
  printf("total:%d\n",l);
}
```

程序分析:程序中首先用了一个双重循环。在内循环中依次输入某一门课程的各个学生的成绩,并把这些成绩累加起来,退出内循环后再把该累加成绩除以5存入数组 v[i] 之中,就是该门课程的平均成绩。外循环共循环3次,分别求出3门课各自的平均成绩并存放在数组v中。退出外循环后,把 v[0], v[1], v[2] 相加除以3即得到各科总平均成绩,最后按题意输出各成绩。

微课6-7 二维数组的行列操作

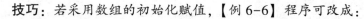

技巧：若采用数组的初始化赋值，【例6-6】程序可改成：

```
main()
{ int i,j,s=0,l,v[3];
  int a[5][3]={ {80,75,92},{61,65,71},{59,63,70},{85,87,90},{76,77,85} };
  for(i=0;i<3;i++)
  { for(j=0;j<5;j++)
    s=s+a[j][i];
    v[i]=s/5;
    s=0;
  }
  l=(v[0]+v[1]+v[2])/3;
  printf("math:%d\nc language:%d\ndbase:%d\n",v[0],v[1],v[2]);
  printf("total:%d\n",l);
}
```

【例6-7】为一个二维数组输入数据，并将其行和列互换，存到另一个二维数组中。程序如下：

```
main()
{ int a[2][3],b[3][2],i,j;
  for(i=0;i<2;i++)
  for(j=0;j<3;j++)
    scanf("%d",&a[i][j]);
  printf("array a:\n");
  for(i=0;i<2;i++)
  { for(j=0;j<3;j++)
    {   printf("%5d",a[i][j]);
        b[j][i]=a[i][j];
    }
    printf("\n");
  }
  printf("array b:\n");
  for(i=0;i<3;i++)
  { for(j=0;j<2;j++)
      printf("%5d",b[i][j]);
    printf("\n");
  }
}
```

运行结果：

```
1 2 3 4 5 6
array a:
  1    2    3
  4    5    6
array b:
  1    4
  2    5
  3    6
```

6.3 数组作为函数参数

数组中的元素和数组名都可以作函数参数，但效果是不一样的。数组中的元素作函数参数同变量作参数一样，都是单向的值传递。而数组名代表数组的起始地址，当数组名作函数参数时传递的是整个数组。

6.3.1 数组元素作为函数参数

一维数组中的元素作为函数的实参，与同类型的简单变量作为实参一样，都是单向的值传递，即数组元素的值传递给形参，形参的改变不影响作为数组元素的实参。

【例6-8】输入两个数，输出其中较大者。

程序如下：

微课6-8 数组元素作为函数参数

```
#include<stdio.h>
float max(float x,float y)
{   float z;
    if(x>y)  z=x;
    else  z=y;
    return z; /*return 后的括号可省略*/
}
main()
{   float a[2],c;
    printf("please input two numbers:");
    scanf("%f,%f",&a[0],&a[1]);
    c=max(a[0],a[1]);
    printf("%f,%f,the max is %f\n",a[0],a[1],c);
}
```

运行结果：

```
please input two numbers:2.5,3
2.500000,3.000000,the max is 3.000000
```

6.3.2 数组名作为函数参数

数组名作为函数参数，此时形参和实参都是数组名（或者是表示地址的指针变量，第 7 章将讲到），传递的是整个数组，即形参数组和实参数组完全等同，是存放在同一空间的同一个数组。当修改形参数组时，实参数组同时也被修改了。

微课 6-9　数组名作为函数参数

【例 6-9】数组名作函数参数。

```
#include <stdio.h>
void change(int x[2])
{   int t;
    printf("x[0]=%d,x[1]=%d\n",x[0],x[1]);
    t=x[0];x[0]=x[1];x[1]=t;
    printf("x[0]=%d,x[1]=%d\n",x[0],x[1]);
}
main()
{   int a[2]={3,4};
    printf("a[0]=%d,a[1]=%d\n",a[0],a[1]);
    change(a);
    printf("a[0]=%d,a[1]=%d\n",a[0],a[1]);
}
```

运行结果：

```
a[0]=3,a[1]=4
x[0]=3,x[1]=4
x[0]=4,x[1]=3
a[0]=4,a[1]=3
```

程序分析：实参是数组名 a，传递给形参数组名 x，由于数组名代表的是数组的首地址，故 a，x 虽然名字不同，却是同一个数组。因此当互换形参数组 x 的元素时，实参数组 a 的元素也被互换。

数组名作函数参数时要注意：形参中的数组类型要被定义，并且要求类型与实参数组类型一致，但是形参数组的大小（元素个数）可以小于等于实参数组的元素个数，甚至形参数组的元素个数可以省略，而由一个专门的参数传递元素个数。

【例 6-10】已知一个一维数组，求其中前 n 个数的和，n 由键盘输入。

程序如下：

```
#include <stdio.h>
int sum(int array[ ],int n)
{   int i,s=0;
    for(i=0;i<n;i++)
       s+=array[i];
    return s;
}
main()
{   int num ,a[10]={1,2,3,4,5,6,7,8,9,10};
    scanf("%d",&num);
    printf("%d\n",sum(a,num));
}
```

运行结果：

4
10

程序分析：省略形参数组 array 的元素个数，而由用户输入的变量 num 值传给形参 n 确定统计数组中的元素个数。这种方法比较常用。

多维数组也可作为函数参数，其用法与一维数组作为函数参数的情况一样，可用于解决线性方程组求解等数学问题。

【例6-11】求解线性方程组 $Ax=b$，其中 A 为（3×3）的数组，b 为（3×1）的数组。

程序如下：

```
#include <stdio.h>
//定义行数与列数
#define ROWS 3
#define COLS 3
//矩阵输出函数
void printArray(double array[ROWS][COLS+1]){
    for(int i=0; i<ROWS; i++){
        for(int j=0; j<COLS+1; j++){
            printf("%10.4f",array[i][j]);
        }
        printf("\n");
    }
    printf("\n");
}
//高斯消元法函数
void gaussElimination(double A[ROWS][COLS],double b[ROWS]){
```

```c
double array[ROWS][COLS+1];
// 构造增广矩阵
for(int i=0; i<ROWS; i++){
    for(int j=0; j<COLS; j++){
        array[i][j]=A[i][j];
    }
    array[i][COLS]=b[i];
}
for(int i=0; i<ROWS; i++){
    // 寻找主元
    double maxElement=(array[i][i] >=0)? array[i][i]:-array[i][i];
    int maxRow=i;
    for(int k=i+1; k<ROWS; k++){
        double element=(array[k][i] >=0)? array[k][i]:-array[k][i];
        if(element>maxElement){
            maxElement=element;
            maxRow=k;
        }
    }
    // 交换行
    for(int k=i; k<COLS+1; k++){
        double tmp=array[maxRow][k];
        array[maxRow][k]=array[i][k];
        array[i][k]=tmp;
    }
    // 使主元化为1,并对其他行进行消元
    for(int k=i+1; k<ROWS; k++){
        double c=-array[k][i] /array[i][i];
        for(int j=i; j<COLS+1; j++){
            if(i==j){
                array[k][j]=0;
            } else {
                array[k][j] +=c * array[i][j];
            }
        }
    }
}
// 输出当前矩阵
printf("消元后的矩阵:\n");
```

```c
    printArray(array);
    //回代求解
    double x[COLS]={0};
    for(int i=ROWS-1; i>=0; i--){
        x[i]=array[i][COLS]/array[i][i];
        for(int k=i-1; k>=0; k--){
            array[k][COLS]-=array[k][i] * x[i];
        }
    }
    //输出解
    printf("解为:\n");
    for(int i=0; i<COLS; i++){
        printf("x%d=%f\n",i+1,x[i]);
    }
}
main(){
    double A[ROWS][COLS];
    double b[ROWS];
    //输入系数矩阵A
    printf("请输入系数矩阵A的元素,每行输入 %d 个数:\n",COLS);
    for(int i=0; i<ROWS; i++){
        for(int j=0; j<COLS; j++){
            scanf("%lf",&A[i][j]);
        }
    }
    //输入常数项向量b
    printf("请输入常数项向量b的元素,每行输入 1 个数:\n");
    for(int i=0; i<ROWS; i++){
        scanf("%lf",&b[i]);
    }
    printf("初始矩阵:\n");
    for(int i=0; i<ROWS; i++){
        for(int j=0; j<COLS; j++){
            printf("%10.4f",A[i][j]);
        }
        printf("|%10.4f\n",b[i]);
    }
    printf("\n");
    //高斯消元法
```

```
        gaussElimination(A,b);
        return 0;
}
```

运行结果：

输入系数矩阵 A[ROWS][COLS] 与常数项向量 b[ROWS] 的元素，如图 6-5 所示，然后通过高斯消元法得到 x 的解为 $\{-1.279\,412, 0.367\,647, 2.250\,000\}$。

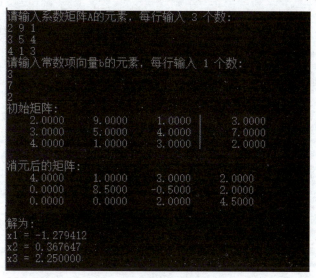

图 6-5

程序分析：高斯消元法是一种用于求解线性方程组的直接方法。其基本思想是通过初等行变换将系数矩阵化为上三角矩阵或行最简形式，然后通过回代求解得出方程的解。具体步骤如下。

① 构造增广矩阵：将系数矩阵 A 与常数向量 b 组合成增广矩阵 [A|b]。

② 通过初等行变换将增广矩阵转换为上三角矩阵，包含了选择主元、交换行、归一化、消除主元下方所有行的元素。

③ 回代求解：从上三角矩阵的最后一行开始，通过回代求解得到方程未知数 x 的值。

6.4 字符数组

微课 6-10　字符数组与字符串

用来存放字符串的数组称为字符数组。字符数组中的每一个元素存放一个字符。在 C 语言中，没有提供字符串类型，所以字符串在内存中的存储是靠字符数组来实现的。

6.4.1 字符数组的定义

字符数组的定义和初始化形式与前面介绍的数值数组相同。

1. 字符数组的定义

例如：

```
char c[10];
char c[5][10];
```

【例6-12】演示二维字符数组的使用。

程序如下：

```
main()
{   int i,j;
    char a[][5]={{'B','A','S','I','C',},{'d','B','A','S','E'}};
    for(i=0;i<=1;i++)
    {   for(j=0;j<=4;j++)
        printf("%c",a[i][j]);
        printf("\n");
    }
}
```

程序分析：本例的二维字符数组由于在初始化时全部元素都赋初值，因此一维下标的长度可以不加以说明。字符常量一定要用单引号括起来。

2. 字符数组的初始化

（1）char c[10]={'c','o','p','r','o','g','r','a','m'};。

9个字符分别赋给了c[0]~c[8]，由于c[9]没有赋初值，所以由系统自动初始化为0。

（2）char c[]={'c','o','m','p','u','t','e','r'};。

这时数组c的长度自动定为8。

> 提醒：在C语言中没有专门的字符串类型，通常用一个字符数组来存放一个字符串。

前面介绍字符串常量时，已说明字符串总是以'\0'作为该字符串的结束符。因此当把一个字符串存入一个数组时，同时也把结束符'\0'存入数组，并以此作为该字符串是否结束的标志。有了'\0'标志后，就不必再用字符数组的长度来判断字符串的长度。

（3）C语言允许用字符串常量的方式对数组作初始化赋值。例如：

```
char c[]={"C program"};
char c[]="C program";
```

> 提醒：对数组用字符串常量方式赋初值比用字符逐个赋初值要多占1B的内存空间，因为多占的1B要用于存放字符串的结束标志'\0'。

上面的数组c在内存中的实际存放情况为"C program\0"。'\0'是由C编译系统自动加上的。因为采用了'\0'标志，所以在用字符串常量赋初值时一般无须指定数组的长度，而由系统自行处理。在采用字符串常量的方式赋初值后，字符数组的输入/输出将变得简单方便。除了上述用字符串常量赋初值的办法外，还可用 printf( ) 函数和 scanf( ) 函数一次性输出/输入一个字符数组中的字符串，而不必使用循环语句逐个输入/输出每个字符。例如：

```
main()
{
    char c[]="BASIC \ndBASE";
    printf("%s \n",c);
}
```

重点：注意在本例的 printf( ) 函数中，使用的格式控制字符串为%s，表示输出的是一个字符串。而在输出表列中给出数组名即可，不能写为 printf("%s",c[]);。

【例 6-13】通过键盘输入一个字符串，然后输出（由输入/输出函数实现）。

程序如下：

```
main()
{   char st[15];
    printf("input string:\n");
    scanf("%s",st);
    printf("%s \n",st);
}
```

提醒：本例中由于定义数组长度为 15，因此输入的字符串长度必须小于 15，以留出一个字节存放字符串结束标志'\0'。

重点：

①对一个字符数组，如果不作初始化赋值，则必须说明数组长度。

②还应该特别注意，当用 scanf( ) 函数输入字符串时，字符串中不能含有空格，否则将以空格作为字符串的结束符。如运行上例，当输入的字符串中含有空格时，运行情况如下：

```
input string:this is a book
```

运行结果：

```
this
```

从输出结果可以看出，空格以后的字符串都未能输出。为了避免发生这种情况，可用 C 语言提供的字符串的输入函数。

3. 字符串常用函数

C 语言提供了丰富的字符串处理函数，大致可分为字符串的输入、输出、合并、修改、比较、转换、复制、搜索函数，使用这些函数可大大减轻编程负担。使用输入/输出的字符串函数前应包含头文件 stdio.h，使用其他字符串函数前应包含头文件 string.h。下面介绍几个最常用的字符串函数。

（1）字符串输出函数 puts( )。

格式如下：

```
puts(字符数组)
```

功能：把字符数组中的字符串输出到显示器，即在屏幕上显示该字符串。

【例 6-14】puts( )函数的用法。

程序如下：

```
#include <stdio.h>
main()
{   char c[]="BASIC \ndBASE";
    puts(c);
}
```

> **提醒**：puts( )函数完全可以由 printf( )函数取代。当需要按一定格式输出时，通常使用 printf( )函数。

（2）字符串输入函数 gets( )。

格式如下：

```
gets(字符数组)
```

功能：从标准输入设备（键盘）输入一个字符串。

本函数得到一个函数值，即为该字符数组的首地址。

【例 6-15】字符串输入/输出函数的用法。

程序如下：

```
#include <stdio.h>
main()
{   char st[15];
    printf("input string:\n");
    gets(st);
    puts(st);
}
```

> **提醒**：利用字符串输入函数，当输入的字符串中含有空格时，输出仍为全部字符串。说明 gets( )函数并不以空格作为字符串输入结束的标志，而只以换行符作为输入结束标志。这是与 scanf( )函数不同的。

（3）字符串连接函数 strcat( )。

格式如下：

strcat(字符数组1,字符数组2)

功能：把字符数组2中的字符串连接到字符数组1中字符串的后面，并删去字符串1后的字符串结束标志'\0'。本函数返回值是字符数组1的首地址。

【例6-16】strcat( )函数的用法。

程序如下：

```c
#include <string.h>
main()
{   char st1[30]="My name is";
    char st2[10];
    printf("input your name:\n");
    gets(st2);
    strcat(st1,st2);
    puts(st1);
}
```

提醒：本程序把初始化赋值的字符数组与动态赋值的字符串连接起来。要注意的是，字符数组1应定义足够的长度，否则不能全部装入被连接的字符串。

(4) 字符串拷贝函数strcpy( )。

格式如下：

strcpy(字符数组1,字符数组2)

功能：把字符数组2中的字符串拷贝到字符数组1中。字符串结束标志'\0'也一同被拷贝。字符数组2也可以是一个字符串常量，这时相当于把一个字符串赋值给一个字符数组。

【例6-17】字符串的拷贝。

程序如下：

```c
#include <string.h>
main()
{
    char st1[15],st2[]="C Language";
    strcpy(st1,st2);
    puts(st1);
    printf("\n");
}
```

提醒：本函数要求字符数组1应有足够的长度，否则不能全部装入所拷贝的字符串。

(5) 字符串比较函数 strcmp( )。

格式如下：

```
strcmp(字符数组1,字符数组2)
```

功能：根据 ASCII 码比较两个数组中字符串的大小，并由返回值返回比较结果。

如果字符串 1 等于字符串 2，则返回值为 0；如果字符串 1 大于字符串 2，则返回值大于 0；如果字符串 1 小于字符串 2，则返回值小于 0。

> **提醒**：本函数也可用于比较两个字符串常量，或者比较数组和字符串常量。

【例 6-18】字符串比较函数的用法。

程序如下：

```c
#include <string.h>
main()
{   int k;
    char st1[15],st2[]="C Language";
    printf("input a string:\n");
    gets(st1);
    k=strcmp(st1,st2);
    if(k==0) printf("st1=st2\n");
    if(k>0) printf("st1>st2\n");
    if(k<0) printf("st1<st2\n");
}
```

程序分析：本程序中把输入的字符串 st1 和数组 st2 中的字符串作比较，比较结果返回到变量 k 中，根据 k 值再输出结果提示字符串。当输入的字符串为"dbase"时，由 ASCII 码可知"dbase"大于"C Language"，故 k>0，输出结果为"st1>st2"。

(6) 求字符串长度函数 strlen( )。

格式如下：

```
strlen(字符数组)
```

功能：求字符串的实际长度（不含字符串结束标志'\0'），并将其作为函数的返回值。

【例 6-19】求字符串长度函数的用法。

程序如下：

```c
#include <string.h>
main()
{   int k;
    char st[ ]="C language";
    k=strlen(st);
```

```
    printf("The lenth of the string is %d\n",k);
}
```

6.4.2 字符数组的应用

【例6-20】编写一个密码检测程序。

程序分析：在使用计算机的过程中，大家都遇到过系统保护的状态。首先要输入密码，如果密码正确才可以进入系统，否则就不允许进入系统。那么要实现这样一个功能的程序需要定义一个字符数组来存放密码字符串，还需要用strcmp()函数进行密码匹配比较。如果密码正确就可以进入系统，否则重新输入密码，最多输入3次密码，如果第3次密码还不正确就退出系统。

微课6-11 字符数组的应用

程序如下：

```
#include  <stdio.h>
#include  <string.h>
main()
{  char   str[80];     /*定义字符数组str*/
   int   i=0;
   while(1){
       printf("请输入密码:\n");
       gets(str);        /*输入密码*/
       if(strcmp(str,"password")!=0)   /*输入密码不正确*/
          printf("密码错误,请重新输入! \n");
       else  break;   /*输入正确密码,退出循环*/
       i++;
       if(i==3)  { printf("密码3次不正确,退出系统! \n"); exit(0);}
   }
   printf("密码正确,进入系统! \n");
   /*以下可以编写进入系统的执行代码*/
}
```

运行结果：

```
请输入密码:
pass123
密码错误,请重新输入!
password
密码正确,进入系统!
```

【例6-21】有3个字符串，要求找出其中最大者。

程序分析：假设有一个二维字符数组str，3行20列，每行可以容纳20个字符。可以把

str[0], str[1], str[2]看作3个一维字符数组, 它们各有20个元素。由gets()函数进行键盘输入字符串, 通过strcmp()函数进行字符串大小的比较。

程序如下:

```
#include <stdio.h>
#include <string.h>
main()
{   char string[20];
    char str[3][20];
    int i;
    for(i=0;i<3; i++)
        gets(str[i]);
    if(strcmp(str[0],str[1])>0)   strcpy(string,str[0]);
    else       strcpy(string,str[1]);
    if(strcmp(string,str[2])<0)   strcpy(string,str[2]);
    printf("the  largest  string is:\n%s \n",string);
}
```

运行结果:

```
CHINA
HOLLAND
AMERICA
the  largest  string is:
HOLLAND
```

【例6-22】输入一行字符, 统计其中有多少个单词, 单词之间用空格分隔开。

程序分析: 单词的数目可以由空格出现的次数决定(连续的若干个空格出现统计为一个空格; 一行开头的空格不统计在内)。如果检测出某一个字符为非空格, 而它前面的字符为空格, 则表示新的单词开始了, 此时变量num(单词数目)累加1。

程序如下:

```
#include <stdio.h>
main()
{   char string[80];
    int i,num=0,word=0;
    char c;
    gets(string);
    for(i=0;(c=string[i])!='\0'; i++)
    if(c==' ')  word=0;
    else if(word==0){
      word=1;
```

```
    num++;
  }
  printf("There are %d words in the line.\n",num);
}
```

运行结果：

```
I am a boy.
There are 4 words in the line.
```

> 思考：变量 word 在程序中表示什么功能？

【技能实践】

6.5 数组应用实训

6.5.1 实训目的

（1）进一步掌握数组在实际应用中的使用方法和技巧。
（2）进一步体会循环语句在处理数组元素时的重要作用。
（3）强化编程训练，提高逻辑思维能力。

6.5.2 实训内容

（1）实训 1：有序数列的数据插入问题。将一个数插入到已有 10 个整数的有序数列中，数据插入之后，数列仍然有序。原有数列既可以用初始化方法获得，也可以通过键盘输入。

（2）实训 2：求所有不超过 200 的正整数 n 值，并且 n 的平方是具有对称性质的回文数。所谓回文数就是将一个数从左向右读与从右向左读是同一个数，例如，34 543 和 1 234 321 都是回文数。请编程实现。例如，满足题意要求的数有：$n = 11$ 时，$11^2 = 121$；$n = 111$ 时，$111^2 = 12\ 321$。

基本要求：利用数组实现题目要求，同时要对输出进行格式控制。

（3）实训 3：字母统计问题。输入一个长度小于 80 的字符串，统计其中字母的个数。
（4）实训 4：字符串排序问题。要求从键盘上输入 3 个字符串，从小到大进行排序输出。
（5）实训 5：通过归并排序的方法，按照向量的秩对 10 个三维向量进行升序排序。

6.5.3 实训过程

1. 实训 1

（1）实训分析。
有序数列的数据插入问题，包括 3 个关键步骤。
①确定要插入数据的位置。这步操作使用的方法有多种，例如可以使用折半查找（始

终找中间数据）法，也可以使用顺序比较的方法。

②将插入位置开始后的所有数据都向后移动一个位置，以便空出要插入数据的位置。若插入数据的位置在原有所有数据之后，则该步骤可以省略；若插入数据的位置在第一个数据之前，则所有数据依次后移一个位置。

③将要插入的数据存储在该空位置上。

（2）实训步骤。

下面给出完整的源程序：

```c
/*在升序排序的数组中插入数据的程序 */
#include <stdio.h>
#define M 10
main()
{ int a[M+1]={10,20,30,40,50,60,70,80,90,99};
  int i,n,p;
  printf("请输入要插入的数据:\n");
  scanf("%d",&n);
  for(i=0; i<M; i++)    /*确定要插入的下标位置p */
      if(n<=a[i])
      { p=i;
        break;
      }
  for(i=M-1; i>=p; i--)   /* p下标之后(包括p)的所有元素后移一位 */
      a[i+1]=a[i];
  a[p]=n;    /*插入数据 */
  printf("插入数据后的数列:\n");
  for(i=0; i<M+1; i++)
      printf("%d\t",a[i]);
}
```

2. 实训2

（1）实训分析。

根据问题描述，首先将n*n的值逐位分解成数字存入数组m中，然后将分解后的数字倒过来再组成新的整数k，若k与原来的n*n的值相等，则满足条件，输出结果。

（2）实训步骤。

下面给出完整的源程序：

```c
main()
{ int m[16],n,i,t,count=0;
  long a,k;
```

```
        printf("Result is :\n");
/*每一个n都要经过以下的处理,判断n*n是否为回文数*/
    for(n=10;n<200;n++){
        k=0;
        t=1;
        a=n*n;
/*从个位开始逐位分解a,并存入数组w中*/
        for(i=1;a!=0;i++){
            m[i]=a%10;
            a/=10;
        }
/*将分解后的数字从数组的后面开始重新组合成一个新的数k*/
        for(;i>1;i--){
            k+=m[i-1]*t;
            t=t*10;
        }
/*如果k等于n*n,则说明n*n是回文数*/
        if(k==n*n)
            printf("%2d:%10d%10ld\n",++count,n,n*n);
    }
}
```

3. 实训3

(1) 实训分析。

需要定义一个长度为80的字符数组,将字符串存储在字符数组 str 中。向字符数组 str 中存储字符串的方式有多种,可以使用标准输入函数,也可以使用字符串输入函数。判断字母的方法有多种,使用 ASCII 码是一种简便的判断方法。

(2) 实训步骤。

下面给出完整的源程序:

```
/*字母统计问题程序*/
#include <stdio.h>
main()
{   char str[80];
    int i=0,counter=0;
    printf("请输入字符串:\n");
    gets(str);
    while(str[i]!='\0'){
        if(str[i]>='a'&&str[i]<='z' || str[i]>='A'&&str[i]<='Z')
```

```
        counter++;
        i++;
    }
    printf("Total: %d \n",counter);
}
```

4. 实训4

(1) 实训分析。

3个字符串排序问题,与第3章中【例3-4】的思路类似,只是比较字符串的大小用strcmp( )函数实现。字符串的交换语句中把赋值语句改成了字符串拷贝函数strcpy( )。

程序分析:如果strcmp(a,b)>0,那么字符串a与b互换;如果strcmp(a,c)>0,那么字符串a与c互换;如果strcmp(b,c)>0,那么字符串b与字符串c互换。

(2) 实训步骤。

下面给出完整的源程序:

```
#include <stdio.h>
#include <string.h>
main()
{   char a[20],b[20],c[20],str[20];
    printf("从键盘上输入3个字符串:\n");
    gets(a);
    gets(b);
    gets(c);
    if(strcmp(a,b)>0)
    {  strcpy(str,a); strcpy(a,b);  strcpy(b,str); }
    if(strcmp(a,c)>0)
    {  strcpy(str,a); strcpy(a,c);  strcpy(c,str); }
    if(strcmp(b,c)>0)
    {  strcpy(str,b); strcpy(b,c);  strcpy(c,str); }
    printf("从小到大排序后的3个字符串是:\n%s \n%s \n%s \n",a,b,c);
}
```

5. 实训5

(1) 实训分析。

归并排序是一种基于分治法的排序算法。它的基本思想是将数组分成两个子数组,分别对这两个子数组进行排序,然后将已排序的子数组合并成一个有序数组。归并排序主要包括两个步骤。

①分解,将待排序数组分成两个子数组,递归地对每个子数组进行排序。分解过程的时间复杂度是 $O(\log n)$,其中 n 是数组的大小。

②合并,将两个已排序的子数组合并成一个有序数组,合并过程的时间复杂度是 $O(n)$。

向量的升序排序是以向量的秩为标准，三维向量的秩指的是向量 $v=(v_1,v_2,v_3)$ 在欧几里得空间中的长度，其计算公式为 $\|v\|=(v_1^2+v_2^2+v_3^2)^{\frac{1}{2}}$。

（2）实训步骤。

下面给出完整的源程序：

```c
#include <stdio.h>
#include <math.h>
// 向量数量与维度
#define VECTOR_COUNT 10
#define VECTOR_DIM 3
// 输出向量
void printVectors(double vectors[VECTOR_COUNT][VECTOR_DIM]){
    for(int i=0; i<VECTOR_COUNT; i++){
        printf("Vector %d:",i+1);
        for(int j=0; j<VECTOR_DIM; j++){
            printf("%10.4f",vectors[i][j]);
        }
        printf("\n");
    }
    printf("\n");
}
// 计算向量的秩
double calculateNorm(double vector[VECTOR_DIM]){
    double norm=0.0;
    for(int i=0; i<VECTOR_DIM; i++){
        norm +=vector[i] * vector[i];
    }
    return sqrt(norm);
}
// 合并
void merge(double vectors[VECTOR_COUNT][VECTOR_DIM],double norms[VECTOR_COUNT],int left,int mid,int right){
    const int maxSize=VECTOR_COUNT;    //定义最大数组大小
    double L[maxSize][VECTOR_DIM],R[maxSize][VECTOR_DIM];
    double L_norms[maxSize],R_norms[maxSize];
    int leftSize=mid-left+1;
    int rightSize=right-mid;
    for(int i=0; i<leftSize; i++){
        for(int j=0; j<VECTOR_DIM; j++){
```

```
            L[i][j]=vectors[left+i][j];
        }
        L_norms[i]=norms[left+i];
    }
    for(int i=0; i<rightSize; i++){
        for(int j=0; j<VECTOR_DIM; j++){
            R[i][j]=vectors[mid+1+i][j];
        }
        R_norms[i]=norms[mid+1+i];
    }
    int i=0,j=0,k=left;
    while(i<leftSize && j<rightSize){
        if(L_norms[i] <=R_norms[j]){
            for(int l=0; l<VECTOR_DIM; l++){
                vectors[k][l]=L[i][l];
            }
            norms[k]=L_norms[i];
            i++;
        }
        else{
            for(int l=0; l<VECTOR_DIM; l++){
                vectors[k][l]=R[j][l];
            }
            norms[k]=R_norms[j];
            j++;
        }
        k++;
    }
    while(i<leftSize){
        for(int l=0; l<VECTOR_DIM; l++){
            vectors[k][l]=L[i][l];
        }
        norms[k]=L_norms[i];
        i++;
        k++;
    }
    while(j<rightSize){
        for(int l=0; l<VECTOR_DIM; l++){
            vectors[k][l]=R[j][l];
```

```
            }
            norms[k]=R_norms[j];
            j++;
            k++;
        }
    }
}
//归并排序
void mergeSort(double vectors[VECTOR_COUNT][VECTOR_DIM],double norms[VECTOR_COUNT],int left,int right){
    if(left<right){
        int mid=left+(right-left)/2;
        mergeSort(vectors,norms,left,mid);
        mergeSort(vectors,norms,mid+1,right);
        merge(vectors,norms,left,mid,right);
    }
}
main(){
    double vectors[VECTOR_COUNT][VECTOR_DIM]={
        {4.0,2.0,3.0},
        {1.0,2.0,2.0},
        {6.0,5.0,4.0},
        {3.0,5.0,1.0},
        {8.0,7.0,2.0},
        {9.0,6.0,3.0},
        {2.0,1.0,4.0},
        {5.0,3.0,2.0},
        {7.0,4.0,5.0},
        {10.0,8.0,6.0}
    };
    double norms[VECTOR_COUNT];
    //计算每个向量的秩
    for(int i=0; i<VECTOR_COUNT; i++){
        norms[i]=calculateNorm(vectors[i]);
    }
    printf("原始向量:\n");
    printVectors(vectors);
    mergeSort(vectors,norms,0,VECTOR_COUNT-1);
    printf("按秩升序排序后的向量:\n");
    printVectors(vectors);
}
```

6.5.4 实训总结

从本实训的实现看出，数组是一组具有相同数据类型的数据的有序集合，对数组元素的处理通常与循环语句联系在一起，并将循环变量巧妙地作为数组的下标，并表示数组元素在数组中的位置。

【技能测试】

6.6 综合实践

6.6.1 选择题

(1) 在 C 语言中，引用数组元素时，其数组下标的数据类型允许是（   ）。
A. 整型常量
B. 整型表达式
C. 整型常量或整型表达式
D. 任何类型的表达式

(2) 以下对一维整型数组 a 的正确声明是（   ）。
A. int a(10);
B. int n=10,a[n];
C. int n;
   scanf("%d",&n);
   int a[n];
D. #define SIZE 10
   int a[SIZE];

(3) 若有声明：int a[10];，则对数组 a 元素的正确引用是（   ）。
A. a[10]　　　　B. a[3.5]　　　　C. a(5)　　　　D. a[10-10]

(4) 以下对二维数组 a 的正确声明是（   ）。
A. int a[3][];
B. float a(3,4);
C. double a[1][4];
D. float a(3)(4);

(5) 若有声明：int a[3][4];，则对数组 a 元素的正确引用是（   ）。
A. a[2][4]　　　B. a[1,3]　　　　C. a[1+1][0]　　D. a(2)(1)

(6) 若有声明：int a[3][4];，则对数组 a 元素的非法引用是（   ）。
A. a[0][2*1]　　B. a[1][3]　　　　C. a[4-2][0]　　D. a[0][4]

(7) 以下能对二维数组 a 进行正确初始化的语句是（   ）。
A. int a[2][ ]={{1,0,1},{5,2,3}};
B. int a[ ][3]={{1,2,3},{4,5,6}};
C. int a[2][4]={{1,2,3},{4,5},{6}};
D. int a[ ][3]={{1,0,1}{ },{1,1}};

(8) 以下不能对二维数组 a 进行正确初始化的语句是（   ）。
A. int a[2][3]={0};
B. int a[ ][3]={{1,2},{0}};

C. int a[2][3]={{1,2},{3,4},{5,6}};

D. int a[ ][3]={1,2,3,4,5,6};

(9) 若二维数组 a 有 m 列，则计算任一元素 a[i][j]在数组中位置的公式为（　　）（假设 a[0][0]在第一位置）。

  A. i*m+j   B. j*m+i   C. i*m+j-1   D. i*m+j+1

(10) 以下对声明语句的正确理解是（　　）。

```
int a[10]={6,7,8,9,10};
```

  A. 将 5 个初值依次赋给 a[1]~a[5]

  B. 将 5 个初值依次赋给 a[0]~a[4]

  C. 将 5 个初值依次赋给 a[6]~a[10]

  D. 因为数组长度与初值的个数不相同，所以此语句不正确

(11) 以下声明语句不正确的是（　　）。

  A. double x[5]={2.0,4.0,6.0,8.0,10.0};

  B. int y[5]={0,1,3,5,7,9};

  C. char c1[ ]={'1','2','3','4','5'};

  D. char c2[ ]={'\x10','\xa','\x8'};

(12) 若有声明：int a[ ][3]={1,2,3,4,5,6,7,8,9};，则数组 a 第二维的大小是（　　）。

  A. 2   B. 3   C. 4   D. 不确定值

(13) 对数组 s 进行初始化，其中不正确的是（　　）。

  A. char s[5]={"abc"};   B. char s[5]={'a','b','c'};

  C. char s[5]="";   D. char s[5]="abcdef";

(14) 下面程序段的运行结果是（　　）。

```
char c[5]={'a','b','\0','c','\0'};    printf("%s",c);
```

  A. 'a' 'b'   B. ab   C. ab　c   D. a　b

(15) 若对数组 a 和数组 b 进行如下初始化：

```
char a[ ]="ABCDEF";    char b[ ]={'A','B','C','D','E','F'};
```

则以下叙述正确的是（　　）。

  A. 数组 a 与数组 b 完全相同   B. 数组 a 与数组 b 长度相同

  C. 数组 a 和数组 b 中都存放字符串   D. 数组 a 比数组 b 长度长

(16) 若有两个字符数组 a, b，则以下正确的输入语句是（　　）。

  A. gets(a,b);   B. scanf("%s%s",a,b);

  C. scanf("%s%s",&a,&b);   D. gets("a"),gets("b");

(17) 下面程序段的运行结果是（　　）。

```
char a[7]="abcdef";              char b[4]="ABC";
strcpy(a,b);
printf("%c",a[5]);
```

A. _ （表示空格）   B. \0
C. e   D. f

（18）若有下面的程序段：

```
char a[3],b[ ]="China";
a=b;    printf("%s",a);
```

则说法正确的是（ ）。

A. 运行后将输出 China   B. 运行后将输出 Ch
C. 运行后将输出 Chi   D. 编译出错

（19）下面程序段的运行结果是（ ）。

```
char c[ ]="\t\v\\0will \n";    printf("%d",strlen(c));
```

A. 14   B. 3
C. 9   D. 字符串中有非法字符，输出值不确定

（20）判断字符串 a 和字符串 b 是否相等，应当使用（ ）。

A. if(a==b)   B. if(a=b)
C. if(strcpy(a,b))   D. if(strcmp(a,b))

6.6.2 程序填空

（1）下面程序是以每行 4 个数据的形式输出数组 a，请填空。

```
#define N  20
main()
{ int a[N],i;
  for(i=0; i<N; i++)    scanf("%d",_____);
  for(i=0; i<N; i++)
  { if(_____)    printf("\n");
    printf("%3d",a[i]);
  }
  printf("\n");
}
```

（2）下面程序是将二维数组 a 的行和列元素互换后存到另一个二维数组 b 中，请填空。

```
main()
{ int a[2][3]={{1,2,3},{4,5,6}};
  int b[3][2],i,j;
```

```
    printf("array a:\n");
    for(i=0; i<=1; i++)
    { for(j=0;_____; j++)
      {  printf("%5d",a[i][j]);
         _____;
      }
      printf("\n");
    }
    printf("array b:\n");
    for(i=0; _____; i++)
    { for(j=0; j<=1; j++)
          printf("%5d",b[i][j]);
       printf("\n");
    }
}
```

6.6.3 分析程序

（1）下面程序段的运行结果是_____。

```
char  ch[ ]="600";
int a,s=0;
for(a=0; ch[a]>='0' && ch[a]<='9'; a++)
    s=10 * s+ch[a]-'0';
printf("%d",s);
```

（2）下面程序段的运行结果是_____。

```
char  x[ ]="the  teacher";
int i=0;
while(x[++i]!='\0')
    if(x[i-1]=='t')
        printf("%c",x[i]);
```

（3）下面程序的运行结果是_____。

```
main()
{  int  a[5][5],i,j,n=1;
   for(i=0; i<5; i++)
       for(j=0; j<5; j++)
           a[i][j]=n++;
   printf("The  result is:\n");
```

```
        for(i=0;i<5;i++)
            { for(j=0;j<=i; j++)
                printf("%4d",a[i][j]);
          printf("\n");
            }
    }
```

6.6.4 编程题

（1）从键盘输入若干整数（个数应少于50），其值在0~4之间，用-1作为输入结束的标志。统计每个整数的个数。试编一程序完成。

（2）为数组输入若干个实数，计算数组中每个元素后面比它大的元素的个数。

（3）已有一个排好序的数组，由键盘输入一个数，要求按原来的排序规律将其插入到数组中。

（4）编一函数，使输入的一个字符串按反序存放，在主函数中使用输入和输出字符串函数。

（5）编一程序，将两个字符串连接起来，不能用strcat( )函数。

（6）编一程序，生成并输出一个给定长度的斐波那契数列。

（7）按照向量的秩，通过起泡法实现二维数组（10×3）的升序排序。

【技能拓展】

6.7 网络数据聚类实战演练

微课6-12　网络数据聚类项目

6.7.1 项目背景

目前，各个领域中存在着大量的网络数据，如社交网络数据、计算机网络数据、交易网络数据等。网络数据通常包括了大量的节点（用户、服务器、商品等）和边（好友关系、网络连接，购买行为等），每个节点具有能描述其属性的多个特征，包括以下几点。

（1）节点的度（degree），即与节点相连的边的数量，反映了节点的连接性。

（2）聚类系数（clustering coefficient），即节点与邻居节点之间的连通性，反映了局部网络的紧密程度。

（3）中介中心性（betweenness centrality），即节点在最短路径中的重要性，反映了节点作为中介的作用。

（4）接近中心性（closeness centrality），即节点到其他节点的平均最短路径距离，反映了节点的传播效率。

（5）特征向量中心性（eigenvector centrality），即节点的影响力，反映了节点中心性。

在网络数据分析中，k-means作为一种常用的聚类算法，能够根据网络数据的特征将网络数据划分为多个簇，每个簇中的网络数据点尽可能相似，而不同簇的数据点的差异尽可能大。通过 k-means 算法实现网络数据的聚类，有助于研究人员分析网络数据的结构和状态，进而在各种应用场景上发挥巨大的作用。例如，将网站流量数据进行聚类，可以识别异常流量模式；根据用户的行为特征进行分类，能够识别不同类型的用户并为用户提供个性化服务。

6.7.2 项目设计

在 C 语言中，基于 k-means 算法的网络数据分析主要通过六个步骤来实现。

（1）数据准备：收集和预处理网络数据，实现 NUM_DATA_POINTS 个节点的特征提取，并得到 NUM_FEATURES 个特征后将网络数据转化为数组 dataPoints。

（2）聚类初始化：假定网络数据可以分为 K 类，则从数组中选出 K 个数据点作为 K 个簇的初始聚类中心。

（3）数据点分配：对剩余的数据点分别计算其到各个聚类中心的欧式距离 distance，并将数据点划分到最近的簇中。

（4）更新聚类中心：根据每个簇所包含的数据点重新计算簇的聚类中心。

（5）迭代：将新的聚类中心与之前的聚类中心比较，如果聚类中心发生了变化，则返回到步骤（2），否则结束迭代并输出结果，如图 6-6 所示。

图 6-6

（6）结果分析：对聚类结果进行分析，识别出不同簇的特征和模式。

6.7.3 项目实现

下面给出完整的源程序：

```
#include <stdio.h>
#include <math.h>
#define NUM_DATA_POINTS 10
```

```c
#define NUM_FEATURES 5
#define NUM_CLUSTERS 3
#define MAX_ITERATIONS 100
#define EPSILON 0.001

//计算两个数据点之间的欧氏距离
double distance(double dataPoint1[],double dataPoint2[]){
    double sum=0;
    for(int i=0; i<NUM_FEATURES; i++){
        sum +=pow(dataPoint1[i]-dataPoint2[i],2);
    }
    return sqrt(sum);
}

//更新聚类中心
void updateCentroids(double centroids[][NUM_FEATURES],double dataPoints[][NUM_FEATURES],int clusterAssignments[]){
    int numPoints[NUM_CLUSTERS]={ 0 };
    for(int i=0; i<NUM_CLUSTERS; i++){
        for(int j=0; j<NUM_FEATURES; j++){
            centroids[i][j]=0;
        }
    }
    for(int i=0; i<NUM_DATA_POINTS; i++){
        int clusterIndex=clusterAssignments[i];
        for(int j=0; j<NUM_FEATURES; j++){
            centroids[clusterIndex][j] +=dataPoints[i][j];
        }
        numPoints[clusterIndex]++;
    }
    for(int i=0; i<NUM_CLUSTERS; i++){
        for(int j=0; j<NUM_FEATURES; j++){
            if(numPoints[i] !=0){  //防止除以 0
                centroids[i][j] /=numPoints[i];
            }
        }
    }
}
```

```
//分配数据点到最近的聚类中心
void assignClusters(double centroids[][NUM_FEATURES],double dataPoints[][NUM_FEATURES],int clusterAssignments[]){
    for(int i=0; i<NUM_DATA_POINTS; i++){
        double minDistance=distance(dataPoints[i],centroids[0]);
        int minIndex=0;
        for(int j=1; j<NUM_CLUSTERS; j++){
            double d=distance(dataPoints[i],centroids[j]);
            if(d<minDistance){
                minDistance=d;
                minIndex=j;
            }
        }
        clusterAssignments[i]=minIndex;
    }
}

//k-means 聚类算法
void kMeans(double dataPoints[][NUM_FEATURES]){
    //初始化聚类中心
    double centroids[NUM_CLUSTERS][NUM_FEATURES];
    for(int i=0; i<NUM_CLUSTERS; i++){
        for(int j=0; j<NUM_FEATURES; j++){
            centroids[i][j]=dataPoints[i][j];
        }
    }

    //初始化聚类分配
    int clusterAssignments[NUM_DATA_POINTS];
    for(int i=0; i<NUM_DATA_POINTS; i++){
        clusterAssignments[i]=0;
    }

    //迭代更新聚类中心
    int iterations=0;
    while(iterations<MAX_ITERATIONS){
        assignClusters(centroids,dataPoints,clusterAssignments);
        double oldCentroids[NUM_CLUSTERS][NUM_FEATURES];
        for(int i=0; i<NUM_CLUSTERS; i++){
```

```c
            for(int j=0; j<NUM_FEATURES; j++){
                oldCentroids[i][j]=centroids[i][j];
            }
        }
        updateCentroids(centroids,dataPoints,clusterAssignments);
        double totalMovement=0;
        for(int i=0; i<NUM_CLUSTERS; i++){
            totalMovement +=distance(oldCentroids[i],centroids[i]);
        }
        if(totalMovement<EPSILON){
            break;
        }
        iterations++;
    }

    //输出聚类结果
    printf("聚类结果为 \n");
    for(int i=0; i<NUM_DATA_POINTS; i++){
        printf("数据点%d 属于第%d 类 \n",i,clusterAssignments[i]+1);
    }

    //分析聚类中心
    printf(" \n 聚类中心为: \n");
    for(int i=0; i<NUM_CLUSTERS; i++){
        printf("第%d 类的聚类中心为: [ ",i+1);
        for(int j=0; j<NUM_FEATURES; j++){
            printf("%f",centroids[i][j]);
            if(j<NUM_FEATURES-1){
                printf(",");
            }
        }
        printf("] \n");}
}
//主函数
main(){
    //初始化数据点,每行表示一个数据点,每列表示一个特征
    double dataPoints[NUM_DATA_POINTS][NUM_FEATURES]={
        {5,0.2,0.1,0.4,0.6},{6,0.3,0.2,0.5,0.7},{7,0.4,0.3,0.6,0.8},
        {8,0.5,0.4,0.7,0.9},{5,0.3,0.1,0.5,0.6},{6,0.2,0.2,0.4,0.7},
```

```
        {7,0.5,0.3,0.7,0.8},{8,0.4,0.4,0.6,0.9},{5,0.5,0.1,0.7,0.6},
        {6,0.6,0.2,0.8,0.7}};
    // 执行 K 均值聚类算法
    kMeans(dataPoints);
}
```

6.7.4 项目总结

在本项目中，k-means 算法充分利用了数组来处理网络数据集。本项目首先定义了一个二维数组 dataPoints 来存储网络数据集中的数据点，通过二维数组的行来表示不同的数据点，通过列来表示不同的特征。其次，本项目通过函数 distance( ) 计算了任意两个数据点之间的欧氏距离，展示了数组在特征处理上的作用。另外，数组 centroids 存储了每个簇的聚类中心点，使得聚类中心更新的过程高效且易于操作。综上所述，数组的使用贯穿了整个 k-means 算法的运行过程，包括了数据存储、数据处理、聚类操作以及结果输出。

本项目旨在利用 k-means 算法对不同类型的网络数据进行聚类，从而为网络数据分析和管理提供有力支持。通过聚类分析，程序开发人员不但能够有效地组织和管理大规模网络数据，还能够提高网络数据的利用效率。聚类结果可以作为数据存储、检索和分析的基础，帮助企业和研究机构更高效地利用网络数据资源，从而提升其工作效率。基于 k-means 算法的网络数据聚类能够为各类应用场景提供数据支持和决策依据，从而推动技术进步和业务发展。

【素质拓展】

6.8 敬业精神：不积跬步，无以至千里

从每一步小的积累开始，才能实现远大的目标或取得更大的成就。在 k-means 算法中，每一次的距离计算和聚类分配操作都是一步步积累的过程，都是在为最终的聚类结果积累数据和信息，每一步计算和分配操作，最终汇集成了整体的聚类效果。通过上述小节可以看出，数组在 k-means 算法中的作用不仅是数据存储和处理的工具，更是实现最终聚类目标的关键，即通过每个数组元素的操作和计算，最终实现了复杂的聚类算法，完成了整体的聚类分析目标，充分体现了"不积跬步，无以至千里"的深刻意义。

软件开发是一个复杂的过程，每一行代码的编写以及每一个算法的实现都是构建整个系统的基础，无论是简单的功能实现还是复杂的算法优化都需要通过不断地累积和迭代来完成。软件开发是一个多层次的过程，从需求分析、系统设计与架构、模块化设计、编码与实现、测试到最终的部署和维护，每一步都需要细心和耐心地积累，逐步优化性能才能实现复杂的软件系统功能。程序员需要具备不折不挠的精神，克服程序中所出现的技术难题，通过一步步地调试与测试，最终交付高质量的软件产品。随着技术的日新月异，程序开发人员也需要持续学习和创新，在实践中积累经验并提高技术，最终实现个人的职业目标。

第 7 章

指 针

技能目标

（1）掌握指针变量的使用方法和应用。
（2）能够合理利用指针变量编制功能函数，解决简单的实际问题。
（3）掌握指针变量与数组的关系，能熟练运用指向数组的指针变量操纵数组元素。
（4）能正确利用字符串指针处理字符串的相关问题。

素养目标

（1）增强对计算机系统底层机制的理解，提升专业素养。
（2）具有良好的科学素养和求真务实的精神。

【技能基础】

7.1 指针的概念

微课 7-1
指针的概念

7.1.1 指针与地址

指针是 C 语言中被广泛使用的一种数据类型，运用指针编程是 C 语言的重要风格之一。很多高级程序语言使用其他机制避免了指针的使用，而 C 语言的设计意图是让程序员尽可能多地访问由硬件本身提供的功能。在 C 语言中，利用指针变量可以表示各种数据结构的特点，程序员既能方便地使用数组和字符串，也能像汇编语言一样处理内存地址，从而编写出更高效的程序。

指针的使用比较灵活，这也为初学者带来了一些困扰。因此，在学习本章内容时，需要多思考、多练习、多比较，以理论指导实践，以实践促进学习。

为了便于理解和学习指针知识，先介绍一下数据在内存存储时几个相关的概念。

1. 内存地址

内存是计算机用于存储数据的存储器，以字节为基本单位作为存储单元。如果程序中定义了一个变量，在对程序进行编译时，计算机就会给这个变量分配内存单元，不同数据类型的变量所占用的内存单元数不等，在第 2 章中已有详细的介绍。为了能正确访问内存单元，计算机为每一个内存单元进行了编号，根据内存单元的编号即可准确地找到该内存单元。这个编号就是该内存单元的地址，即"内存地址"。每个内存单元有唯一的地址，就如同每个人需要一个身份证号码、教学楼中的每一个教室需要一个编号（教室号）、宿舍楼中的每一个房间需要一个编号（房间号）一样，否则无法管理。

> 提醒：内存单元的地址与内存单元中的数据是两个完全不同的概念。例如，同宿舍房间号（地址）与住在其中的人（数据）一样，是完全不同的两回事。

2. 变量名、变量地址和变量值

"变量名"是给内存空间取的一个容易记忆的名称，如同上网时的网址域名一样，可方便用户使用（实际上起作用的是 IP 地址）；"变量地址"是系统分配给变量的内存单元的起始地址；"变量值"是变量的地址所对应的内存单元中所存放的数值或内容。图 7-1 表示的是一个内存变量存储区，其中 a 是变量名，2002 是变量地址，23 是变量值。

图 7-1

为了帮助读者理解三者之间的联系与区别，不妨举个例子说明。假如有一幢教师办公楼，各房间都有一个编号，如 1001、1002、1003……。一旦各房间被分配给相应的系部部门后，各房间就挂起了部门名称牌，如计算机系、电子工程系、工商管理系、通信工程系等。假设计算机系被分配在 1001 房间，若要找计算机系的教师（即值或内容），可以去找计算机系（按名称找），也可去找 1001 房间（按地址找）。类似地，对一个存储空间的访问既可以指出它的名称，也可以指出它的地址。

> 提醒：不同的数据类型的变量所占用的内存大小不相等，也并不都是仅占用一个内存单元，而"变量地址"指的是变量的第一个内存单元的地址。

凡在程序中定义的变量，当程序编译时，系统都会给它们分配相应的存储单元。例如，在 C 语言中给整型变量分配 2 字节，给实型（浮点型）变量分配 4 字节。每个变量所占的存储单元都有确定的地址，具体的地址是在编译时分配的。例如：

```
int a=7,b=8;
float c=2.7;
```

其在内存中的情况如图 7-2 所示。

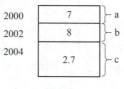

图 7-2

要访问内存中的变量，在程序中是通过变量名引用变量的值实现的，如 printf("%d",a)。实际上，在编译时每一个变量名将对应一个地址，在内存中不再出现变量名而只有地址，这如同上网时的网址域名对应一个 IP 地址一样。程序中若引用变量 a，系统便会找到其对应的地址 2000，然后从 2000 和 2001 这两个字节中取出其中的值。又如 scanf("%d",&b)，其中的 &b 指的是变量 b 的地址（& 是地址运算符），执行 scanf( ) 函数时，将从键盘输入一个整数值送到 &b（即地址 2002）所标示的内存单元中。

从用户的角度看，访问变量 a 和访问地址 2000 是对同一内存单元的两种访问形式，而对系统来说，对变量 a 的访问，归根结底还是对地址的访问，内存中并不存在变量名 a，而是系统将变量 a 与地址 2000 建立了映射对应关系。因此执行语句 int a=7，b=8；float c=2.7；，编译系统会将数值 7，8，2.7 依次填充到地址为 2000，2002 和 2004 的内存空间中。

7.1.2 变量的访问方式

在 C 语言中，系统对变量的访问形式可分为直接访问和间接访问。

1. 直接访问

由以上分析可以知道，要访问变量必须通过地址找到该变量的内存单元。由于通过地址可以找到变量的内存单元，因此可以说一个地址"指向"一个变量内存单元。例如，地址 2000 指向变量 a，地址 2002 指向变量 b 等。这种通过变量名或地址访问一个变量的方式称为直接访问。例如，当定义整型变量 a，假设变量 a 的首地址为 2000，在使用 scanf("%d",&a) 时，键盘输入的值被送到变量 a 对应地址的内存单元中，即 2000 和 2001 这两个字节中；在使用 printf("%d",a) 时，就是从 2000 和 2001 这两个字节中取出相应的值。

> **提醒**：用变量名对变量的访问也属于直接访问，因为在编译后，变量名和变量地址之间建立了对应关系，对变量名的访问，系统会自动转换成利用地址对变量的访问。

2. 间接访问

间接访问方式就是把一个变量的地址放在另一个变量中，再利用这个特殊的变量进行访问。如图 7-3 所示，特殊变量 p 中存放的内容是变量 d 的地址，利用变量 p 来访问变量 d 的方法称为间接访问。

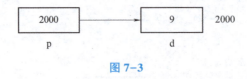

图 7-3

> **提醒**：存放地址的变量是一种特殊的变量，即指针变量。它只能用来存放地址，而不能用来存放其他类型（如整型、实型、字符型）的数据，需要专门加以定义。

3. 两种访问方式的比较

为了让读者进一步理解两种访问方式的实质及其不同，不妨再打个比喻。假设为了开一个抽屉 A，有两种办法：一种是将钥匙 A 带在身上，需要时直接找出钥匙 A 打开抽屉 A，取出所需的东西，这相当于直接访问；另一种办法是为安全起见，将钥匙 A 放到另一个抽屉 B 中锁起来，如果需要打开抽屉 A，就需要先找出钥匙 B，打开抽屉 B 取出钥匙 A，再打开抽屉 A，取出抽屉 A 中之物，这就是间接访问。

重点：地址就是指针，变量的指针就是变量的地址，是个常量；而存放变量地址的变量是指针变量。

提醒：指针这个名词是为了形象地表示访问变量时的指引关系，不要认为在内存中真的有一个像时钟似的"针"在移动。一般说的指针，习惯上是表示指针变量，它实际上只是存放了一个变量的地址。

7.2 指针变量

在 C 语言中，指针被用来表示内存单元的地址，如果把这个地址用一个变量来保存，则这种变量就称为指针变量。指针变量和普通变量一样占用一定的存储空间，但指针变量存储空间中存放的不是普通的数据，而是一个地址，即指针变量是一个地址变量。

7.2.1 指针变量的定义

C 语言规定所有变量在使用前必须定义，系统按数据类型分配内存单元。指针变量也遵循"先定义，后使用"的规则，但它不同于整型变量等其他类型的变量。指针变量是专门存放地址的，必须将它定义为指针类型。

微课 7-2 指针变量的定义

指针变量一般定义格式如下：

基类型　*指针变量;

其中，基类型是指该指针变量所指向的变量的类型，即指针变量所存储变量地址的那个变量的类型。

例如，以下分别定义了基类型为整型、实型和字符型的指针变量 p，point1，point2。

```
int  *p;
float *point1;
char *point2;
```

有了以上定义，则指针变量 p 只能存储 int 类型变量的地址，point1 只能存储 float 类型变量的地址，point2 只能存储字符型变量的地址。

> **提醒**：定义变量时，指针变量前的"基类型 *"是一个整体，表示定义的变量是指向该基类型的指针变量。

7.2.2 指针变量的赋值

如何使一个指针变量指向一个普通类型的变量？只要将需要指向的变量的地址赋值给相应的指针变量即可。例如，下面语句就实现了指针变量 p 指向变量 i，如图 7-4 所示。

```
int *p;        /*定义指针变量*/
int i=3;
p=&i;          /*为指针变量赋值*/
```

图 7-4

当然，也可将指针变量的定义和初始化赋值合并，则上面情况也可用下面的方法实现。

```
int i=3;
int *p=&i;     /*定义指针变量的同时为其赋值*/
```

事实上，指针变量必须被赋值语句初始化后才能使用，否则，严重时会造成系统区被破坏而死机。指针变量可被初始化为 0、NULL 或某个地址。具有 NULL 的指针不指向任何值，NULL 是在头文件 stdio.h（以及其他几个头文件）中定义的符号常量。把一个指针变量初始化为 0，等价于把它初始化为 NULL。对指针变量初始化可防止出现意想不到的结果。

> **提醒**：指针变量使用前必须初始化，若暂时不知道该把它指向哪里，就可以先指向空指针 NULL。空指针 NULL 是一个特殊的值，将空指针 NULL 赋值给一个指针变量以后，说明该指针变量的值不再是不定值，而是一个有效值，只是不指向任何变量。

重点：指针变量只能接收地址，例如，下面的赋值方法是错误的。

```
int *p,a=100;
p=a;
```

7.2.3 指针变量的引用

指针变量同普通变量一样，使用之前不仅要定义，而且必须赋值。未经赋值的指针变量不能使用，否则将造成系统混乱，甚至死机。指针变量的赋值只能是地址，绝不能是任何其他数据，否则将引起错误。在 C 语言中，变量的地址是由编译系统分配的，对用户完全透明,用户不知道变量的具体地址。因此,在使用指针变量时,必须使用 & 和 * 运算符。

(1) &:取地址运算符。该运算符是单目运算符,其结合性为自右向左,其功能是取变量的地址。例如,p=&a 表示将变量 a 的地址赋予指针变量 p。在前几章程序的输入函数 scanf( )调用中多次使用过 & 运算符。

(2) *:取内容运算符。也叫间接引用运算符,其结合性为自右向左,用来表示指针变量所指向的变量的值。在 * 运算符后跟的变量必须是指针变量。例如,*p 表示指针变量 p 所指向的内存单元中存放的内容。

重点:取内容运算符 *,与前面指针变量定义时出现的 * 意义完全不同。在定义指针变量时,* 仅表示其后的变量是指针类型变量,是与前面的基类型作为一个整体出现的,即"基类型 *"是一个整体;而在使用指针变量时,取内容运算符是一个单目运算符,其运算后的结果是指针所指向的变量的值。

例如:

```
int y=5;
int *yptr;       /*"int *"是一个整体,表示 yptr 是指向整型的指针变量*/
yptr=&y;
printf("%d",*yptr);
```

由于把变量 y 的地址赋给了指针变量 yptr,因此指针变量 yptr 就存储了 y 的地址。也就是说,指针变量 yptr 指向了 y。图 7-5 和图 7-6 分别描述了变量的存储情况和指针的指向情况。

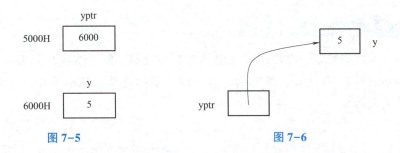

图 7-5   图 7-6

从图 7-5 中可看出,指针变量 yptr 存储的内容是变量 y 的地址 6000(十六进制形式)。因此,指针变量 yptr 就指向了变量 y 的存储单元,而图 7-6 中 *yptr 表示指针变量 yptr 所指向的变量 y 的值,所以语句 printf("%d",*yptr)将输出变量 y 的值,即 5。

提醒:取地址运算符 & 与取内容运算符 * 优先级相同,且都是自右向左结合。例如,*(&a)=3、*&a=3 和 a=3 三者等价。

此外,指针变量与一般变量一样,其值是可以改变的,也就是说,可以改变它们的指向,假设:

```
char i,j,*p1,*p2;
i='a';
j='b';
p1=&i;
p2=&j;
```

则将建立图 7-7 的联系。

图 7-7

若此时有赋值表达式 p2=p1;，则指针变量 p1 与指针变量 p2 就会指向同一变量 i，此时，*p2 就等价于 i 的值，而不是变量 j 的值，如图 7-8 所示。

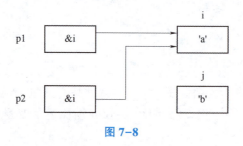

图 7-8

7.2.4 指针变量的运算

指针作为一种数据类型，在程序设计中经常参与运算，除了取地址运算和取内容运算，还包括指针与整数的加/减运算，指向相同基类型的指针变量的减法运算，指向相同基类型的指针变量的关系运算。

1. 指针变量的算术运算

允许用于指针的算术操作只有加法和减法。指针与整数的加/减运算，实际上就是对指针的上移和下移操作。同类指针的减法运算，实际上就是求两个地址之差除以指针基类型所占字节数的值。假如有定义如下：

```
int n,*p1,*p2;
```

如图 7-9 所示，表达式 p1+n（n≥0）指向的是指针变量 p1 所指向的数据内存单元之后的第 n 个数据内存单元，而不是在指针变量 p1 的值上简单地直接加个数值 n。其中数据内存单元的大小与数据类型有关。若指针变量 p1 的初始值为 2000，整型的长度是 2 字节，则表达式 p1++;是将 p1 的值变成 2002，而不是 2001。每次增量之后，p1 都会指向下一个内存单元。同理，当 p1 的值为 2000 时，表达式 p1--;是将 p1 的值变成 1998。若指针变量 p2 的值为 2024，则 p2-p1 的结果是（2024-2000）÷2=12，表示 p2 所指向变量的地址与 p1

所指向变量的地址之间差 12 个整型变量的大小。

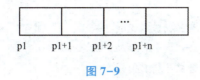

图 7-9

> 提醒：指向相同基类型的指针变量之间没有加法运算，因为两个地址相加没有意义。

2. 指针变量的关系运算和逻辑运算

使用关系运算符<、<=、>、>=、== 和 !=，可以比较指针值的大小。如果 p 和 q 是指向相同基类型的指针变量，并且 p 和 q 指向同一段连续的存储空间（如 p 和 q 都指向同一个数组的元素），p 的值小于 q 的值，则表达式 p<q 的结果为 1，否则表达式 p<q 结果为 0。

指针参与逻辑运算时，空指针（指向 NULL）表示假，非空指针（正常地址）表示真。假如有两个指针 p 和 q，表达式 !p 可用于判断指针 p 是不是指向 NULL，表达式 p&&q 可用于判断指针 p 和 q 是否都不指向 NULL。

> 提醒：参与比较的指针所指向的空间一定在一个连续的空间内，比如，都指向同一数组。

【例 7-1】通过指针变量访问整型变量。
程序如下：

```
#include<stdio.h>
main()
{  int i=90,j=9;
   int *pi,*pj;   /*指针变量定义*/
   pi=&i;   /*使指针变量 pi 指向 i*/
   pj=&j;    /*使指针变量 pj 指向 j*/
   printf("%d,%d\n",i,j);/*直接访问变量 i,j*/
   printf("%d,%d",*pi,*pj);/*间接访问变量 i,j*/
}
```

运行结果：

90,9
90,9

【例 7-2】演示指针运算符的用法。
程序如下：

```
#include<stdio.h>
main()
{   int a=7;    /*a是一个整数,被赋值为7*/
    int *aptr;  /*变量aptr是一个指向整数的指针*/
    aptr=&a;    /*把a的地址赋给指针变量aptr*/
    printf("The address of a is %p\n",&a);  /*%p是十六进制的输出格式*/
    printf("The value of aptr is %p\n\n",aptr);
    printf("The value of a is %d\n",a);
    printf("The value of *aptr is %d\n\n",*aptr);
    printf("&*aptr=%p\n",&*aptr);   /*输出aptr所指向对象(即a)的地址*/
    printf("*&aptr=%p\n",*&aptr);   /*输出aptr的地址的指向内容(即aptr的值)*/
}
```

运行结果:

```
The address of a is  FFDA
The value of aptr is FFDA

The value of a is  7
The value of *aptr is  7

&*aptr=FFDA
*&aptr=FFDA
```

程序分析:从运行结果可以看出,整型变量a的地址和指针变量aptr的值是相等的,因此可以确定a的地址(虽然事先并不清楚地址的确切值)确实赋给了指针变量aptr。其中,程序中的&*aptr运算顺序为首先执行*aptr,可得到其指向,即a;然后执行&(*aptr),即&a。*&aptr的运算顺序与*(&aptr)相同,这也体现了运算符*和&的右结合性。

【例7-3】输入a和b两个整数,按先大后小的顺序输出两个数。

程序如下:

```
#include<stdio.h>
main()
{
    int *p1,*p2,*p,a,b;
    scanf("%d,%d",&a,&b);
    p1=&a;p2=&b;    /*为指针变量赋值*/
    if(a<b)
    {   p=p1;
        p1=p2;
        p2=p;
```

```
       }
     printf("\na=%d,b=%d\n",a,b);   /*输出 a 和 b 的值*/
     printf("max=%d,min=%d",*p1,*p2);   /*输出指针变量的值*/
}
```

运行结果:

```
7,9
a=7,b=9
max=9,min=7
```

程序分析:该程序定义了三个指针变量 p1、p2 和 p,在比较和交换的过程中,不是直接交换变量 a 与变量 b 的值,而是通过交换指针变量的指向实现的。最初指针变量 p1 和 p2 是分别指向变量 a 和 b,当 a 小于 b 时,通过交换指针指向,使指针变量 p1 转而指向 b,p2 指向了 a。具体实现过程如图 7-10 所示。

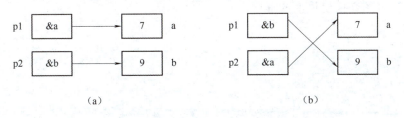

图 7-10

(a) 交换前的指针指向;(b) 交换后的指针指向

技巧:【例 7-3】也可用指针交换指向的内容来实现,代码如下:

```
#include<stdio.h>
main()
{  int *p1,*p2,p,a,b;
   scanf("%d,%d",&a,&b);
   p1=&a;p2=&b;   /*为指针变量赋值*/
   if(a<b)
   {  p=*p1;
      *p1=*p2;
      *p2=p;
   }
   printf("\na=%d,b=%d\n",a,b);   /*输出 a 和 b 的值*/
   printf("max=%d,min=%d",*p1,*p2);   /*输出指针变量的值*/
}
```

不仅如此,在 main()函数中,第二条、第三条语句可换成:

```
p1=&a;p2=&b;
scanf("%d,%d",p1,p2);
```

这样仍能达到异曲同工的效果。

7.2.5 指针变量作函数参数

函数参数不仅可以是整型、实型和字符型，还可以是指针类型。当函数参数是指针类型时，它的作用是将一个变量的地址传递到另一个函数中。

在第5章曾经介绍过，C语言中函数参数的传递是传值的，即单向值传递。数值只能从主调函数向被调用函数传递，不能反过来传递。形参值的改变不会反过来影响实参值的改变。【例7-4】试图用一个被调用函数实现主调函数中变量值的改变，但这是无法实现的。

微课7-3 指针变量作为函数参数

【例7-4】试图交换变量值的程序。

程序如下：

```c
#include<stdio.h>
void swap(int a,int b)
{
    int  temp;
    temp=a;
    a=b;
    b=temp;
    printf("in the function swap: a=%d b=%d\n",a,b);
}
main()
{
    int i,j;
    i=421;
    j=53;
    printf("\nbefore calling:i=%d j=%d\n",i,j);
    swap(i,j);
    printf("after calling:i=%d j=%d\n",i,j);
}
```

运行结果：

```
before calling:i=421   j=53
in the function swap: a=53 b=421
after calling:i=421    j=53
```

本例中，变量 i 和变量 j 的值正确传入了函数 swap( ) 中，变量 a 和变量 b 是函数 swap( ) 的两个形参。a 和 b 的值是由 i 和 j 复制得到的，是 i 和 j 的一个副本。

在 swap( ) 函数调用返回时，a 和 b 两个形参的生命周期结束，但它们的值并没有被复制回实参 i 和 j 中。因此，一旦返回，i 和 j 的值将保持不变，函数 swap( ) 的交换功能也没得到体现。但用指针作为函数的参数，情况就不一样了。

【例 7-5】使用指针参数将改变后的值带回到主调函数。

程序如下：

```
#include<stdio.h>
void swap(int *a,int *b){
    int  temp;
    temp=*a;
    *a=*b;
    *b=temp;
    printf("in the function swap: *a=%d *b=%d\n",*a,*b);
}
main(){
    int i,j;
    i=421;
    j=53;
    printf("\nbefore calling:i=%d j=%d\n",i,j);
    swap(&i,&j);
    printf("after calling:i=%d j=%d\n",i,j);
}
```

运行结果：

```
before calling:i=421   j=53
in the function swap:*a=53   *b=421
after calling:i=53   j=421
```

程序分析：本例使用指针作为参数，函数改变参数的值后，能将改变后的值带回到主调函数。函数 swap( ) 的参数是两个指向整型变量的指针变量，因此主调函数在调用函数 swap( ) 时必须使用 &i，&j 来传递地址参数。

传入函数的实参 i 和 j 的地址，被复制给 swap( ) 函数中指针类型的形参 a 和 b。在 swap( ) 函数里，改变的不是 a 和 b 的值，而是 *a 和 *b 的值。* 运算符是得到指针所指向内存空间的内容。*a 就是在 a 中存的地址值所对应内存空间的值，现在 a 中存储的地址值是 i 的地址，因此，*a 在本程序中等价于 i。同样道理，*b 等价于 j。函数 swap( ) 将 i 和 j 的内容交换，被调函数返回后，&i 和 &j 的值（地址）仍不变，而 i 和 j 的值却改变了。

提醒： 在调用函数时千万注意参数的类型，如果是指针，务必要传递地址，否则后果不可预料。

【例7-6】用指针作为函数参数实现：输入两个整数，按由大到小的顺序输出。

程序如下：

```c
#include<stdio.h>
void swap(int *p1,int *p2){
    int  temp;
    temp=*p1;
    *p1=*p2;
    *p2=temp;
}
main(){
    int a,b;
    int *pointer1,*pointer2;
    scanf("%d,%d",&a,&b);
    pointer1=&a;pointer2=&b;
    if(a<b)   swap(pointer1,pointer2);
    printf("\n%d,%d",a,b);
}
```

运行结果：

```
79,97
97,79
```

程序分析：swap()函数是用户定义的函数，它的作用是交换两个变量 a 和 b 的值。swap()函数的形参 p1 和 p2 是指针变量。当程序运行时，先执行 main()函数，输入 a=79 和 b=97。然后将 a 和 b 的地址分别赋给指针变量 pointer1 和 pointer2，使 pointer1 指向 a，pointer2 指向 b，如图 7-11 所示。

当执行到 if 语句时，由于 a<b 为真，所以执行 swap()函数。注意实参 pointer1 和 pointer2 是指针变量，在函数调用时，将实参变量的值传递给形参变量，采取的依然是值传递方式。因此形参 p1 的值为 &a，形参 p2 的值为 &b。此时，p1 和 pointer1 指向变量 a，p2 和 pointer2 指向变量 b，如图 7-12 所示。

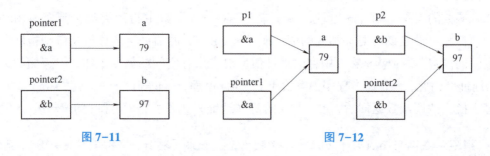

图 7-11　　　　　　　　　　图 7-12

在执行 swap()函数的函数体时，该函数使 *p1 和 *p2 的值互换，也就是使 a 和 b 的值互换,如图 7-13 所示。在函数调用结束后,p1 和 p2 不复存在(已释放),如图 7-14 所示。

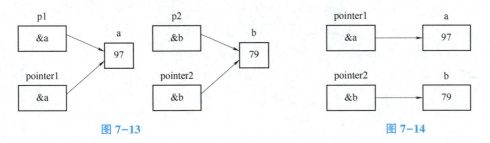

图 7-13　　　　　　　　　　　　图 7-14

最后,在 main( )函数中输出的 a 和 b 的值是已经交换后的值。

> **提醒**:由【例 7-6】可知,不能企图通过改变指针形参的值而改变指针实参的值。若将【例 7-6】中的 swap( )函数改成如下代码,就不能实现以上结果,试分析原因。
>
> ```
> void swap(int *p1,int *p2)
> {
>     int *temp;
>     temp=p1;
>     p1=p2;
>     p2=temp;
> }
> ```

【例 7-7】输入 a,b,c 三个数,按由大到小的顺序输出。
程序如下:

```
#include<stdio.h>
void swap(int *p1,int *p2)   /*实现两个数的比较和交换的函数*/
{
    int temp;
    temp=*p1;
    *p1=*p2;
    *p2=temp;
}
void exchange(int *q1,int *q2,int *q3)   /*实现三个数交换和排序的函数*/
{
    if(*q1<*q2)  swap(q1,q2); /*当满足条件时调用 swap( )函数排序*/
    if(*q1<*q3)  swap(q1,q3);
    if(*q2<*q3)  swap(q2,q3);
}
main()
```

```
    {
        int a,b,c,*p11,*p22,*p33;
        scanf("%d,%d,%d",&a,&b,&c);
        p11=&a;p22=&b;p33=&c;   /*指针变量赋值*/
        exchange(p11,p22,p33);  /*调用函数exchange()来实现排序*/
        printf("\n%d,%d,%d\n",a,b,c);
    }
```

运行结果：

56,65,21

65,56,21

7.2.6 指针作函数返回值

在 C 语言中，函数返回值的数据类型除了可以是空类型、整型、实型、字符型及用户自定义数据类型外，还可以是指针型，这种函数称为返回指针的函数。在 C 语言标准库中有许多返回指针的函数，如字符串处理和存储分配等标准库函数。

返回指针的函数头部一般定义格式如下：

基类型　*函数名(形式参数表)

其中，函数的返回值类型是"基类型　*"，即指向基类型的指针。假如有函数定义的头部为 int *f(int a)，则 f 是函数名，返回值类型是指向整型的指针（即 int *）。

指针作函数返回值与其他数据类型作函数返回值的参数传递相同，但是需要定义一个与其返回值基类型相同的指针变量来接收返回值。

【例7-8】求 $\sum_{i=1}^{n} i!$ 的值。

程序如下：

```
#include<stdio.h>
int *fac(int n)
{
    static int a=1;    /*定义静态局部变量*/
    a*=n;
    return &a;
}
main()
{
    int n,i,sum=0,*pi;
    printf("Input n:");
```

```
    scanf("%d",&n);
    for(i=1;i<=n;i++)
    {
        pi=fac(i);
        sum=sum+*pi;
    }
    printf("Sum=%d\n",*sum);
}
```

运行结果：

```
Input n:6
Sum=873
```

本例中，函数 fac( ) 是一个返回整型指针的函数，每次执行后返回函数中定义的静态变量 a 的地址给主调函数中的指针变量 pi，然后主调函数使用 *pi 取出指针变量 pi 所指向的变量的值（即函数 fac( ) 中 a 的值）进行累加。

> **提醒**：在函数中定义的自动变量的生存期与函数调用时间相同，当函数调用结束并返回时，它们会被系统撤销，因此指针作为函数返回值时，不能返回这些自动变量的地址。能够在被调用函数中返回地址值的变量只能是全局变量或静态局部变量。

7.3 指向与一维数组

7.3.1 指向一维数组的指针变量

一个变量有一个地址，一个数组包含若干元素，每个数组元素都在内存单元中占用独立的存储单元。数组名代表整个数组的首地址（不能说是数组元素的首地址），针对同一个数组来说，它是一个常量。

所谓数组的指针，是指数组的起始地址，即数组名。一个数组是由连续的一块内存单元组成的，数组名代表这块连续内存单元的首地址。一个数组也是由各个数组元素（下标变量）组成的，每个数组元素按其类型不同，占用几个连续的内存单元，指针变量既可以指向一般变量，也可以指向数组元素，数组元素的指针是指数组元素的地址。一个数组元素的首地址也是指它所占用的若干个内存单元的首地址。要将指针变量指向数组，就是将数组的首地址赋值给指针变量。例如：

微课 7-4　指向一维数组的指针

```
int  arr[10],*p;
p=arr;
```

通过将数组名 arr 赋值给指针变量 p，指针变量 p 就与数组 arr 建立了联系，称为指针变量 p 指向一维数组 arr。此时 p 的值是数组 arr 的首地址，也是第一个数组元素 arr[0] 的地址。因此，上述赋值语句等同于 p=&a[0];。

> **提醒**：指针的算术运算和关系运算常常是针对数组而言的，因为数组本身就是一组具有相同数据类型且存储单元连续的数据。

重点：

①数组的指针——数组在内存中的起始地址，即数组名。
②数组元素的指针——数组元素在内存中的起始地址。

7.3.2 指向一维数组元素的指针变量

前面已经介绍，数组名代表该数组的起始地址。那么，数组中的各个元素的地址又如何计算和表示？如果有一个数组 a，其定义如下：

```
int    a[5]={1,3,5,7,9};
```

数组 a 的元素在内存中的分配如图 7-15 所示。由图 7-15 可以看出，元素 a[0] 的地址是 a 的值（即 1010），元素 a[1] 的地址是 a+1。同理，a+i 是元素 a[i] 的地址。

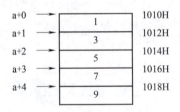

图 7-15

值得特别注意的是，此处的 a+i 并非简单地在首地址 a 上加个数字 i，编译系统计算实际地址时，a+i 中的 i 要乘以数组元素所占的字节数，即实际地址 = a+i×单个数组元素所占的字节数，其中单个数组元素所占的字节数由其数据类型决定。例如，元素 a[3] 的实际首地址是 a+3×2（整型数据占 2 字节），最终结果为 1010+3×2=1016，从图 7-15 可看出正好是这个值。

定义一个指向数组元素的指针变量的方法，与指针变量的定义方法相同。例如：

```
int a[20];
int *p;      /*定义 p 为指向整型变量的指针变量*/
p=&a[0];     /*把 a[0]元素的地址赋给指针变量 p,即 p 指向 a[0]*/
```

由于数组元素 a[0] 的首地址与数组的首地址 a 相同，因此，赋值语句 p=&a[0] 等效于赋值语句 p=a。另外，在定义指针变量时，可以赋初值，例如：

```
int *p=&a[0];
```

等价于

```
int *p;
p=&a[0];
```

提醒：指针变量定义时的基类型，要与所指向的数组的类型一致。

C 语言规定：如果 p 是指向某数组的指针变量，则 p+1 指向同一数组中的下一个元素。假设有如下语句。

```
int array[10],*pointer=array;
```

①pointer+i 和 array+i 都是指数组元素 array[i]的地址，如图 7-16 所示。
②*(pointer+i)和*(array+i)就是指数组元素 array[i]。
③指向数组的指针变量被赋值为数组名后也可按下标法来使用。例如，array[i]等价于*(pointer+i)。

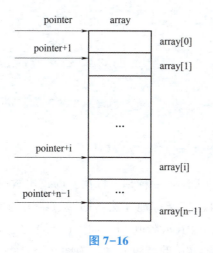

图 7-16

提醒：数组名是指针常量，始终指向数组的首地址；而指针是一个变量，可以实现本身值的改变。例如，有数组 a 和指针变量 p，则以下语句是合法的。

```
p=a;
p++;
p+=3;
```

而 a++；与 a=p；都是错误的。

重点：在使用中应注意*(p++)与*(++p)的区别。若 p 的初值为 a，则*(p++)的值等价于 a[0]，*(++p)等价于 a[1]，而（*p)++表示 p 所指向的元素值加 1。如果 p 当前指向 a 数组中的第 i 个元素，则有*(p--)；等价于 a[i--]；，*(++p);等价于 a[++i];，

*(--p);等价于 a[--i];。

【例7-9】分析程序的运行结果。

程序如下：

```c
#include<stdio.h>
main()
{   int a[5]={1,3,5,7,9},i,*p;
    for(i=0;i<5;i++)
        printf("%d",a[i]);
    printf("\n");
    for(i=0;i<5;i++)
        printf("%d",*(a+i));
    printf("\n");
    for(p=a;p<a+5;p++)    /*指针变量赋值为数组首地址*/
        printf("%d",*p);
}
```

运行结果：

```
1 3 5 7 9
1 3 5 7 9
1 3 5 7 9
```

7.3.3 引用数组元素的不同方法

引用一个数组元素有两种方法：一种是下标法，即指出数组名和下标值，系统会找到该元素，如 a[3]；另一种是指针法，又称地址法，即通过给出的数组元素地址访问某一元素，例如，通过地址 a+3 可以找到数组元素 a[3]，而*(a+3)的值就是元素 a[3]的值。

（1）下标法：用 a[i]的形式访问数组元素。前面介绍数组时都是采用的这种方法。

【例7-10】用下标法输出数组中的全部元素。

程序如下：

```c
#include<stdio.h>
main()
{   int a[5],i;
    for(i=0;i<5;i++)
        a[i]=i;
    for(i=0;i<5;i++)
        printf("a[%d]=%d\n",i,a[i]);
}
```

运行结果：

```
a[0]=0
a[1]=1
a[2]=2
a[3]=3
a[4]=4
```

（2）地址法：采用＊(a+i)或＊(p+i)的形式，用间接访问的方法来访问数组元素，其中 a 是数组名，p 是指向数组 a 的指针变量。

【例 7-11】用指针法输出数组中的全部元素。

程序如下：

```c
#include<stdio.h>
main()
{   int a[5],i;
    for(i=0;i<5;i++)
        *(a+i)=i;
    for(i=0;i<5;i++)
        printf("a[%d]=%d\n",i,*(a+i));
}
```

运行结果：

```
a[0]=0
a[1]=1
a[2]=2
a[3]=3
a[4]=4
```

以上两个例子的输出结果完全相同，只是引用数组元素的方法不同。下标法比较直观、易用；地址法用指针变量引用数组元素速度较快。

7.3.4 数组名与指向数组的指针作函数参数

在函数参数传递时，实参和形参的传递方式包括值传递和地址传递。数组名是指常量地址，指针变量也是指存储的地址，因此，数组名和指针变量作为参数进行传递时，都是一种地址传递方式，并且可以组合使用。用数组名和指针变量作函数参数的四种对应关系：

①实参和形参都是数组名。
②实参和形参都是指针变量。
③实参是数组名，形参是指针变量。
④实参是指针变量，形参是数组名。

实际上，这四种对应关系就是实参和形参的参数类型变化。需要注意，数组名和指针变量作为实参和形参具有不同的格式。

/*数组名作实参*/
main()
{ int a[5];
　…
　fac(a,10);
　…
}
	/*数组名作形参*/
	fac(int b[ ],int n)
	{
	　…
	}

/*指针变量作实参*/
main()
{ int a[5],*pi;
　pi=a;
　…
　fac(pi,10);
　…
}
	/*指针变量作形参*/
	fac(int *p,int n)
	{
	　…
	}

从上面四种格式可以看出：

①当数组名作为实参时，必须声明长度。

②当数组名作为形参时，可以不声明数组长度，在数组名后跟一个空的方括号(如 b[ ])。形参数组不另外分配内存单元，而是与实参数组共享内存单元。

③当指针变量作为实参时，必须先给指针变量初始化赋值，即指向一个已定义的数组。

提醒：不论是数组名还是指针变量，实参和形参的类型应一致，若不一致，结果将出错。

【例 7-12】将整型一维数组 a 中的元素反置。

程序如下：

```c
#include<stdio.h>
void inv(int x[],int n)    /*数组名 x 作形参*/
{
    int temp,i,j,m=(n-1)/2;
    for(i=0;i<=m;i++)
    { j=n-1-i;
       temp=x[i]; x[i]=x[j]; x[j]=temp;
    }
}
main()
{
```

```
   int i,a[10]={1,2,3,4,5,6,7,8,9,10};
   printf("The original array:\n");
   for(i=0;i<10;i++)
       printf("%d,",a[i]);
   printf("\n");
   inv(a,10);          /*数组名a作实参*/
    printf("The array has been inverted:\n");
   for(i=0;i<10;i++)
       printf("%d,",a[i]);
   printf("\n");
}
```

运行结果：

```
The original array:
1,2,3,4,5,6,7,8,9,10,
The array has been inverted:
10,9,8,7,6,5,4,3,2,1,
```

程序分析：在本例中的设计思想是先将a[0]与a[n-1]互换，再将a[1]与a[n-2]互换，以此类推，直到将a[int(n-1)/2]与a[n-int((n-1)/2)-1]互换。程序中使用循环处理此问题，分别定义并初始化变量i=0和j=n-1用于指示互换的数组元素。先将a[i]与a[j]互换，i值加1，j值减1，再将a[i]与a[j]互换，直到i=(n-1)/2为止。

【例7-13】在【例7-12】中实参和形参都是数组名。对【例7-12】进行更改，将形参改为指针变量，实参仍是数组名。

程序如下：

```
#include<stdio.h>
void inv(int *x,int n)    /*指针变量x作形参*/
{
   int temp,*i,*j,*p,m=(n-1)/2;
   i=x; j=x+n-1; p=x+m;
   for(;i<=p;i++,j--)
   {  temp=*i; *i=*j; *j=temp; }
}
main()
{
   int i,a[10]={1,2,3,4,5,6,7,8,9,10};
   printf("The original array:\n");
   for(i=0;i<10;i++)
       printf("%d,",a[i]);
```

```
        printf("\n");
        inv(a,10);          /*数组名a作实参*/
        printf("The array has been inverted:\n");
        for(i=0;i<10;i++)
            printf("%d,",a[i]);
        printf("\n");
}
```

运行结果与【例7-12】的运行结果相同。

【例7-14】对【例7-12】进行更改，将形参和实参都改为指针变量。

程序如下：

```
#include<stdio.h>
void inv(int *x,int n)    /*指针变量x作形参*/
{
    int temp,*i,*j,*p,m=(n-1)/2;
    i=x; j=x+n-1; p=x+m;
    for(;i<=p;i++,j--)
    {  temp=*i; *i=*j; *j=temp; }
}
main()
{
    int i,*p,a[10]={1,2,3,4,5,6,7,8,9,10};
    p=a;
    printf("The original array:\n");
    for(i=0;i<10;i++,p++)
        printf("%d,",*p);
    printf("\n");
    inv(p,10);          /*指针变量p作实参*/
    printf("The array has been inverted:\n");
    for(p=a;p<a+10;p++)
        printf("%d,",*p);
    printf("\n");
}
```

运行结果与【例7-12】的运行结果相同。

以上三个例子分别是实参和形参都是数组名、实参和形参都是指针变量、实参是数组名且形参是指针变量的情况，对于实参是指针变量且形参是数组名的情况，读者可以思考如何编程实现。

【例7-15】输入数组长度和数组元素，并使用指针实现快速排序算法，对一个整型数组进行排序。

问题分析：快速排序是一种分而治之的高效排序算法。它首先选择一个基准元素 pivot，该元素通常选择最后一个元素、随机选择一个元素或选择中间元素；其次将数组分为两部分，使得所有比基准元素小的元素都排在基准元素的左边，所有比基准元素大的元素都排在基准元素的右边；最后递归地对基准元素左侧和右侧的子数组进行同样的操作，直到每个子数组只有一个元素。因此，解题步骤可分为三个步骤。

步骤一：选择基准元素。

步骤二：使用指针遍历数组，将小于基准元素的元素放在基准元素左侧，大于基准元素的元素放在基准元素右侧。

步骤三：递归地对基准元素左侧和右侧的子数组进行排序。

程序如下：

```c
#include <stdio.h>
//交换两个整数的值
void swap(int *a,int *b){
    int temp=*a;
    *a=*b;
    *b=temp;
}
//分割数组并返回基准元素的最终位置
int partition(int *arr,int low,int high){
    int pivot=arr[high];    //选择最后一个元素作为基准
    int i=(low-1);          //指向较小元素的索引
    for(int j=low; j<=high-1; j++){
        if(arr[j]<pivot){
            i++;            //增加较小元素的索引
            swap(&arr[i],&arr[j]);
        }
    }
    swap(&arr[i+1],&arr[high]);
    return(i+1);
}
//快速排序函数
void quickSort(int *arr,int low,int high){
    if(low<high){
        int pi=partition(arr,low,high); //分割点
        quickSort(arr,low,pi-1);        //排序左侧部分
        quickSort(arr,pi+1,high);       //排序右侧部分
    }
}
```

```
//主函数
main(){
    int n;
    printf("Enter the number of elements:");
    scanf("%d",&n);
    int arr[n];
    printf("Enter %d elements:\n",n);
    for(int i=0; i<n; i++){
        scanf("%d",&arr[i]);
    }
    quickSort(arr,0,n-1);
    printf("Sorted array:");
    for(int i=0; i<n; i++){
        printf("%d",arr[i]);
    }
    printf("\n");
}
```

运行结果：

```
Enter the number of elements: 5
Enter 5 elements:
5 2 9 1 5
Sorted array: 1 2 5 5 9
```

在本例中，定义的 int * arr 是数组指针，整型变量 low 是数组的起始索引，整型变量 high 是数组的结束索引。在分割函数 partition() 中，选择数组的最后一个元素 arr[high] 作为基准元素 pivot，然后遍历数组，从变量 low 到变量 high-1，如果当前元素小于 pivot，则增加变量 i，并交换数组元素 arr[i] 和数组元素 arr[j]，返回基准元素的最终位置 i+1。在快速排序函数 quickSort() 中，首先判断 low 是否小于 high，如果是，则继续执行；调用 partition() 函数对数组进行分割，返回基准元素的位置 pi；递归调用 quickSort() 函数对基准元素左侧部分进行排序，即 quickSort(arr,low,pi-1)；递归调用 quickSort() 函数对基准元素右侧部分进行排序，即 quickSort(arr,pi+1,high)。

在理想情况下，使用快速排序算法每次分割时，基准元素将数组均分成两部分，递归树的高度为 $\log n$，而递归树每层的分割操作的时间复杂度为 $O(n)$。因此，快速排序算法的平均时间复杂度为 $O(n\log n)$。同理，在理想情况下，递归调用堆栈的深度对应于递归树的高度，因此，快速排序算法的平均空间复杂度为 $O(\log n)$，其中 n 是指数组的长度。

7.3.5 指针数组

在第 6 章中提到基本数据类型可以定义为数组，如整型数组。指针也是一种数据类型，因此指针也可以定义为数组。在一个数组中，如果它的元素全部都是指针类型的数据，那么这个数组称为指针数组。

指针数组一般定义格式如下：

基类型　*指针数组名[数组长度];

其中，指针数组名和其他数组名一样是常量，不能对它进行增量运算。基类型是数组中的元素（指针变量）所指向的那个变量的类型。

例如，以下定义了基类型为整型的指针数组p，其中包括5个指针变量。

int　*p[5];

p既是数组名，也是数组元素p[0]的地址，p+n是p[n]的地址。那么，*p就是p[0]，*(p+n)是p[n]。

由于指针数组的每个元素都是指针变量，存放的是地址，因此可以将若干个字符串的首地址赋值给指针数组的对应元素，再通过地址运算操作对应字符串，这为字符串提供了一种更方便灵活的处理方法。

提醒：注意区分指向数组的指针和指针数组。一般指向数组的指针是表示指向数组的指针变量，指针数组是表示元素为指针类型的数组。

7.4 指针与二维数组

指针变量既可以指向一维数组中的元素，同样也可以指向多维数组中的元素，从使用上而言，后者要复杂很多，但在很多情况下，它的使用有助于更好地实现程序，本节以二维数组为例讨论该问题。

7.4.1 多级指针变量

为了更好地学习二维数组的指针操作，需要先了解什么是多级指针。如果一个指针变量存放的是另一个指针变量的地址，则称这个指针变量为指向指针数据的指针变量，简称指向指针的指针，又称多级指针。

以二级指针为例，其一般定义格式如下：

基类型　**指针变量名;

例如，有如下代码段：

int a=32;
int *p1=&a;
int **p2=&p1;

该代码段定义了一个int类型的变量a，p1是指向a的指针变量，p2是指向p1的指针变量，p2 也就是二级指针，如图 7-17 所示。

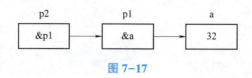

图 7-17

C 语言不限制指针的级数，每增加一级指针，就在定义指针变量时增加一个 *。但实际上在程序设计中，很少有超过二级指针的，因为级数越多，理解越难，也就更容易产生混乱。

> **提醒**：指针变量也是一种变量，也会占用内存空间，也可以使用 & 运算符获取它的地址。

【例 7-16】使用二级指针打印数组。

程序如下：

```c
#include<stdio.h>
main()
{
    int a[10]={1,2,3,4,5,6,7,8,9,10};
    int *num[10],i;        /*num 是指针数组*/
    int **p;               /*p 为二级指针*/
    for(i=0;i<10;i++)
        num[i]=&a[i];      /*num 的每个元素都指向 a 中的一个元素*/
    p=num;                 /*p 指向 num 的第一个元素(即指向 a[0] 的指针的地址)*/
    for(i=0;i<10;i++)
    {
        printf("%d",**p);
        p++;
    }
    printf("\n");
}
```

运行结果：

1 2 3 4 5 6 7 8 9 10

7.4.2 二维数组的地址

关于一维数组与指针关系的结论可以推广到多维数组。为了更好地学习多维数组和指针的关系，先回顾一下多维数组的性质。以二维数组为例，假设有如下整型二维数组定义：

int a[3][4]={{0,1,2,3},{4,5,6,7},{8,9,10,11}};

其中，a是数组名，数组a包含3个元素（3行），分别是a[0]，a[1]，a[2]，而每个元素又是一个包含4个元素（4列）的一维数组，图7-18中的a[2]代表的一维数组包括a[2][0]，a[2][1]，a[2][2]，a[2][3] 4个元素。

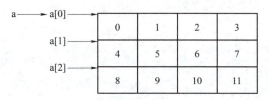

图 7-18

假设图7-18中二维数组a的首地址是2000。从二维数组的角度来看：

①数组名a既是整个二维数组的首地址，也是二维数组a的第1行的首地址，即等于2000。

②a[0]是第一个一维数组的数组名，代表第一个一维数组的首地址，也等于2000。

③*a，*(a+0)与a[0]等效，代表第一个一维数组中第1列元素的首地址，也等于2000。

④&a[0][0]代表二维数组a中第1行第1列元素的首地址，同样等于2000。

因此，a，a[0]，*a，*(a+0)，&a[0][0]是等效的。

同理，a+1代表二维数组a的第2行的首地址，等于2008，因为第1行有4个整型数据；a[1]是第二个一维数组的数组名，代表第二个一维数组的首地址，也等于2008；&a[1][0]代表二维数组a中第2行第1列元素的首地址，也等于2008。因此，a+1，a[1]，*(a+1)，&a[1][0]是等效的。

以此类推，a+i，a[i]，*(a+i)，&a[i][0]是等效的。

另外，作为一维数组a[0]的其他元素地址，可以使用a[0]+0，a[0]+1，a[0]+2，a[0]+3分别表示元素a[0][0]，a[0][1]，a[0][2]，a[0][3]的地址。因此，a[i]+j表示二维数组中第i+1行第j+1列元素的地址，即&a[i][j]。

由a[i]等价于*(a+i)可知a[i]+j等价于*(a+i)+j，因此二维数组中第i+1行第j+1列元素的值可表示为*(*(a+i)+j)。

提醒：在二维数组中，&a[i]和a[i]是等效的。因为在二维数组中不存在元素a[i]，所以不能把&a[i]理解为元素a[i]的首地址。

7.4.3 指向二维数组元素的指针变量

二维数组元素的操作要注意数组元素的行和列。由于二维数组在内存中是按行连续存储的，且每行长度相同，因此在引用二维数组元素时，可以选择单个元素引用（列指针）或整行引用（行指针）。尽管列指针和行指针并不是C语言标准中的正式术语。但为了更容易理解和操作二维数组，这两个概念是非常有用的。

1. 列指针

列指针是指向二维数组元素的普通指针。因为二维数组的"按行连续存储"特性，可以通过计算列指针偏移量来访问二维数组中的某一元素。

【例 7-17】使用列指针打印二维数组。

程序如下：

```
#include <stdio.h>
main()
{
    int a[2][3]={{1,2,3},{4,5,6}},*p;
    for(p=&a[0][0];p<&a[0][0]+6;p++)
    {
        if((p-&a[0][0])%%p3==0) /*每打印三个元素换行*/
            printf("\n");
        printf("%d",*p);
    }
    printf("\n");
}
```

运行结果：

```
1 2 3
4 5 6
```

在本例中，&a[0][0]是二维数组第 1 行第 1 列元素的地址，且基类型与指针 p 的基类型相同。通过 p=&a[0][0]使 p 指向数组的第 1 行第 1 列元素，该语句也可以用 p=a[0]代替。本例中的普通指针 p 就是指向二维数组的列指针，当第一次循环完成、执行 p++时，指针 p 指向第 1 行第 2 列元素。列指针的移动如图 7-19 所示。

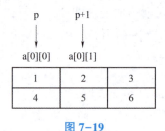

图 7-19

2. 行指针

行指针是指向一个包含 n 个元素的一维数组的指针，通过行指针可以方便地处理和操作二维数组的行元素。即当指针 p 指向 a[0][0]时，p+1 不是指向 a[0][1]，而是指向 a[1][0]，p 的增量是以一维数组长度为单位，则称指针 p 为行指针。

在部分 C 语言学习资料中用到了"数组指针"这一名称，有时用来指代"指向数组的指针", 有时用来指代"行指针", 因此学习时需要注意区分使用的场景。为了防止概念混淆，这里分别使用指向数组的指针 (7.3 节) 和行指针来区分数组指针。

在定义行指针时，可以将其定义成一个指向具有特定数量元素的数组的指针，其一般定义格式如下：

> 基类型 (*指针变量名)[N];

其中，N 是一个整型常量，表示指针指向的数组的长度。

例如，有如下代码段：

```
int a[2][3]={{1,2,3},{4,5,6}};
int (*p)[3];
p=a;
```

在该代码段中，首先定义并初始化一个 2 行 3 列的整型二维数组 a；其次定义一个行指针 p，它指向一个包含 3 个整型元素的数组；最后将 a 赋值给行指针 p，因为二维数组名 a 是 a[0] 的地址，a[0] 又可以表示二维数组 a 的第一行，即实现了 p 指向二维数组 a 的第一行。

> **提醒**：值得注意的是，指向数组的指针、指针数组和行指针的定义格式各有不同。
> ①指向数组的指针：指向数组第一个元素的指针，如 int *p。
> ②指针数组：一个数组，其元素是指针，如 int *arr[3]。
> ③行指针：指向数组的指针，如 int (*p)[3]。

【例 7-18】使用行指针打印二维数组。

程序如下：

```
#include <stdio.h>
main()
{
    int i,a[2][3]={{1,2,3},{4,5,6}};
    int (*p)[3];              /* 定义一个指向包含 3 个 int 元素的数组的指针 */
    for(p=a;p<a+2;p++)        /*用行指针遍历二维数组的每一行*/
    {
        for(i=0;i<3;i++)      /*遍历当前行的每一个元素*/
            printf("%2d",*(*p+i));
        printf("\n");
    }
}
```

运行结果：

```
1 2 3
4 5 6
```

在本例中，p=a 表示将行指针 p 指向数组 a 的第一行，p<a+2 可以确保 p 遍历到数组 a 的最后一行，p++ 则是每次循环将 p 移动到下一行。*(*p+i) 是通过行指针 p 和偏移量 i 访问当前行的第 i+1 个元素。行指针的移动如图 7-20 所示。

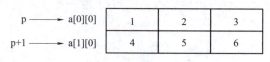

图 7-20

> **提醒**：在二维数组中，列指针是一级指针，行指针是指向列指针的二级指针，因此，可以通过行指针确定数组元素所在行的首地址，再通过列指针确定数组元素所在的列。

假设行指针 p 是指向二维数组 a 的第 i+1 行第 j+1 列元素 a[i][j]，因为 p+i 是指向第 i+1 行的首地址，*(p+i) 是指向第 i+1 行首地址的列指针，*(p+i)+j 就是元素 a[i][j] 的地址，*(*(p+i)+j) 就是元素 a[i][j] 的值。同理，*(a[i]+j)，*(*(a+i)+j)，a[i][j] 与 *(*(p+i)+j) 等效，都表示 a[i][j] 的值。

7.5 指向与字符串

微课 7-5 指向与字符串

字符串实际上是内存中一段连续字节单元中存储的字符的总和，最后用 '\0' 作为结束标志。前面已经讲过，由于字符串与字符数组是密切相关的，而数组又与指针密切相关，所以字符串与指针也密切相关。指向字符串的指针称为字符串的指针，其类型是 char * 或 unsigned char *。

实际上，只要知道指向字符串的首地址的指针，就可以通过指针的移动操作来引用字符串中的每一个字符，直至移动到字符串结束标志 '\0'。因此，可以用字符串指针来表示字符串。例如：

```
char *s="hello";
```

其中，s 就是一个字符串指针，在执行语句时，系统为字符串 "hello" 分配 6 字节的空间，同时把字符串的首地址（即字符 'h' 的地址）赋值给 s 指针变量。上述语句也可以写成：

```
char s[]="hello";
```

用字符数组来存储字符串时，数组的指针就是字符串指针。语句 char s[]="hello"; 中，通过 s 指针可以访问到任何一个字符单元。例如，若变量 i 是一个整型数下标，则 s[i] 与 *(s+i) 是指同一元素，&s[i] 与 s+i 是指同一个地址。

C 语言程序允许使用字符数组名和指向字符数组的指针两种方法实现字符串的引用。

1. 字符数组名

【例7-19】使用字符数组名引用字符串。

程序如下：

```c
#include<stdio.h>
main()
{  char s[]="I Like C";
   printf("%s",s);
}
```

运行结果：

```
I Like C
```

程序分析：

①字符数组 s 长度没有明确定义，默认的长度是字符串中字符个数的和加 1（结束标志占一个字符位），s 数组长度应该是 9。

②s 是数组名，表示字符数组首地址；s+4 表示序号为 4 的元素的地址，指向字符 'k'，s[4]与*(s+4)表示数组中序号为 4 的元素的值（'k'）。

③字符数组允许用%s 格式进行整体输出。

2. 指向字符数组的指针

【例7-20】使用指向字符数组的指针变量引用字符串。

程序如下：

```c
#include<stdio.h>
main()
{  char *s="I Like C";
   printf("%s",s);
}
```

运行结果：

```
I Like C
```

程序分析：C 语言程序将字符串常量"I Like C"按字符数组处理，在内存中开辟一个字符数组来存放字符串常量，并把字符数组的首地址赋值给字符指针变量 s。

> **提醒**：此处的语句 char *s="I Like C";仅是一种 C 语言表示形式，其真正含义相当于
> ```c
> char a[]="I Like C",*s;
> s=a;
> ```
> 其中，数组 a 是由 C 语言环境隐含给出的。

【例7-21】 分别使用字符数组名和指向字符数组的指针变量引用字符串。

程序如下:

```
#include<stdio.h>
main()
{   char   string[]="C Language";   /*定义一个字符数组并赋值*/
    char *p;      /*定义指向字符数据的指针变量p*/
    p=string;    /*将字符串的首地址string赋给指针变量p*/
    printf("%s\n",string);
    printf("%s\n",p);
}
```

运行结果:

```
C Language
C Language
```

程序分析:程序中定义了一个字符数组string,并对它进行赋初值。p是指向字符数据的指针变量,将string数组的起始地址赋给p,p也指向字符串,如图7-21所示。最后,程序以%s格式符输出string和p,结果都是输出字符串"C Language"。

在用%s输出时是按照这样的顺序执行的,从给定的地址开始逐个字符输出,直到遇到'\0'为止。

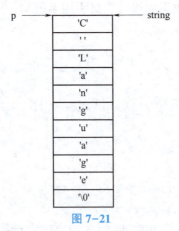

图 7-21

技巧:【例7-21】中,也可以用%c格式符逐个输出字符。

```
for(p=string;*p!='\0';p++)
    printf("%c",*p);
```

指针变量p的初值为string,指向第一个字符'C',判断p所指向的字符是否等于'\0',如果不等于'\0',就输出该字符,然后执行p++使p指向下一个元素,以此类推,直到p所指向的字符为'\0'为止。

技巧：【例7-21】也可以不定义字符数组，而直接使用一个指针变量指向一个字符常量，程序可改为如下：

```
#include<stdio.h>
main()
{  char  *p="C Language";
   printf("%s\n",p);
}
```

程序中虽然没有定义数组，但字符串在内存中是以数组形式存放的。它有一个起始地址，占一片连续的内存单元，而且以 '\0' 结束。其中语句 char *p="C Language";的作用是使指针变量 p 指向字符串的起始地址。它等价于下面两行语句：

```
char  *p;
p="C Language";
```

提醒：语句 char *p="C Language";的功能不是将字符串中的字符赋给指针变量 p，而是将字符串"C Language"的首地址赋给指针变量 p。p 是一个指向字符型的指针变量，它的值只能是地址。

【例7-22】若有字符串"I Have 50 Yuan."，要求输出删除字符 '0' 后的字符串内容。

分析：根据本例要求，可以设一个目标数组 a，将给定字符串中的字符逐个传送到该数组中，但要删除的字符除外。传送的过程可以通过循环机制一个字符一个字符地传送，若遇到字符串结束标志符 '\0' 时，则认为传送结束。最后，给目标数组赋一个字符串结束标志符即可。这样，目标数组就相当于达到了题意要求，如图7-22所示。

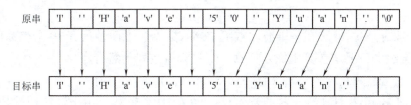

图 7-22

程序如下：

```
#include<stdio.h>
main()
{  char  *p="I Have 50 Yuan.",a[20];    /*a 为目标数组*/
   int i=0;                    /*i 为数组 a 下标的初值*/
   for(;*p!='\0';p++)
```

```
            if(*p!='0')   a[i++]=*p; /*非 0 字符,就传送到目标数组中*/
       a[i]='\0';         /*循环结束后,给数组 a 的末尾处赋值结束标志*/
       printf("The new strings is:%s \n",a);
}
```

运行结果:

The new strings is: I Have 5 Yuan.

【技能实践】

7.6 指针综合应用实训

7.6.1 实训目的

（1）掌握指针和指针变量的基本概念、定义和基本使用方法。
（2）掌握简单指针变量的定义和基本使用方法。
（3）理解指针与一维数组和二维数组的关系，掌握指向一维数组的指针变量的定义方法，熟练使用指针变量访问一维数组元素，理解二维数组的地址和指针操作。
（4）理解指针与字符串的关系，熟练使用指针处理字符串。
（5）提高使用指针进行程序设计和问题解决的能力。

7.6.2 实训内容

（1）实训 1：从键盘输入 3 个整数，要求定义 3 个指针变量 p1，p2，p3，经过处理，使 p1 指向 3 个数中的最大者，p2 指向次大者，p3 指向最小者，然后按由小到大的顺序输出这 3 个数。

（2）实训 2：用指针法在一维有序数组中插入数据。下面是具有 10 个整数的升序数列，存储在一维数组中，要求在其中插入任意一个整数后数列仍然有序。

数列：11，21，31，41，51，61，71，81，91，100

（3）实训 3：用指针实现选择排序算法。输入 20 个整数，用指针实现选择排序算法并对这些整数进行升序排序。

（4）实训 4：用指针实现两个字符串的连接，要求不使用系统提供的字符串连接函数，两个字符串都由键盘输入，长度均不超过 30 个字符。

（5）实训 5：用一个二维数组存储某班级 3 名学生两门课的成绩，使用指针遍历二维数组，计算每名学生的总成绩和平均成绩，并打印结果。

基本要求：合理利用指针解决问题。

7.6.3 实训过程

1. 实训1

(1) 实训分析。

定义指向整型变量的指针变量,通过"*指针变量"的形式访问到相应的简单变量,然后依次对3个简单变量的值进行比较,找出最大值、次大值和最小值,分别使指针变量p1, p2, p3指向最大值、次大值和最小值。

(2) 实训步骤。

下面给出完整的源程序:

```c
#include<stdio.h>
main()
{   int a,b,c,temp;
    int *p1,*p2,*p3;
    printf("请输入三个数(a,b,c):\n");
    scanf("%d,%d,%d",&a,&b,&c);
    p1=&a;
    p2=&b;
    p3=&c;
    if(*p1<*p2)
    {
        temp=*p1;*p1=*p2;*p2=temp;
    }
    if(*p1<*p3)
    {
        temp=*p1;*p1=*p3;*p3=temp;
    }  /*至此,p1指向了三个数中的最大数*/
    if(*p2<*p3)
    {
        temp=*p2;*p2=*p3;*p3=temp;
    }  /*至此,p3指向了最小数,p2指向了中间数*/
    printf("%d,%d,%d\n",*p3,*p2,*p1);
}
```

2. 实训2

(1) 实训分析。

根据问题描述可知:本题的关键是找到要插入的位置。假定待插入的数是n,由于原数组是升序排列,因此,首先从0号元素起,依次与n进行比较,当找到第1个大于或等于n的元素时就不再比较,第1个大于或等于n的元素的位置就是要插入的位置。其次,从9号元素(也就是原数组的第10个元素)开始,依次向后移动一个存储位置,直到所有大于或等于n的元素后移,最后将要插入的数n存储到要插入的位置即可。

(2) 实训步骤。

下面给出完整的源程序:

```c
#include<stdio.h>
#define M 10
main()
{   int a[M+1]={11,21,31,41,51,61,71,81,91,100};
    int i,n,*p,*q;
    printf("请输入要插入的数据:\n");
    scanf("%d",&n);
    for(p=a,i=0;i<=M;i++)    /*确定待插入的位置*/
        if(n<=*(p+i))
          {
            p=p+i;   /*p指向要插入数据的位置*/
            break;
          }
    for(q=a+M-1;q>=p;q--)/*元素后移*/
        *(q+1)= *q;
    *p=n;                    /*插入数据*/
    printf("\n插入数据后的数列:\n");
    for(p=a,i=0;i<M+1;i++)
        printf("%d",*(p+i));
}
```

3. 实训3

(1) 实训分析。

选择排序算法是一种简单直观的排序算法。基本思想是每次从待排序的数组中选择最小(或最大)的元素,并将其放在已排序序列的末尾(或开头)。重复进行该过程,直到所有元素均已排序。因为选择排序是原地排序算法,所以空间复杂度为 $O(1)$,时间复杂度为 $O(n^2)$,其中 n 是数组的长度。由于在交换过程中可能会改变相同元素的相对顺序,因此选择排序是不稳定的排序算法。

实现选择排序算法的基本步骤如下。

步骤1(初始状态):将第一个元素视为已排序部分,其余部分视为未排序部分。

步骤2(选择最小元素):从未排序部分中找到最小的元素。

步骤3(交换元素):将最小的元素与未排序部分的第一个元素交换位置。

步骤4(更新已排序部分):将已排序部分增加一位。

步骤5(重复):对剩余未排序部分重复上述过程,直到整个数组排序完成。

根据任务描述,首先定义一个int类型一维数组a,并用指针p指向它,用指针实现各个数组元素的输入,然后用指针访问各个数组元素实现选择排序算法,最后输出排序结果。

(2) 实训步骤。

下面给出完整的源程序:

```c
#include<stdio.h>
#define M 20
main()
{   int a[M],n,i,j,min,temp,*p,*q;
    printf("请输入排序数据:\n");
    for(p=a;p<a+M;p++)    /*输入数据*/
        scanf("%d",p);
    printf("排序前数列:\n");
    for(p=a;p<a+M;p++)
        printf("%d",*p);
    for(i=0;i<M-1;i++)    /*选择排序法*/
    {
        q=&a[i];
        for(p=&a[i+1];p<a+M;p++)
            if(*p<*q)
                q=p;
        temp=a[i];
        a[i]=*q;
        *q=temp;
    }
    printf("\n排序后数列:\n");
    for(p=a;p<a+M;p++)    /*输出排序后的结果*/
        printf("%d",*p);
}
```

4. 实训4

(1) 实训分析。

根据任务描述,首先定义两个字符数组 sub1[ ] 和 sub2[ ],并分别用字符型指针 p1,p2 指向它们,然后从键盘输入两个字符串;将 p2 所指向的字符串中的字符逐个复制到 p1 所指向的字符串中,并在 p1 指向的字符串尾部添加字符串结束标志符 '\0'。

(2) 实训步骤。

下面给出完整的源程序:

```c
#include<stdio.h>
#define M 80
main()
{   char sub1[M],sub2[M];
```

```c
    char *p1=sub1,*p2=sub2;
    printf("请输入两个字符串:\n");
    printf("string 1:");
    gets(p1);
    printf("string 2:");
    gets(p2);
    while(*p1!='\0')    /*移动指针到字符串尾部*/
        p1++;
    while(*p2!='\0')    /*将p2指向的字符串连接到p1字符串之后*/
        *p1++=*p2++;
    *p1='\0';
    printf("new string:");
    puts(sub1);
}
```

5. 实训5

（1）实训分析。

根据任务描述，首先定义并初始化一个3行2列的二维数组存储学生成绩；然后定义一个行指针指向二维数组，使用行指针遍历二维数组的每一行，并计算每名学生的总成绩和平均成绩；最后使用指针和索引打印每名学生的成绩、总成绩和平均成绩。

（2）实训步骤。

下面给出完整的源程序：

```c
#include <stdio.h>
main(){
    int scores[3][2]={
        {85,90},    /*学生1的成绩*/
        {78,82},    /*学生2的成绩*/
        {92,88}     /*学生3的成绩*/
    };
    int i,j,(*p)[2]=scores;      /*定义一个行指针,指向包含2个int类型元素的数组*/
    for(i=0;i<3;i++){
        int total=0;
        for(j=0;j<2;j++)
            total+=*(*(p+i)+j);       /*计算每名学生的总成绩*/
        float average=total/2.0;      /*计算每名学生的平均成绩*/
        printf("学生%d 的成绩:\n",i+1);
        for(j=0;j<2;j++)
            printf("课程%d: %d\n",j+1,*(*(p+i)+j));
```

```
        printf("总成绩:%d,平均成绩:%.2f\n\n",total,average);
    }
}
```

7.6.4 实训总结

通过实训,读者会觉得指针并不难学、难用,只要在真正理解指针就是地址的基础上,善于思考,并将解决问题的思路从以前的直接使用数据变量转化为间接使用数据变量,这样就能理顺用指针进行程序设计的思路。同时,通过实训,读者也会有所感悟:当使用数组解决字符串相关问题时,如果使用了指针,程序会变得更加灵活、方便。指针的灵活性和强大功能在 C 语言中具有重要地位,熟练掌握指针操作是成为一名优秀 C 语言程序员的必要条件。

【技能测试】

7.7 综合实践

7.7.1 选择题

(1) 以下程序中调用 scanf() 函数给变量 a 输入数值的方法是错误的,其错误原因是( )。

```
main()
{ int *p,*q,a,b;
  p=&a;
  printf("input a:");
  scanf("%d",*p);
  …  }
```

A. *p 表示的是指针变量 p 的地址
B. *p 表示的是变量 a 的值,而不是变量 a 的地址
C. *p 表示的是指针变量 p 的值
D. *p 只能用来说明 p 是一个指针变量

(2) 已有定义

```
int k=2;
int *ptr1,*ptr2;
```

且 ptr1 和 ptr2 均已指向变量 k,下面不能正确执行的赋值语句是( )。

A. k=*ptr1+*ptr2;   B. ptr2=k;
C. ptr1=ptr2;   D. k=*ptr1 *(*ptr2);

(3) 变量的指针，其含义是指该变量的（　　）。

　　A. 值　　　　　　B. 地址　　　　　C. 名　　　　　　D. 一个标志

(4) 若有语句

```
int *point,a=4;
point=&a;
```

下面均代表地址的一组选项是（　　）。

　　A. a, point, *&a　　　　　　　　B. &*a, &a, *point

　　C. *&point, *point, &a　　　　　D. &a, &*point, point

(5) 若需要建立如图 7-23 所示的存储结构，且已有声明：

```
float *p,m=3.14;
```

则正确的赋值语句是（　　）。

图 7-23

　　A. p=m;　　　　　B. p=&m;　　　　　C. *p=m;　　　　　D. *p=&m;

(6) 若有声明：

```
int *p,m=5,n;
```

则以下正确的程序段是（　　）。

　　A. p=&n;　　　　　　　　　　　B. p=&n;
　　　scanf("%d",&p);　　　　　　　scanf("%d",*p);

　　C. scanf("%d",&n);　　　　　　D. p=&n;
　　　*p=n;　　　　　　　　　　　　*p=m;

(7) 下面能正确进行字符串赋值操作的是（　　）。

　　A. char s[5]={"ABCDE"};　　　　B. char s[5]={'A','B','C','D','E'};

　　C. char *s;s="ABCDE";　　　　　D. char *s; scanf("%s",s);

(8) 下面程序段的运行结果是（　　）。

```
char *s="abcde";
s+=2;
printf("%d",s);
```

　　A. cde　　　　　　　　　　　　　B. 字符'c'

　　C. 字符'c'的地址　　　　　　　　D. 不确定输出结果

(9) 设 p1 和 p2 是指向同一个字符串的指针变量，c 为字符变量，则以下不能正确执行的赋值语句是（　　）。

A. c=*p1+*p2;　　　　　　　　B. p2=c;
C. p1=p2;　　　　　　　　　　D. c=*p1*(*p2);

（10）下面程序段的运行结果是（　　）。

```
char str[ ]="ABC",  *p=str;
printf("%d\n",*(p+3));
```

A. 67　　　　　　　　　　　　B. 0
C. 字符'C'的地址　　　　　　　D. 字符'C'

（11）下面程序段的运行结果是（　　）。

```
char  a[ ]="language",*p;
p=a;
while(*p!='u')  { printf("%c",*p-32); p++; }
```

A. LANGUAGE　　B. language　　C. LANG　　D. langUAGE

（12）若有如下定义：

```
char s[20],*ps=s;
```

则以下赋值语句正确的是（　　）。

A. s=ps+s;　　B. ps=ps+20;　　C. s[5]=ps[9];　　D. ps=s[0];

（13）下面声明不正确的是（　　）。

A. char a[10]="china";　　　　　B. char a[10],*p=a; p="china";
C. char *a; a="china";　　　　 D. char a[10],*p; p=a="china";

（14）若有以下定义，

```
char  s[10];
```

则在下面表达式中不表示s[1]的地址的是（　　）。

A. s+1　　　B. s++　　　C. &s[0]+1　　　D. &s[1]

（15）若有以下定义，

```
int  a[5],*p=a;
```

则对a数组元素的正确引用是（　　）。

A. *&a[5]　　B. a+2　　C. *(p+5)　　D. *(a+2)

（16）若有以下定义，

```
int  a[5],*p=a;
```

则对a数组元素地址的正确引用是（　　）。

A. p+5　　　B. *a+1　　　C. &a+1　　　D. &a[0]

（17）正确定义一个指向整型变量的指针数组是（　　）。

A. int *p[10];　　　　　　　　　B. int (*p)[10];

C. int p[10];   D. int p*;

(18) 正确获取二维数组 a 第一行的地址的是（　　）。

A. a[0]   B. &a[0]   C. a   D. &a

(19) 若有说明：

int a[3][4],*p=a[1][3],(*q)[4]=a;

数组元素 a[1][1] 的首地址是 2000，每个 int 类型占 2 字节。以下正确的是(　　)。

　　A. p+1 是 2016, q+1 是 2008, &a[3][4] 是 2024, *(a+2)+1 是 2014
　　B. p+1 是 2006, q+1 是 1998, &a[3][4] 越界, *(a+2)+1 是 2008
　　C. p+1 是 2006, q+1 是 1992, &a[3][4] 越界, *(a+2)+1 是 2010
　　D. p+1 是 2016, q+1 是 2008, &a[3][4] 越界, *(a+2)+1 是 2018

7.7.2 分析程序

(1) 以下程序：

```
#include <stdio.h>
main()
{
    int a=28,b;
    char s[10],*p;
    p=s;
    do { b=a%16;
        if(b<10)   *p=b+48;
        else    *p=b+55;
        p++;
        a=a/5;
       }while(a>0);
    *p='\0';
    puts(s);
}
```

运行结果：_____。

(2) 以下程序：

```
#include <stdio.h>
main()
{
    char str[ ]="cdalb";
    abc(str);
    puts(str);
```

```
}
abc(char *p)
{
    int i,j;
    for(i=j=0;*(p+i)!='\0';i++)
        if(*(p+i)>='d')
        { *(p+j)= *(p+i);
            j++;
        }
    *(p+j)='\0';
}
```

运行结果：_____。

(3) 以下程序：

```
#include <stdio.h>
main()
{   char s[80],*sp="HELLO!";
    sp=strcpy(s,sp);
    s[0]='h';
    puts(sp);
}
```

运行结果：_____。

(4) 以下程序：

```
#include <stdio.h>
main()
{
    char s[20]="abcd";
    char *sp=s;
    sp++;
    puts(strcat(sp,"ABCD"));
}
```

运行结果：_____。

(5) 以下程序：

```
#include <stdio.h>
#include <string.h>
main()
{   char *p1,*p2,str[50]="abc";
    p1=str;
```

```
    p2 = "abc";
    strcpy(str+1,strcat(p1,p2));
    printf("%s\n",str);
}
```

运行结果：_____。

(6) 以下程序：

```
swap(int *p1,int *p2)
{   int p;
    p = *p1; *p1 = *p2; *p2 = p; }
main()
{   int a=5,b=7,*ptr1,*ptr2;
    ptr1 = &a;
    ptr2 = &b;
    swap(ptr1,ptr2);
    printf("*ptr1=%d,*ptr2=%d\n",*ptr1,*ptr2);
    printf("a=%d,b=%d\n",a,b);
}
```

运行结果：_____。

(7) 以下程序：

```
#include <stdio.h>
void main()
{   int arr[2][3]={{1,2,3},{4,5,6}};
    ptr1 = &a;
    ptr2 = &b;
    swap(ptr1,ptr2);
    printf("*ptr1=%d,*ptr2=%d\n",*ptr1,*ptr2);
    printf("a=%d,b=%d\n",a,b);
}
```

运行结果：_____。

7.7.3 编程题

(1) 输入10个整数，求它们的平均值。

(2) 输入10个整数，将其中最小的数与第一个数对换，把最大的数与最后一个数对换。编写3个函数：①输入10个数；②进行处理；③输出10个数。

(3) 有20个整数按由小到大的顺序存放在一个数组中，输入一个整数，查找该整数是否为数组中的元素，若是返回"yes"，否则返回"no"。

(4) 编写一个程序，把输入的一个字符串中的所有数字提取出来。例如，输入

"a1234bc5w9"，则输出字符串"123459"。

（5）输入一行文字，找出其中大写字母、小写字母、空格、数字及其他字符各有多少？

（6）矩阵的转置是将一个矩阵的行和列互换，得到一个新的矩阵。给定一个 m 行 n 列的矩阵 A，其转置矩阵 A^T 是一个 n 行 m 列的矩阵，其中 $A^T[i][j]=A[j][i]$。在线性代数中，矩阵转置是许多线性代数算法的基础步骤，如求解线性方程组和特征值分解等；在数据分析和机器学习中，转置操作经常用于调整数据的形状，以适应不同算法的输入要求，如在协同过滤推荐系统中被广泛应用。输入一个 3 行 4 列的矩阵，并使用指针实现该矩阵的转置。

【技能拓展】

7.8 简易库存管理系统实战演练

7.8.1 项目背景

在商业环境中，库存管理是企业运营的重要组成部分。有效的库存管理可以提高供应链效率，减少库存成本，防止库存积压或短缺。可行方法之一是将库存数据存于数组中，并将数组定义成全局变量，以实现数据共享。同时，通过函数实现模块化程序设计，也可满足该项目的基本功能。但是数组存储数据空间是静态的，当数据量远少于数组长度时，就造成内存空间的浪费；当数据量大于数组长度时，多余的数据也无法存储。而且通过数组访问大量数据的速度低于通过内存地址访问的速度。为了解决这一问题，开发一个简易的库存管理系统（C inventory management，C-INVMAN），并使用指针进行动态数据处理和管理显得尤为重要。

微课 7-6　简易库存管理系统实战演练

指针是 C 语言的特色和精华，它可以直接访问内存数据，提高程序的编译效率和执行速度。通过指针可以使用主调函数和被调函数之间共享的变量或数据结构，便于实现双向数据通信。同时，指针可以实现动态的存储分配，便于表示各种数据结构，而且有助于编写高质量的程序。

7.8.2 项目目标

本项目的主要目标是通过使用 C 语言中的指针特性，设计和实现一个简易的库存管理系统。具体目标包括以下几点。

（1）管理库存数据支持添加、更新、查询和删除商品信息的功能。

（2）使用指针提高程序的运行效率和灵活性。

（3）提高对指针操作的理解和应用能力，增强程序设计和问题解决能力。

7.8.3 项目应用

本项目将使用以下核心技术。

(1) 指针数组操作：使用指针数组管理商品名称、数量和单价等信息。

(2) 字符串操作：使用 C 语言标准库函数处理字符串，如 strcpy( ) 函数、strcmp( ) 函数等。

(3) 函数设计：将各个功能模块化，使用函数实现不同的操作。

7.8.4 项目实现

以下是项目的详细设计和完整源代码：

```c
#include <stdio.h>
#include <string.h>

//初始化库存系统
void initInventory(char *names[],int quantities[],float prices[],int capacity){
    for(int i=0; i<capacity; i++){
        names[i]=NULL; //初始化每个商品名称指针为NULL
    }
}


//添加新商品
void addItem(char *names[],int quantities[],float prices[],int *size,int capacity,char *name,int quantity,float price){
    if(*size>=capacity){
        printf("Inventory is full \n");
        return;
    }
    names[*size]=name; //设置商品名称
    quantities[*size]=quantity; //设置商品数量
    prices[*size]=price; //设置商品单价
    (*size)++; //更新库存大小
}

//更新商品信息
void updateItem(char *names[],int quantities[],float prices[],int size,char *name,int quantity,float price){
    for(int i=0; i<size; i++){
        if(strcmp(names[i],name)==0){
            quantities[i]=quantity; //更新商品数量
            prices[i]=price; //更新商品单价
            return;
```

```c
        }
    }
    printf("Item not found\n");
}

//查询商品信息
void queryItem(char *names[],int quantities[],float prices[],int size,char *name){
    for(int i=0; i<size; i++){
        if(strcmp(names[i],name)==0){
            printf("Item: %s,Quantity: %d,Price: %.2f \n",names[i],quantities[i],prices[i]);
            return;
        }
    }
    printf("Item not found\n");
}

//删除商品
void deleteItem(char *names[],int quantities[],float prices[],int *size,char *name){
    for(int i=0; i<*size; i++){
        if(strcmp(names[i],name)==0){
            for(int j=i; j<*size-1; j++){
                names[j]=names[j+1];        //移动商品名称指针
                quantities[j]=quantities[j+1];  //移动商品数量
                prices[j]=prices[j+1];      //移动商品单价
            }
            names[*size-1]=NULL;    //清空最后一个位置
            (*size)--;              //更新库存大小
            return;
        }
    }
    printf("Item not found\n");
}

//主函数
main(){
    //定义库存容量和当前大小
```

```c
    int capacity=5;
    int size=0;

    //定义商品名称、数量和价格数组
    char *names[5];
    int quantities[5];
    float prices[5];

    //初始化库存系统
    initInventory(names,quantities,prices,capacity);

    //添加商品
    addItem(names,quantities,prices,&size,capacity,"Apple",100,0.5);
    addItem(names,quantities,prices,&size,capacity,"Banana",150,0.2);

    //查询商品
    queryItem(names,quantities,prices,size,"Apple");

    //更新商品
    updateItem(names,quantities,prices,size,"Apple",120,0.55);
    queryItem(names,quantities,prices,size,"Apple");

    //删除商品
    deleteItem(names,quantities,prices,&size,"Banana");
    queryItem(names,quantities,prices,size,"Banana");
}
```

7.8.5 项目总结

在本项目的实战演练中，读者通过指针实现了库存数据的管理，增强了对指针操作、指针数组管理和字符串处理的理解和应用能力，进一步加深了对指针就是地址的理解。在实际操作中，当使用数组解决数据管理问题时，如果使用指针，会发现程序变得更加灵活、方便。指针不仅提高了程序的执行效率，还使代码在处理复杂数据结构时更加简洁和高效。通过这些实战演练，读者不仅可以提高编写程序的能力，还为进一步学习更复杂的数据结构和算法奠定了基础。在未来的应用中，这些技能将有助于读者开发更加复杂和高效的软件系统。

【素质拓展】

7.9 科学精神：洞察计算机底层机制

在学习 C 语言指针的过程中，我们不仅要掌握其语法和用法，更重要的是要深刻理解指针的内在机理和重要性。指针是我们与计算机底层紧密交互的桥梁，通过直接操作内存单元，我们能够更高效地管理资源，优化程序性能。但与此同时，我们需要谨慎地进行内存管理，避免出现内存泄漏、悬空指针等安全隐患，确保系统的稳定运行。

指针不仅是复杂数据结构的基础，也是操作系统内核、设备驱动等底层系统编程的关键。掌握了指针，我们就能够更深入地了解计算机系统的运作原理，为将来从事算法工程师、系统编程员等工作奠定坚实的基础。同时，指针在软件开发中扮演重要角色，关乎产品的安全可靠性。因此，我们必须严格使用指针，时刻谨记安全第一，为社会提供更加优质的信息技术产品和服务。

第 8 章 结构体与共用体

技能目标

(1) 掌握结构体类型的定义及结构体变量的定义和结构体变量的初始化。
(2) 掌握指向结构体变量的指针的简单使用。
(3) 掌握结构体数组的简单应用。
(4) 掌握链表的构建。
(5) 掌握栈与队列的简单应用。
(6) 掌握共用体类型的构建。
(7) 掌握共用体变量的定义及赋值方法。
(8) 掌握结构体类型数据及共用体类型数据在内存中不同的空间单元分配方式。

素养目标

具备共享资源、协作互助的团队协作精神。

【技能基础】

微课 8-1
结构体的概述

8.1 概述

前面所介绍的应用大多都是 C 语言基本数据类型及其变量，如整型、实型、字符型变量，也介绍过一种构造数据类型——数组。虽然数组能存储大量数据，但是这些数组元素（数据）都属于同一种数据类型，若有定义 int a[500];，虽然数组 a 能存储 500 个数据，但这 500 个数组元素都属于 int 类型。然而在解决实际问题时，一组数据往往具有不同的数据类型。例如，在学生登记表中，一个学生的学号、姓名、性别、年龄、成绩等属性，这些属性都与某一学生相关。如图 8-1 所示，可以看到性别（sex）、年龄（age）、成绩（score）等属性是属于姓名为"李文华"学生的。如果将 num, name, sex, age, score 分别定义为互相独立的简单变量，则难以反映它们之间的内在联系。应当把它们组织成为一个组合项，在一个组合项中包含若干个类型不同（当然也可以相同）的数据项。显然不能用一个数组来存放这一组数据，因为数组中各元素的类型和长度都必须一致，这样便于编译系统处理，所以原有的基本数据类型和数组是无法解决此问题的。为了解决这个问题，C 语言给出了一种构造数据类型——结构体。它相当于其他高级语言中的类,或者相当于数据库中的记录。

num	name	sex	age	score
20070101	李文华	男	18	92.5

图 8-1

结构体是用同一个名字引用的相关变量的集合。结构体可包含多种不同数据类型的变量,这些不同数据类型的变量称为结构体的成员。每一个成员可以是一个基本数据类型或者又是一个构造类型。结构体通常用来定义存储在文件中的记录,指针和结构体可用来构造更复杂的数据结构,如链表、队列、堆栈和树(可参阅相关数据结构方面的书籍)。

共用体的概念与结构体类似,它也是由若干个不同类型成员组成的"杂合体",但是一定注意结构体与共用体变量成员在内存中空间分配的区别。可以简单地认为,结构体变量各成员是独占内存单元的,而共用体变量的成员是共享内存单元的。

8.2 结构体类型及其变量的定义

微课 8-2
结构体类型及
其变量的定义

结构体既然是一种构造而成的数据类型,那么在使用之前必须先定义它,也就是构造它,或创造它,这如同在声明和调用函数之前要先定义函数一样。

8.2.1 结构体类型的定义

一般格式如下:

```
struct 结构体名
{
    成员表
};
```

成员表由若干个成员组成,每个成员都是该结构体的一个组成部分。对每个成员也必须作类型说明,其格式如下:

```
类型说明符 成员名;
```

成员名的命名应符合标识符的书写规定。图 8-1 可定义如下:

```
struct stu
{
    int num;
    char name[20];
    char sex;
    float score;
};
```

在这个结构体类型定义中，struct 是结构体定义的关键字，不能省略，结构体名为 stu，该结构体类型由 4 个成员组成：第一个成员为 num，整型变量；第二个成员为 name，字符数组；第三个成员为 sex，字符变量；第四个成员为 score，实型变量。应注意在花括号后的分号是不可少的。结构体类型定义之后，即可进行变量声明。凡声明为结构体类型 stu 的变量都由上述 4 个成员组成。由此可见，结构体是一种复杂的数据类型，即类型不同的若干有序变量组成的集合。

8.2.2 结构体变量的定义

以 8.2.1 节定义的结构体 stu 为例来说明，定义结构体变量有以下三种方法。

（1）先定义结构体类型，再定义结构体变量。例如：

```
struct stu
{
    int num;
    char name[20];
    char sex;
    float score;
};
struct stu boy1,boy2;
```

上面程序段声明两个变量 boy1 和 boy2 为 stu 结构体类型。

（2）在定义结构体类型的同时定义结构体变量。例如：

```
struct stu
{   int num;
    char name[20];
    char sex;
    float score;
}boy1,boy2;
```

（3）直接定义结构体变量。例如：

```
struct
{   int num;
    char name[20];
    char sex;
    float score;
}boy1,boy2;
```

提醒：第三种方法与第二种方法的区别在于，第三种方法中省去了结构体名，而直接给出结构体变量。

三种方法声明的 boy1，boy2 变量都具有图 8-2 所示的存储结构情况，变量 boy1，boy2 在内存中各占 27 字节，即各个成员所占字节的和。可以用 sizeof 运算符测出一个结构体类型数据的长度，如 sizeof(struct stu) 的值为 27，也可写成 sizeof(boy1)（sizeof 后面括号内可以写类型名也可写变量名）。在上述 stu 结构体类型定义中，所有的成员都是基本数据类型或数组类型。成员也可以是一个结构体类型，即构成了嵌套的结构。例如，图 8-3 给出了另一个数据结构，按图 8-3 可给出结构体类型定义如下：

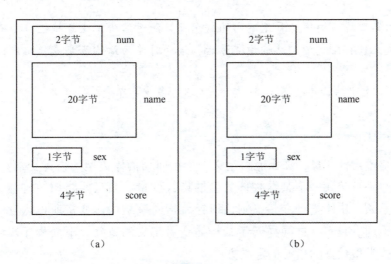

图 8-2

（a） boy1 的存储情况；（b） boy2 的存储情况

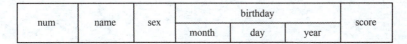

图 8-3

```
struct date{
    int month;
    int day;
    int year;
};
struct{
    int num;
    char name[20];
    char sex;
    struct date birthday;
    float score;
}boy1,boy2;
```

首先定义一个结构体类型 date，由 month，day，year 三个成员组成。在定义并声明变量 boy1 和 boy2 时，其中的成员 birthday 被声明为 struct data 结构体类型。成员名可与程序中其他变量同名，互不干扰。

> **提醒**：结构体类型与基本数据类型的不同之处在于：①结构体类型不是由系统定义的，而是由用户定义的；②结构体类型不是唯一的，根据需要可以定义多个不同的结构体类型。
>
> 结构体类型与结构体变量是不同的概念，只能对结构体变量赋值，而不能对结构体类型赋值，只有在定义了结构体变量后，编译时才为结构体变量分配内存空间。

思考：上述结构体变量 boy1 与 boy2 各占多少字节？

8.2.3 结构体指针的定义

第 7 章介绍过指针变量，那么能否定义一个指向结构体类型的指针变量？答案是肯定的。一旦定义一个某结构体类型的指针变量，而只要将该结构体变量的地址赋给该结构体指针变量，则该指针就指向该结构体变量所占内存单元段的起始地址。其实，这同样属于结构体变量定义的范畴。下面程序段说明指向结构体类型数据的指针的定义方法。

微课 8-3 结构体指针的定义及使用

```
struct  student
{  unsigned int num;
   char  *name;
   char  sex;
} st1,st2,*s1ptr,*s2ptr;   /*此处定义了两个 struct student 类型的结构体指针变量*/
s1ptr=&st1;
s2ptr=&st2;
```

这样，结构体指针变量 s1ptr 和 s2ptr 就分别指向结构体变量 st1 与 st2，如图 8-4 所示。

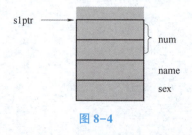

图 8-4

在图 8-4 中，由于变量 st1 的各个成员仍未赋值，是不确定的，因此没给出具体数值。

8.2.4 访问结构体成员的运算符

访问结构体成员的运算符有两种：一种是结构体成员运算符．，也称圆点运算符；另一种是结构指针运算符->，又称箭头运算符。访问结构体成员的运算符通过结构体变量名访问结构体的成员实现。一般格式如下：

> 结构体变量名．成员名

或者：

> 结构体指针变量名->成员名

例如，语句 printf（"%d",s1.num);可输出变量 s1 的成员 num 的值，当然也可这样实现：printf（"%d",s1ptr->num);。如果成员本身又是一个结构体，则必须逐级找到最低级的成员才能使用。在图 8-3 所示的结构中，若要引用变量 boy1 的出生月份，可这样实现：boy1.birthday.month。

微课 8-4 结构体变量的使用

另外，结构体访问成员运算符．与->的优先级比较高，仅次于括号，在具体使用时一定注意，如 s1ptr->sex 等价于（*s1ptr）.sex。

> **提醒：**
> ①运算符．只适用于一般结构体变量访问其成员，结构体指针变量不适用。
> ②运算符->只适用于结构体指针变量访问其指向的变量的成员。
> ③不能用 boy1.birthday 来访问 boy1 变量中的成员 birthday，因为 birthday 本身是一个结构体变量。

其实，结构体变量的成员被赋值后，访问它才有实际意义，因此，需要对结构体变量初始化。下面讨论结构体变量赋值（初始化）的问题。

8.2.5 结构体变量的初始化

与其他类型变量一样，结构体变量也可以在定义时赋初始值，或者定义结构体变量后再给变量部分或全部成员赋初值。

（1）一次性给结构体变量的成员赋初值。

因为每一个结构体变量都有一组成员，这就如同数组有若干个元素一样，所以这种赋值方式类似于数组的赋值，将成员值用 {和} 括起来。

微课 8-5 结构体变量的初始化

【例 8-1】结构体变量的初始化。
程序如下：

```
struct stu    /*定义结构*/
{
    int num;
    char *name;
```

```
        char sex;
        float score;
}boy2,boy1={102,"Zhang ping",'M',78.5};    /*对变量boy1的各个成员赋值*/
main()
{
    boy2=boy1;    /*整体赋值只能用于同种类型的结构体变量*/
    printf("Number=%d \nName=%s \n",boy2.num,boy2.name);
    printf("Sex=%c \nScore=%f \n",boy2.sex,boy2.score);
}
```

运行结果：

```
Number=102
Name=Zhang ping
Sex=M
Score=78.500000
```

程序分析：本例中，boy2，boy1均被定义为同一结构体变量，并对boy1作了初始化赋值。在main()函数中，把boy1的值整体赋给boy2，然后用两个printf()语句输出boy2各成员的值。

（2）分散性地给结构体变量的成员赋值。

8.2.4节介绍了结构体成员访问运算符，因此，可以用该运算符访问成员并对其赋值。

【例8-2】结构体变量成员的赋值、输入和输出。

程序如下：

```
main()
{   struct stu
    {   int num;
        char *name;
        char sex;
        float score;
    }boy1,boy2;
    boy1.num=102;
    boy1.name="Zhang ping";
    printf("input sex and score \n");
    scanf("%c %f",&boy1.sex,&boy1.score);
    boy2=boy1;
    printf("Number=%d \nName=%s \n",boy2.num,boy2.name);
    printf("Sex=%c \nScore=%f \n",boy2.sex,boy2.score);
}
```

运行结果：

```
input sex and score
M  89.4
Number=102
Name=Zhang ping
Sex=M
Score=89.400000
```

程序分析：本程序中用赋值语句给变量 num 和 name 两个成员赋值，其中，name 是一个字符串指针变量。用 scanf( ) 函数动态地输入变量 sex 和 score 成员值，然后把结构体变量 boy1 的所有成员的值整体赋给结构体变量 boy2。最后分别输出 boy2 的各个成员值。本例展示了分散性地给结构体变量的成员赋值的方法。

【例 8-3】使用结构体指针对成员赋值。

程序如下：

```
struct stu
{   int num;
    char *name;
    char sex;
    float score;
} boy1={102,"Zhang ping",'M',78.5},*pstu;
main()
{   pstu=&boy1;
    printf("Number=%d \nName=%s \n",boy1.num,boy1.name);
    printf("Sex=%c \nScore=%f \n \n",boy1.sex,boy1.score);
    printf("Number=%d \nName=%s \n",(*pstu).num,(*pstu).name);
    printf("Sex=%c \nScore=%f \n \n",(*pstu).sex,(*pstu).score);
    printf("Number=%d \nName=%s \n",pstu->num,pstu->name);
    printf("Sex=%c \nScore=%f \n \n",pstu->sex,pstu->score);
}
```

运行结果：

```
Number=102
Name=Zhang ping
Sex=M
Score=78.500000

Number=102
Name=Zhang ping
```

```
Sex=M
Score=78.500000

Number=102
Name=Zhang ping
Sex=M
Score=78.500000
```

程序分析：本程序定义了一个结构体类型 stu，定义了 stu 类型的结构体变量 boy1，并对 boy1 作了初始化赋值，还定义了一个指向 stu 类型的指针变量 pstu。在 main( ) 函数中，pstu 被赋予 boy1 的地址，因此 pstu 指向 boy1。最后在 printf( ) 语句内用三种形式输出 boy1 的各个成员值。

8.3 结构体数组

现在考虑这样的问题，如果要用结构体的知识设计一个班的学生档案，或者设计一个车间职工的工资表等情况的程序，会涉及许多人，即需要定义许多结构体变量，这样岂不是很麻烦？但是确实需要那么多变量，应该怎么办？在一个程序中定义几十个或成百上千个变量肯定是不可取的，曾用数组装过许多数值，能否定义一个结构体类型的数组？答案是肯定的。在实际应用中，经常用结构体数组来表示具有相同数据结构的一个群体。结构体数组的每一个元素都是具有相同结构类型的下标结构变量。结构体数组的定义方法和结构体变量相似，只需说明它为数组类型即可。

微课 8-6 结构体数组的定义

8.3.1 结构体数组的定义

例如，如下代码：

```
struct stu
{
    int num;
    char *name;
    char sex;
    float score;
}boy[5];
```

定义了一个结构体数组 boy，共有 5 个元素，boy[0]~boy[4]，每个数组元素都具有 struct stu 的结构形式。

微课 8-7 结构体数组的初始化及应用

8.3.2 结构体数组的初始化

与其他类型的数组一样,对结构体数组可以进行初始化。例如:

```
struct stu
{
    int num;
    char *name;
    char sex;
    float score;
}boy[5]={{101,"Li ping",'M',45},{102,"Zhang ping",'M',62.5},
        {103,"He fang",'F',92.5},{104,"Cheng ling",'F',87},{105,"Wang ming",'M',
        58}
        };
```

如图 8-5 所示,结构体数组(一维数组)的存储与一般类型的二维数组存储类似,每个数组元素的内容又被分成几个成员部分,正如二维数组的列。

	num	name	sex	score
boy[0]	101	Li ping	M	45
boy[1]	102	Zhang ping	M	62.5
boy[2]	103	He fang	F	92.5
boy[3]	104	Cheng ling	F	87
boy[4]	105	Wang ming	M	58

图 8-5

提醒:当对全部元素作初始化赋值时,也可不给出数组长度。

【例 8-4】计算学生的总成绩、平均成绩和不及格的人数。

程序如下:

```
struct stu
{   int num;
    char *name;
    char sex;
    float score;
}boy[5]={ {101,"Li ping",'M',45},{102,"Zhang ping",'M',62.5},
        {103,"He fang",'F',92.5},{104,"Cheng ling",'F',87},
        {105,"Wang ming",'M',58}};
```

```
main()
{ int i,c=0;
  float ave,s=0;
  for(i=0;i<5;i++)
  { s+=boy[i].score;
    if(boy[i].score<60) c+=1;
  }
  printf("s=%f\n",s);
  ave=s/5;
  printf("average=%f \ncount=%d\n",ave,c);
}
```

运行结果：

```
s=345.000000
average=69.000000
count=2
```

程序分析：本程序中定义了一个结构体数组 boy，共 5 个元素，并作了初始化赋值。在 main()函数中用 for 循环逐个累加各元素的 score 成员值存于变量 s 中，如果 score 的值小于 60（不及格）则计数器 c 加 1，循环完毕后计算平均成绩，并输出全班总分、平均分及不及格人数。

【例 8-5】 建立同学通讯录。

程序如下：

```
#include<stdio.h>
#define NUM 3
struct mem
{ char name[20],phone[10];
};
main()
{ struct mem man[NUM];
  int i;
  for(i=0;i<NUM;i++)
  { printf("input name:\n");
    gets(man[i].name);
    printf("input phone:\n");
    gets(man[i].phone);
  }
  printf("name\t\t\tphone\n");
  for(i=0;i<NUM;i++)
    printf("%s\t\t\t%s\n",man[i].name,man[i].phone);
}
```

运行结果：

```
input name:
abc
input phone:
67630920
input name:
xl
input phone:
67630123
input nane:
wangli
input phone:
67891234
name            phone
abc             67630920
xl              67630123
wangli          67891234
```

程序分析：本程序中定义了一个结构体类型 mem，它有两个成员 name 和 phone，用来表示姓名和电话号码。在主函数中定义 man 为具有 mem 类型的结构体数组。在 for 循环中，用 gets( ) 函数分别输入各个元素中两个成员的值，然后又在 for 循环中用 printf( ) 语句输出各元素中两个成员的值。

【例 8-6】用指针变量输出结构体数组。

程序如下：

```
struct stu
{   int num;
    char *name;
    char sex;
    float score;
}boy[5]={{101,"Zhou ping",'M',45},{102,"Zhang ping",'M',62.5},
        {103,"Liou fang",'F',92.5},{104,"Cheng ling",'F',87},
        {105,"Wang ming",'M',58}};
main()
{   struct stu *ps;
    printf("No\tName\t\t\tSex\tScore\t\n");
    for(ps=boy;ps<boy+5;ps++)
        printf("%d\t%s\t\t%c\t%f\t\n",ps->num,ps->name,ps->sex,ps->score);
}
```

运行结果：

No	Name	Sex	Score
101	Zhou ping	M	45.000000
102	Zhang ping	M	62.500000
103	Liou fang	F	92.500000
104	Cheng ling	F	87.000000
105	Wang ming	M	58.000000

程序分析：在程序中定义了 stu 结构体类型的数组 boy，并对 boy 作了初始化赋值。在 main() 函数内定义 ps 为指向 stu 结构体类型的指针。在 for 语句的表达式 1 中，ps 被赋予 boy 的首地址，然后循环 5 次，输出 boy 数组中各成员的值。

重点：一个结构体指针变量虽然可以用来访问结构体变量或结构体数组元素的成员，但不能使它指向一个成员，即不允许取一个成员的地址赋予它。

因此，下面的赋值是错误的。

ps = &boy[1].sex;

只能是 ps = boy;（赋予数组首地址），或者是 ps = &boy[0];（赋予 0 号元素首地址），这样的赋值才是正确的。原因是 ps 是 stu 结构体类型的指针，它只能指向 stu 结构体类型的变量的首地址，而 &boy[1].sex 只是变量 boy[1]其中一个成员的地址，类型不匹配。

8.4 共用体类型

8.4.1 共用体的概念、定义及其变量说明

1. 共用体的概念

在实际问题中有很多这样的例子，例如，让学校的教师和学生填写表 8-1 所示的表格。

表 8-1 教师和学生需完成的表格

姓名	年龄	职业	单位

其中，"职业"项可分为"教师"和"学生"两类。"单位"项学生应填入班级编号，教师应填入某系某教研室。班级可用整型变量表示，教研室只能用字符类型变量表示。要求把这两种类型不同的数据都填入"单位"这个变量中，就必须把"单位"定义为包含整型和字符数组这两种类型的"联合"。像这种情况，就要用到一种新的类型来完成，这就是共用体类型，又称联合体类型。

共用体与结构体有一些相似之处，都属于构造类型，但两者有本质上的不同。在结构体中，各成员有各自的内存空间，一个结构体变量的总长度是各成员长度之和。而在共用体中，各成员共享一段内存空间，一个共用体变

微课 8-8
共用体的
概念、定义

量的长度等于所有成员中最长的成员长度。需要说明，这里的共享不是指把多个成员同时装入一个共用体变量内，而是指该共用体变量可被赋予任一个成员值，但每次只能赋一种类型的值，若赋入新值，则覆盖旧值。例如，表8-1的"单位"项变量，如定义为一个可装入"班级"或"教研室"的联合体后，就允许被赋予整型值（班级）或字符串（教研室）；要么赋予整型值，要么赋予字符串，但不能将两者同时赋予它。

2. 共用体类型的定义

定义一个共用体类型的一般格式如下：

```
union 共用体名
{
    成员表
};
```

成员表中含有若干成员，成员的一般格式为"类型说明符 成员名"，成员名的命名应符合标识符的规定。例如：

```
union perdata
{
    int class;
    char office[10];
};
```

定义了一个名为 perdata 的共用体类型，它含有两个成员：一个为整型，成员名为 class；另一个为字符数组，数组名为 office。共用体定义之后，即可进行共用体变量声明，被声明为 perdata 类型的变量，可以存放整型变量 class 或存放字符数组 office。

3. 共用体变量的声明/定义

共用体变量的声明与结构体变量的声明方式相同，也有三种形式：即先定义，再声明；定义同时声明；直接声明。以 perdata 类型为例，说明如下。

（1）先定义，再声明。

```
union perdata
{
    int class;
    char officae[10];
};
union perdata a,b; /*声明 a,b 为 perdata 类型*/
```

（2）定义同时声明。

```
union perdata
{   int class;
    char office[10];
}a,b;
```

(3) 直接声明。

```
union
{   int class;
    char office[10];
}a,b;
```

经过声明后的 a，b 变量均为共用体类型，它们的内存分配如图 8-6 所示。a，b 变量的长度应等于共用体的成员中最长成员的长度，即等于 office 数组的长度，共 10 字节。从图中可见，a，b 变量赋予整型数值时，只使用了 2 字节，而赋予字符数组时，可使用 10 字节。

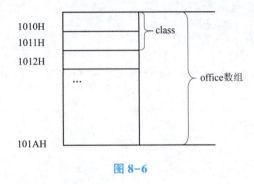

图 8-6

提醒：共用体和结构体的根本区别在于：共用体的所有成员在内存中从同一地址开始存放数据，共用体变量所占内存长度是最长成员的长度；结构体变量所占内存长度是各成员占的内存长度之和，每个成员依次分别占有自己的内存单元。

8.4.2 共用体变量的赋值与应用

对共用体变量的赋值和使用都只能通过变量的成员进行。访问共用体变量成员的格式如下：

共用体变量名 . 成员名

或者：

共用体指针变量名-> 成员名

微课 8-9 共用体变量的赋值与应用

例如：

```
union perdata
{   int class;
    char office[10];
}a,b;
```

其中，a 被声明为 perdata 共用体类型的变量之后，可使用 a.class，a.office 成员变量。

除了使用成员运算符．引用共用体中的成员外，也可以通过指针变量，即使用指针运算符->引用共同体变量中的成员，例如：

```
union perdata *pt,b;
pt=&b;
```

这样就可以使用 pt->class 和 pt->office 来引用共同体变量中的成员。

> **提醒**：不允许直接用共用体变量名作输入/输出操作，也不允许对共用体变量作初始化赋值。

例如，以下对共同体变量作初始化赋值是不行的。

```
union perdata
{  int class;
   char office[10];
}a={101,"room"};
```

ANSI C 允许在两个同类型的共用体变量之间赋值，例如：

```
union perdata
{  int class;
   char office[10];
}a,b;
a.class=101;
b=a;
```

> **提醒**：结构体与共用体可以互相嵌套，结构体中可以包括共用体，共用体中也可以包括结构体。

【例 8-7】假设有一个教师与学生通用的表格，教师数据有姓名、年龄、职业、教研室四项，学生数据有姓名、年龄、职业、班级四项。编程输入人员数据，再以表格输出。

程序如下：

```
1   main()
2   {  struct
3      {  char name[10];
4         int age;
5         char job;
6         union
7         {  int class;
8            char office[10];
9         }depa;
10     }body[2];
```

```
11      int n,i;
12      for(i=0;i<2;i++)
13      {   printf("input name,age,job and department \n");
14          scanf("%s %d %c",body[i].name,&body[i].age,&body[i].job);
15          if(body[i].job=='s')
15             scanf("%d",&body[i].depa.class);
17          else
18             scanf("%s",body[i].depa.office);
19      }
20      printf("name \t age job class/office \n");
21      for(i=0;i<2;i++)
22      {   if(body[i].job=='s')
23             printf("%s \t%%p3d%%p%p3c%d \n",body[i].name,body[i].age,
24                body[i].job,body[i].depa.class);
25         else
26             printf("%s \t%%p3d%%p3c%s \n",body[i].name,body[i].age,body[i].job,
27                body[i].depa.office);
28      }
29  }
```

运行结果：

```
input   name,age,job and department
tt
18
s
101
input   name,age,job and department
ww
34
t
computer
name    age    job    class/office
tt      18     s      101
ww      34     t      computer
```

程序分析：本程序用一个结构体数组 body 来存放人员数据，该结构体共有四个成员，其中成员项 depa 是一个共用体类型，这个共用体又由两个成员组成，一个为整型变量 class，一个为字符数组 office。在程序的第一个 for 循环中，输入人员的各项数据，先输入结构的前三个成员 name，age 和 job，然后判别 job 成员项，如为 's'，则输入 depa.class（对于学生赋班级编号），否则输入 depa.office（对于教师赋教研组名）。

在用 scanf( ) 函数输入时要注意，凡为数组类型的成员，无论是结构体成员还是共用体成员，在该项前不能再加 & 运算符，因为此时它们相当于二维数组。例如，本程序第 14 行中 body[i].name 是一个数组类型，第 18 行中的 body[i].depa.office 也是数组类型，因此在这两项之前不能加 & 运算符。程序中的第二个 for 循环用于输出各成员项的数值。

8.5 简单数据结构应用

线性表是一种基本的数据结构，它允许将数据元素按照一定的顺序排列起来。在这种结构中，每个元素都紧密相连，形成了一条直线。线性表的实现方式有很多种，最常见的是链表、栈和队列。

8.5.1 链表

在 C 语言程序设计中，内存单元的使用是通过定义变量进行的，若存储的数据量较大，则可定义数组或结构体。用这种方式使用内存，必须事先确定所需内存单元的多少，即变量的个数和数组的大小。对于数组，若需处理的数据个数不确定，则只能将数组定义得足够大，这样会造成内存的浪费。其实，对内存的使用可以动态地进行。程序运行中需要内存时可临时分配内存单元，不用时可随时将其释放，使数据的存储和处理更加灵活和高效。这就是所谓的动态存储分配。

微课 8-10
链表的定义、实现

1. 链表的概念

链表是一种实现动态存储分配的方法，它是不同于变量和数组的，一种新的数据结构。链表由若干个结点构成，每一个结点又含有两部分：数据部分和指针部分。数据部分是程序所需的，指针部分则存放下一个结点的地址。因此，可以通过上一个结点访问下一个结点。图 8-7 所示是一个存放 {A, B, C, D} 4 个元素的链表。

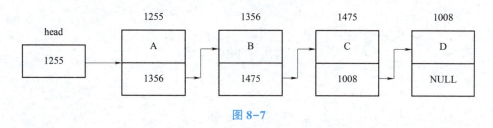

图 8-7

重点：链表中设一个头指针变量，它指向第一个结点，并且末结点（又称表尾）的指针部分存放的是 NULL，表示它不指向任何结点，链表到此结束。

与变量和数组不同，变量和数组的访问是随机的，只要给出变量名或数组元素名即可。访问链表中任何一个结点均须由头指针从第一个结点开始顺次进行，直至找到所需结点。

2. 链表结点定义

链表是用一组任意的存储单元存储线性表元素的一种数据结构，由若干个结点组成。链表又分为单链表、双向链表和循环链表等。这里只讲简单链表即单链表。

单链表是指数据结点是单向排列的。每一个单链表结点的结构类型可分为两部分。

（1）数据域：用来存储本身数据。

（2）链域或指针域：用来存储下一个结点地址即指向其直接后继的指针。

例如，若要存储一组姓名数据，则在单链表中结点类型定义如下：

```
typedef struct node
{
    char name[20];    /*存放数据的类型*/
    struct node *link;  /*存放下一个元素结点的地址*/
}stud;
```

其中，char name[20]是一个用来存储姓名的字符数组，指针*link是一个用来存储其直接后继的指针。

> **提醒**：定义链表的结构之后，只要在程序运行时将数据域中存储适当的数据，若有后继结点，则把链域指向其直接后继，若没有，则设置为NULL。

【例8-8】使用链表存放3个学生（学号、姓名、年龄、分数）的信息。

程序如下：

```
#include<stdio.h>
struct StuNode
{   /*存放数据的类型*/
    int num;
    char name[18];
    int age;
    float score;
    struct StuNode *next; /*存放下一个元素的结点的地址*/
};
main()
{
    struct StuNode stu1={1001,"王聪",18,90},
                   stu2={1002,"李玲",17,94},
                   stu3={1003,"田丽",20,88};
    struct StuNode *head,*p;  /*head为链表的头指针*/
    head=&stu1;  /*将头指针指向第一个学生结点*/
    stu1.next=&stu2; /*将第一个学生结点指向第二个学生结点*/
    stu2.next=&stu3; /*将第二个学生结点指向第三个学生结点*/
```

```
    stu3.next=NULL;    /*将第三个学生结点指向空*/
    printf("通过链表输出学生的信息如下:\n");
    p=head;
    while(p!=NULL)
    {   printf("学生编号:%d \t 姓名:%s \t 年龄:%d \t 成绩:%f \n",
                p->num,p->name,p->age,p->score);
        p=p->next ;
    }
}
```

运行结果:

```
通过链表输出学生的信息如下:
学生编号:1001      姓名:王聪      年龄:18      成绩:90
学生编号:1002      姓名:李玲      年龄:17      成绩:94
学生编号:1003      姓名:田丽      年龄:20      成绩:98
```

程序分析:本程序首先定义了链表中的结点类型,结点中除了存储学生数据外,还有一个指向下一个结点的指针。然后定义了 3 个 StuNode 结构体类型的变量 stu1,stu2,stu3 表示 3 个学生,同时定义一个 StuNode 类型的指针 head 表示 3 个学生对应链表的头指针,它的值为第一个学生 stu1 的地址。

思考:这里为什么同时又定义一个 StuNode 类型的指针 p 与 head 头指针一样指向第一个学生,并且通过指针 p 循环输出每个学生信息。如果采用 head 头指针实现输出,想一想输出后 head 还是不是链表的头指针?

3. 常见的内存管理函数

链表可以实现动态内存分配,要实现根据程序的需要动态分配存储空间,就必须用到以下几个函数。

(1) malloc( )函数:分配内存空间函数。

格式如下:

```
(类型说明符 *)malloc(size)
```

功能:在内存的动态存储区中分配一块长度为 size 字节的连续区域。函数的返回值为该区域的首地址。

> 提醒:①"类型说明符"表示该区域用于存储数据的数据类型;②"类型说明符 *"表示把返回值强制转换为该类型指针;③size 是一个无符号整型数。

例如:

```
char  *p;
p=(char *)malloc( 1000 );
```

表示分配 1000 字节的内存空间，并强制转换为字符数组类型，函数返回值为指向该字符数组的指针，把该指针赋予指针变量 p。

(2) calloc( ) 函数：分配内存空间函数。

格式如下：

```
(类型说明符 *)calloc( m ,size )
```

功能：在内存的动态存储区分配 m 块长度为 size 字节的连续区域。函数的返回值为该区域的首地址。

> 提醒：calloc( ) 函数与 malloc( ) 函数的区别仅在于一次可以分配 m 块区域。

例如：

```
struct student *pnum;
pnum=(struct student *)calloc( 2,sizeof(struct student));
```

其中，sizeof(struct student)是求 student 结构体类型的长度。因此，该语句的含义为按该结构体的长度分配 2 块连续区域，强制转换为 student 类型，并把其首地址赋予指针变量 pnum。

(3) free( ) 函数：释放内存空间函数。

格式如下：

```
free( void *ptr);
```

功能：释放 ptr 所指向的一块内存空间，ptr 是一个任意类型的指针变量，它指向被释放区域的首地址。

> 提醒：被释放区域应是 malloc( ) 或 calloc( ) 函数分配的区域。

4. 链表基本操作

链表的常用操作包括链表的建立、输出、查找、插入和删除操作。现在假设链表中结点的数据域是整型数，则结点类型定义形式如下：

```
struct LNode
{
    int data;
    struct LNode *next;
};
```

下面所示为常见链表的操作，其中 head，s，p，pre 为 LNode 结构体类型的指针，head 指向链表的头结点，pre 指向 p 所指向结点的前一个结点，s 指向动态方式申请空间的地址。

```
s=(struct LNode *)malloc(sizeof(struct LNode));
```

(1) 链表设置为空。

```
head=NULL;
```

说明：当链表 head 为空时，只需设置 head 为 NULL；因此判断 head 是否为空时可以用 head==NULL 或!head 为真时表示。

(2) 结点指针 p 后移一位。

```
p=p->next;
```

说明：链表是按顺序存取方式建立的，只有通过头指针（即第一个结点的地址）开始才能依次找到其他结点，通过 p=p->next 将 p 指向后一个结点。

(3) 将元素值为 5 的结点 s 插入链表中，使之成为第一个结点。

```
int x=5;
s->data=x;
s->next=head;
head=s;
```

说明：将一个值为 x 的结点插入链表中，首先定义一个链表中结点类型的指针 s，用函数 malloc()动态申请内存赋值给 s，并给 s 的数据域赋值 s->data=x；若要将结点 s 插入链首，则需要使 s 的后面（即 s->next）链接到原来链表的第一个结点（head 所指向的结点），然后让 head 指向 s 所指向的结点。

(4) 将结点 s 插入到 p 所指向结点之后。

```
s->data=x;
s->next=p->next;
p->next=s;
```

说明：若要将 s 插到链表中 p 所指向结点的后面，则需要使 s 的后面链接到 p 所指向结点的后面的结点（即 p->next），然后让 p 所指向结点的后面链接到 s 所指向的结点。

(5) 将结点 s 插入到链表尾。

```
s->data=x;
s->next=NULL;
p=head;
if(p==NULL)head=s;    /*如果链表为空,直接使 s 成为第一个结点*/
else
{
    /*从第一个结点开始(p=head)判断其是否为尾结点,如果不是,则将 p 后移 */
    while(p->next)
        p=p->next;
    p->next=s;    /*将 s 链接到 p 结点后面*/
}
```

说明：若要将 s 所指向的结点插入到链尾，则首先应找到链尾的结点 p，从链表的头指针所指向的第一个结点开始判断它是否为尾结点（即 p->next==NULL 为真），找到尾结点后只需在尾结点后插入 s 即可。

（6）删除 p 所指向的结点。

```
if(p==head)   head=p->next; /*若p为头结点,则改变头结点位置*/
else
{  pre=head;   /*找到结点p的前驱结点*/
   while(pre->next!=p)
     pre=pre->next;
   pre->next=p->next; /*使结点p的前驱结点pre指向p后一个结点*/
}
   free(p); /*将p指的空间释放*/
```

说明：若要将链表中 p 所指向的结点删除，则需要考虑 p 是否为链表中的第一个结点，如果是，则要改变链表头指针的值，使头指针指向 p 的后面的结点。

如果 p 不是链表中的第一个结点，因为删除结点 p 后的结果为 p 前面的结点链接 p 后面的结点，所以首先在链表中查找 p 的前驱结点 pre。由于链表的特点，每个结点的地址存储在前面结点的指针中，所以只能从头结点开始（pre=head）进行查找工作，判断 pre 是否为 p 的前驱结点（即 pre->next==p），如果不是，则将 pre 后移（即 pre=pre->next），直到 pre 为 p 的前驱结点。

【例 8-9】通过链表实现存储任意学生的姓名信息。

程序如下：

```
#include <stdio.h>
#include <malloc.h> /*包含动态内存分配函数的头文件*/
typedef struct node
{
    char name[20];
    struct node *next;
}stud;
stud * creat(int n)/*建立单链表的函数,形参n为人数*/
{
    stud *p,*head,*s;
          /* *head保存表头结点的指针,*p指向当前结点的前一个结点,*s指向当前结点*/
    int i; /*计数器*/
    if((head=(stud *)malloc(sizeof(stud)))==NULL)/*分配空间并检测*/
    {
        printf("不能分配内存空间!");
```

```c
        return NULL;
    }
    head->name[0]='\0';      /*把表头结点的数据域置空*/
    head->next=NULL;         /*把表头结点的链域置空*/
    p=head;                  /*p指向表头结点*/
    for(i=0;i<n;i++)
    {
        if((s=(stud *)malloc(sizeof(stud)))==NULL)/*分配新存储空间并检测*/
        {
            printf("不能分配内存空间!");
            return NULL;
        }
        p->next=s;
            /*把s的地址赋给p所指向的结点的链域,这样就把p和s所指向的结点连接起来了*/
        printf("请输入第%d个人的姓名:",i+1);
        scanf("%s",s->name);    /*在当前结点s的数据域中存储姓名*/
        s->next=NULL;
        p=s;
    }
    return(head);
}
void output(struct node * h)
{
    struct node *p;
    p=h;                /*p指向头结点h*/
    printf("按顺序输出每个结点存放的姓名:\n");
    p=p->next;  /*由于头结点没有存储数据,使p指向第一个结点*/
        while(p!=NULL)
        {       /* 只要p是一个非空结点,则输出其数据域,然后p后移*/
            printf("%s\t",p->name);
            p=p->next;
        }
    printf("\n");
}
main()
{
    int number;             /*保存人数的变量*/
    stud *head;             /*head是保存单链表的表头结点地址的指针*/
```

```
        printf("从键盘上输入学生人数：");
        scanf("%d",&number);
        head=creat(number);       /*把所新建的单链表表头地址赋给 head*/
        output(head);
}
```

运行结果：

从键盘上输入学生人数：3
请输入第 1 个人的姓名：李明
请输入第 2 个人的姓名：刘红
请输入第 3 个人的姓名：田丽
按顺序输出每个结点存放的姓名：
李明　　刘红　　田丽

程序分析：creat( )函数实现的是链表的创建，根据形参 n 指定链表中结点的个数，函数返回值是链表。实现过程采用动态内存分配方式和尾插入法，即把插入结点链接在链表的尾部。输出函数 output( )根据形参链表 h 中结点的顺序，输出其链表中结点数据的值。main( )函数进行测试。

提醒：编写动态内存分配的程序，请尽量对分配是否成功进行检测。

思考：程序中链表的创建采用尾插入法实现的，如何用头插入法实现链表的创建？

8.5.2　栈

1. 栈的概念

栈是限定仅在表尾进行插入和删除操作的线性表，允许插入和删除的一端称为栈顶，另一端称为栈底，不含任何数据元素的栈称为空栈。

微课 8-11
栈的定义、实现

如图 8-8 所示，栈中插入元素时，按照 A1，A2，A3 到 An 的顺序依次添加。当从栈中移除元素时，最后添加的元素 An 被先移除。这称为栈的"后进先出"特性。

图 8-8

2. 栈的类型定义与基本操作

栈的实现方式多样，但是其基础的定义和操作大致相同，下面是一个典型栈的基本操作。

InitStack(&S)   /*初始化栈*/

操作结果：构造一个空栈 S。

DestroyStack(&S)/*销毁栈,释放占用的内存*/

执行条件：栈 S 已存在。
操作结果：栈 S 被销毁。

Push(&S,e)   /*压入元素*/

执行条件：栈 S 已存在。
操作结果：将新元素 e 插入栈顶。

Pop(&S,&e)   /*弹出元素*/

执行条件：栈 S 已存在且非空。
操作结果：返回 S 中栈顶的元素，并从栈中删除该元素。

3. 顺序栈

顺序栈是指利用顺序存储结构实现的栈，即利用一组地址连续的存储单元依次存放自栈底到栈顶的数据元素。其中指针 base 固定指向栈底，指针 top 指向栈顶元素在顺序栈中的位置。当 top 和 base 的值相等时，表示空栈。顺序栈的定义如下：

```c
//-----顺序栈的存储结构--
#define MAXSIZE 100          /*顺序栈存储空间的初始分配量*/
typedef struct
{
    SElemType *base;         /*栈底指针*/
    SElemType *top;          /*栈顶指针*/
    int stacksize;           /*栈可用的最大容量*/
}SqStack;
```

由于顺序栈的插入和删除只在栈顶进行，所以顺序栈的基本操作比顺序表要简单得多，以下给出顺序栈部分操作的实现。

（1）初始化。

顺序栈的初始化操作是指为顺序栈动态分配一个预先定义大小为 MAXSIZE 的数组空间。

①为顺序栈动态分配一个最大容量为 MAXSIZE 的数组空间，使指针 base 指向这段空间的基地址即栈底地址。

②栈顶指针 top 初始为栈底指针 base，表示栈为空。

③stacksize 置为栈的最大容量 MAXSIZE。

顺序栈的初始化如下：

```
Status Initstack(SqStack &S)
{//构造一个空栈 S
    S.base=new SElemType[MAXSIZE];  /*为栈动态分配一个最大容量为MAXSIZE的数组空间*/
    if(!S.base)exit(OVERFLOW);       /*存储分配失败*/
    S.top=S.base;                    /*top 初始为base,空栈*/
    S.stacksize=MAXSIZE;             /*stacksize置为栈的最大容量MAXSIZE*/
    return OK;
}
```

（2）入栈。

入栈操作是指在栈顶插入一个新的元素。

①判断栈是否已满，若已满，则返回 ERROR。

②将新元素压入栈顶，栈顶指针加 1。

顺序栈的入栈如下：

```
Status Push(SqStack &S,SElemType e)
{//插入元素e为新的栈顶元素
    if(S.top-S.base==S.stacksize)return ERROR;   /*栈满*/
    *S.top++=e;                                   /*元素e压入栈顶,栈顶指针加1*/
    return OK;
}
```

（3）出栈。

出栈操作是指将栈顶元素删除。

①判断栈是否为空，若为空，则返回 ERROR。

②栈顶指针减 1，栈顶元素出栈。

顺序栈的出栈如下：

```
Status Pop(SqStack &S,SElemType &e)
{//删除s的栈顶元素,用e返回其值
    if(S.top==S.base)return ERROR;    /*栈空*/
    e=*--S.top;                        /*栈顶指针减1,将栈顶元素赋给e*/
    return OK;
}
```

（4）销毁栈。

若不再使用栈后，则需要销毁栈中的数据，回收占用的内存。

```
Status DestroyStack(SqStack &S)
{
    if(S.base)
```

```
        {
            delete[] S.base;   //释放栈所占用的所有内存
            S.base=NULL;
            S.top=NULL;
            S.stacksize=0;
        }
        return OK;
}
```

由于顺序栈和顺序表一样，受到最大空间容量的限制，虽然在"满员"时可以重新分配空间扩大容量，但工作量较大，应该尽量避免。因此在应用程序无法预先估计栈可能达到的最大容量时，还是应该使用下面介绍的链栈。

4. 链栈

链栈是指采用链式存储结构实现的栈。通常链栈用单链表表示。链栈的结构与单链表的结构相同，在此用 StackNode 表示，链栈定义如下：

```
//-----链栈的存储结构----
typedef struct stackNode
{
    SElemType data;
    struct StackNode *next;
}StackNode,*LinkStack;
```

由于链栈的主要操作是在栈顶进行插入和删除，所以以链表的头部作为栈顶最方便，而且没必要像单链表那样为了操作方便附加一个头结点。

下面给出链栈部分操作的实现。

（1）初始化。

链栈的初始化操作就是构造一个空栈，因为没必要设头结点，所以直接将栈顶指针置空即可。

链栈的初始化：

```
Status InitStack(LinkStack &S)
{//构造一个空栈 S,栈顶指针置空
    S=NULL;
    return OK;
}
```

（2）入栈。

链栈和顺序栈的入栈操作不同的是，链栈在入栈前不需要判断栈是否已满，只需要为入栈元素动态分配一个结点空间。

链栈的入栈过程如下。

①为入栈元素 e 分配空间，用指针 p 指向新结点。

②将新结点数据域置为 e。
③将新结点插入栈顶。
④修改栈顶指针为 p。

```
Status Push(LinkStack &S,SElemType e)
{//在栈顶插入元素 e
    p=new StackNode;          /*生成新结点*/
    p->data=e;                /*将新结点数据域置为 e*/
    p->next=S;                /*将新结点插入栈顶*/
    S=p                       /*修改栈顶指针为 p*/
    return OK;
}
```

（3）出栈。

链栈和顺序栈一样，链栈在出栈前也需要判断栈是否为空，不同的是，链栈在出栈后需要释放出栈元素的栈顶空间。

链栈的出栈过程如下。
①判断栈是否为空，若为空，则返回 ERROR。
②将栈顶元素赋给元素 e。
③临时保存栈顶元素的空间，以备释放。
④修改栈顶指针，指向新的栈顶元素。
⑤释放原栈顶元素的空间。

```
Status Pop(LinkStack &S,SElemType &e)
{//删除 S 的栈顶元素,用 e 返回其值
    if(S==NULL)return ERROR;  /*栈空*/
    e=S->data;                /*将栈顶元素赋给 e*/
    p=S;                      /*用 p 临时保存栈顶元素空间,以备释放*/
    S=S->next;                /*修改栈顶指针*/
    delete p;                 /*释放原栈顶元素的空间*/
    return K;
}
```

（4）销毁栈。

链栈的销毁需要将每一个结点中的数据清空并释放内存。

```
Status DestroyStack(LinkStack &S)
{    //检查栈是否为空
    if(S==NULL)
    {
        return OK; /*如果栈为空,直接返回成功*/
```

```
    }
    StackNode *p=S;
    while(p!=NULL)      /*遍历栈并释放每个结点的内存*/
    {
        S=p->next;  /*将栈顶指针指向下一个结点*/
        free(p);    /*释放当前结点的内存*/
        p=S;        /*更新指针到下一个结点*/
    }
    return OK;
}
```

【例8-10】通过顺序栈实现求解算式的程序。

程序如下：

```
#include <stdio.h>
#include <stdlib.h>
#include <string.h>
#include <ctype.h>
#define MAXSIZE 100
typedef struct stack{
    char data[MAXSIZE];
    int top;
} Stack;
Status InitStack(Stack &S){
    S.top=-1;
    return OK;
}
Status Push(Stack &S,char e){
    if(S.top==MAXSIZE - 1){
        return ERROR;
    }
    S.data[++S.top]=e;
    return OK;
}
Status Pop(Stack &S,char &e){
    if(S.top==-1){
        return ERROR;
    }
    e=S.data[S.top--];
    return OK;
```

```c
}
int Precedence(char op1,char op2){
    if(op1=='(' || op1==')'){
        return 0;
    }
    if((op1=='*' || op1=='/')&&(op2=='+' || op2=='-')){
        return 1;
    } else {
        return -1;
    }
}
int Operate(int a,int b,char op){
    switch(op){
        case'+': return a+b;
        case'-': return a - b;
        case'*': return a * b;
        case'/': return a /b;
        default: return 0;
    }
}
int EvaluatePostfix(char *postfix){
    Stack S;
    InitStack(S);
    int i=0;
    int num=0;
    int result=0;
    while(postfix[i] !='\0'){
        if(isdigit(postfix[i])){
            num=num * 10 +(postfix[i] -'0');
        } else {
            if(num !=0){
                Push(S,num);
                num=0;
            }
            if(postfix[i]=='+' || postfix[i]=='-' || postfix[i]=='*' || postfix[i]=='/'){
                int b=Pop(S,num);
                int a=Pop(S,num);
                result=Operate(a,b,postfix[i]);
```

```
                Push(S,result);
            }
        }
        i++;
    }
    if(num!=0){
        Push(S,num);
    }
    Pop(S,result);
    return result;
}
main(){
    char infix[]="3+5*(6-2)/8";
    char postfix[20];
    InfixToPostfix(infix,postfix);
    int result=EvaluatePostfix(postfix);
    printf("后缀表达式的运算结果为:%d",result);
}
```

运行结果：

后缀表达式的运算结果为:19

程序分析：本程序首先定义了一个栈结构体 Stack，用于存储操作数和中间结果。栈的操作包括初始化栈（InitStack（）函数）、入栈（Push（）函数）、出栈（Pop（）函数）等。Precedence（）函数用于比较两个运算符的优先级，这对于将中缀表达式转换为后缀表达式至关重要。Operate（）函数则实现了基本的算术运算，如加减乘除。EvaluatePostfix（）函数是程序的核心部分，它接收一个后缀表达式作为输入，利用栈来计算表达式的值。在遍历后缀表达式的过程中，如果是数字，则将其压入栈中；如果是运算符，则从栈中弹出两个操作数进行运算，并将结果压回栈中。最终栈顶元素即为表达式的计算结果。

思考：如何使用链栈实现算式求解？

8.5.3 队列

1. 队列的概念

队列是一种先进先出的线性表。它只允许在表的一端进行插入，而在另一端删除元素。这和日常生活中的排队是一致的，最早进入队列的元素最早离开。在队列中，允许插入的一端称为队尾（rear），允许删除的一端称为队头（front）。假设队列为 Q=（A_1，A_2，…，A_n），那么，A_1 是队头元素，A_n 是队尾元素。队列中的元素是按照 A_1，A_2，…，A_n 的顺序进入的，退出队

微课 8-12
队列的定义、实现

列也只能按照这个次序依次退出,即只有在 A_1,A_2,…,A_{n-1} 都离开队列之后,A_n 才能退出队列。图 8-9 所示为队列的示意图。

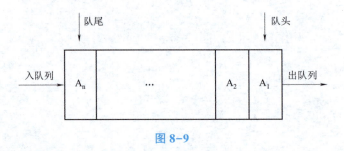

图 8-9

2. 队列的类型定义与基本操作

队列的定义与操作和栈类似,只是队列的插入在队尾、删除在队头,队列的基本操作如下。

InitQueue(&Q)

操作结果:构造一个空队列 Q。

DestroyQueue(&Q)

执行条件:队列 Q 已存在。
操作结果:队列 Q 被销毁,不再存在。

EnQueue(&Q,e)

执行条件:队列 Q 已存在。
操作结果:插入元素 e 为 Q 的新的队尾元素。

DeQueue(&Q,&e)

执行条件:Q 为非空队列。
操作结果:删除 Q 的队头元素,并用 e 返回其值。

3. 循环队列

循环队列和顺序栈类似,在循环队列的顺序存储结构中,除了用一组地址连续的存储单元依次存放从队列头到队列尾的元素之外,还需设置两个整型变量 front 和 rear 分别指示队列头元素及队列尾元素的位置(后面分别称为头指针和尾指针)。队列的顺序存储结构表示如下:

```
#define MAXQSIZE 100        //队列可能达到的最大长度
typedef struct
{
    QElemType *base;        /*存储空间的基地址*/
    int front;              /*头指针*/
    int rear;               /*尾指针*/
}SqQueue;
```

初始化创建空队列时,令头指针 front 和尾指针 rear 都置为 0,每当队列尾插入新的元素时,尾指针 rear 增 1;每当删除队列头元素时,头指针 front 增 1。因此,在非空队列中,头指针始终指向队列头元素,尾指针始终指向队列尾元素的下一个位置。

(1) 初始化。

循环队列的初始化操作是动态分配一个预先定义大小为 MAXQSIZE 的数组空间。

循环队列的初始化过程如下。

①为队列分配一个最大容量为 MAXQSIZE 的数组空间,base 指向数组空间的首地址。

②头指针和尾指针置为 0,表示队列为空。

```
Status InitQueue(SqQueue &Q)
{//构造一个空队列Q
    Q.base=new QElemType[MAXQSIZE]    /*为队列分配一个最大容量为MAXQSIZE的数组空间*/
    if(!Q.base)exit(OVERFLOW);         /*存储分配失败*/
    Q.front=Q.rear=0;                  /*头指针和尾指针置为0,队列为空*/
    return OK;
}
```

(2) 求队列长度。

对于非循环队列,尾指针和头指针的差值便是队列长度,而对于循环队列,因为差值可能为负数,所以需要将差值加上 MAXQSIZE,然后与 MAXQSIZE 求余。

求循环队列的长度:

```
int QueueLength(SqQueue&Q)
{//返回队列的元素个数,即队列的长度
    return(Q.rear-Q.front+MAXQSIZE)% MAXQSIZE;
}
```

(3) 入队。

入队操作是指在队尾插入一个新的元素。

循环队列的入队过程如下。

①判断队列是否已满,若已满,则返回 ERROR。

②将新元素插入队尾。

③队尾指针加 1。

```
Status EnQueue(SqQueue &Q,QElemType e)
{//插入元素e为Q的新的队尾元素
    if((Q.rear+1)% MAXQSIZE==Q.front)    /*尾指针在循环中加1后等于头指针,则队满*/
        return ERROR;
    Q.base[Q.rear]=e;                    /*新元素插入队尾*/
    Q.rear=(Q.rear+1)%MAXQSIZE;          /*队尾指针加1*/
    return OK;
}
```

(4)出队。

出队操作是将队头元素删除。

循环队列的出队过程如下。

①判断队列是否为空,若为空,则返回 ERROR。

②保存队头元素。

③队头指针加 1。

```
Status DeQueue(SqQueue &Q,QElemType &e)
{//删除 Q 的队头元素,用 e 返回其值
    if(Q.front==Q.rear)return ERROR;      /*队空*/
    e=Q.base[Q.front];                     /*保存队头元素*/
    Q.front=(Q.front+1)%MAXQSIZE;          /*队头指针加 1*/
    return OK;
}
```

(5)销毁队列。

当队列不再使用后,则需要销毁栈中的数据,回收占用的内存。循环队列的销毁过程如下。

①判断队列是否为空,若非空则释放队列空间。

②头指针和尾指针置为 0。

```
void DestroyQueue(SqQueue *Q)
{
    if(Q->base!=NULL){
        delete[] Q->base;
        Q->base=NULL;
    }
    Q->front=Q->rear=0;
}
```

由上述分析可见,如果用户的应用程序中设有循环队列,则必须为它设定一个最大队列长度。若用户无法预估所用队列的最大长度,则宜采用链队。

4. 链队

链队是指采用链式存储结构实现的队列。链队通常用单链表表示。一个链队需要头指针和尾指针才能唯一确定。这和线性表的单链表一样,为了操作方便,给链队添加一个头结点,并令头指针始终指向头结点。队列的链式存储结构表示如下:

```
//-----队列的链式存储结构----
typedef struct qNode
{
    QElemType data;
```

```
       struct QNode *next;
}QNode,*QueuePtr;
typedef struct
{
    QueuePtr front;              /*队头指针*/
    QueuePtr rear;               /*队尾指针*/
}LinkQueue;
```

链队的操作同单链表的操作基本相同,只需进一步修改尾指针或头指针。下面给出链队初始化、入队、出队操作的实现。

(1) 初始化。

链队的初始化操作是构造一个只有一个头结点的空队列。

链队的初始化过程如下。

①生成新结点作为头结点,队头和队尾指针指向此结点。

②头结点的指针域置空。

```
Status InitQueue(LinkQueue &Q)
{//构造一个空队列 Q
    Q.front=Q.rear=new Node;    /*生成新结点作为头结点,队头和队尾指针指向此结点*/
    Q.front->next=NULL;          /*头结点的指针域置空*/
    return OK;
}
```

(2) 入队。

链队和循环队列的入队操作不同的是,链队在入队前不需要判断队列是否已满,只需要为入队元素动态分配一个结点空间。

链队的入队过程如下。

①为入队元素分配结点空间,用指针 p 指向此结点。

②将新结点数据域置为 e。

③将新结点插入到队尾。

④修改队尾指针为 p。

```
Status EnQueue(LinkQueue &Q,QElemType e)
{//插入元素 e 为 Q 的新的队尾元素
    p=new QNode;                 /*为入队元素分配结点空间,用指针 p 指向*/
    p->data=e;                   /*将新结点数据域置为 e*/
    p->next=NULL;
    Q.rear->next=p;              /*将新结点插入到队尾*/
    Q.rear=p;                    /*修改队尾指针*/
    return OK;
}
```

(3) 出队。

链队和循环队列一样，链队在出队前也需要判断队列是否为空，不同的是，链队在出队后需要释放队头元素的所占空间。

链队的出队过程如下。

①判断队列是否为空，若空则返回 ERROR。
②临时保存队头元素的空间，以备释放。
③修改队头指针，指向下一个结点。
④判断出队元素是否为最后一个元素，若是，则将队尾指针重新赋值，指向头结点。
⑤释放原队头元素的空间。

```
Status DeQueue(LinkQueue &Q,QElemType &e)
{//删除 Q 的队头元素,用 e 返回其值
    if(Q.front==Q.rear)return ERROR;      /*若队列空,则返回 ERROR*/
    p=Q.front->next;                       /*p 指向队头元素*/
    e=p->data;                             /*e 保存队头元素的值*/
    Q.front->next=p->next;                 /*修改头指针*/
    if(Q.rear==p)Q.rear=Q.front;           /*最后一个元素被删,队尾指针指向头结点*/
    delete p;                              /*释放原队头元素的空间*/
    return OK;
}
```

需要注意在链队出队操作时，由于删除队列中最后一个元素后，队列尾指针也会丢失，因此需对队尾指针重新赋值（指向头结点）。

(4) 销毁队列。

链队的销毁需要将每一个节点中的数据清空并释放内存。

```
void DestroyQueue(LindQueue *Q)
{
    QueuePtr p,q;
    p=Q->front->next;
    /*从队头结点的下一个点结开始遍历*/
    while(P!=NULL){
        q=p;
        p=p->next;
        delete q;                  /*释放结点空间*/
    }
    delete Q->front;               /*释放头结点空间*/
    Q->front=Q->rear=NULL;         /*将头指针和尾指针置空*/
}
```

【例 8-11】简单舞伴问题。

在一个舞会上,男女各自排队,按照一定的规则匹配舞伴。可以设计一个简单的模拟程序来演示这个问题。

程序如下:

```c
#include <stdio.h>
#include <stdlib.h>
//定义队列的最大长度
#define MAX_QUEUE_SIZE 100
//定义队列结构体
typedef struct{
    int items[MAX_QUEUE_SIZE];
    int front;
    int rear;
} Queue;
//初始化队列
void initQueue(Queue *q){
    q->front=-1;
    q->rear=-1;
}
//判断队列是否为空
int isEmpty(Queue *q){
    return q->front==-1;
}
//判断队列是否已满
int isFull(Queue *q){
    return(q->rear+1)% MAX_QUEUE_SIZE==q->front;
}
//入队操作
void enqueue(Queue *q,int value){
    if(isFull(q)){
        printf("Queue is full,cannot enqueue.\n");
        return;
    }
    if(isEmpty(q)){
        q->front=q->rear=0;
    } else {
        q->rear=(q->rear+1)% MAX_QUEUE_SIZE;
    }
    q->items[q->rear]=value;
}
```

```c
//出队操作
int dequeue(Queue *q){
    if(isEmpty(q)){
        printf("Queue is empty,cannot dequeue.\n");
        return -1;
    }
    int item=q->items[q->front];
    if(q->front==q->rear){
        q->front=q->rear=-1;
    } else {
        q->front=(q->front+1)% MAX_QUEUE_SIZE;
    }
    return item;
}
//舞伴匹配函数
void matchDancePartners(Queue *male,Queue *female){
    printf("Matching dance partners...\n");
    while(! isEmpty(male)&& ! isEmpty(female)){
        int maleDancer=dequeue(male);
        int femaleDancer=dequeue(female);
        printf("Dancer %d matched with dancer %d.\n",maleDancer,femaleDancer);
    }
    if(isEmpty(male)){
        printf("No more male dancers left in the queue.\n");
    }
    if(isEmpty(female)){
        printf("No more female dancers left in the queue.\n");
    }
}
main(){
    Queue maleQueue,femaleQueue;
    initQueue(&maleQueue);
    initQueue(&femaleQueue);
    //假设有5位男舞者和5位女舞者
    for(int i=1; i<=5; ++i){
        enqueue(&maleQueue,i);
        enqueue(&femaleQueue,i);
    }
    matchDancePartners(&maleQueue,&femaleQueue);
}
```

程序分析：定义了一个队列结构体，并实现了队列的基本操作，包括初始化、判断是否为空或已满、入队和出队。matchDancePartners()函数模拟了舞伴匹配的过程，它会交替地从男性队列和女性队列中取出舞者，并打印出匹配结果。在main()函数中，创建了两个队列分别代表男性和女性舞者，并为他们入队，然后调用matchDancePartners()函数进行匹配。

思考：如何使用链队解决舞伴问题？

8.6 枚举类型

在实际问题中，有些变量的取值被限定在一个有限的范围内。例如，一个星期内只有7天，一年只有12个月，一个班每周有6门课程等。如果把这些量声明为整型、字符型或其他类型显然是不妥当的。为此，C语言提供了一种称为枚举的类型。在枚举类型的定义中列举出所有可能的取值，被声明为该枚举类型的变量的取值不能超过定义的范围。

> **提醒**：枚举类型是一种基本数据类型，而不是一种构造类型，因为它不能再分解为任何基本类型。

1. 枚举类型的定义和枚举变量的声明

（1）枚举类型定义的一般格式如下：

```
enum 枚举名{枚举值表};
```

在枚举值表中应罗列出所有可用值。这些值又称枚举元素。例如：

```
enum weekday{ sun,mou,tue,wed,thu,fri,sat };
```

说明该枚举名为weekday，枚举值共有7个，分别是0~6。凡被声明为weekday枚举类型变量的取值只能是一个星期内7天中的某一天。

（2）枚举变量的声明。

同结构和联合一样，枚举变量也可用不同的方式声明，即先定义后声明、同时定义和声明或直接声明。设有变量a，b，c被声明为上述的weekday类型，可采用下述任一种方式表示：

```
enum weekday{ sun,mou,tue,wed,thu,fri,sat };
enum weekday a,b,c;
```

或者

```
enum weekday{ sun,mou,tue,wed,thu,fri,sat }a,b,c;
```

或者

```
enum { sun,mou,tue,wed,thu,fri,sat }a,b,c;
```

2. 枚举类型变量的赋值和使用

枚举类型在使用中有以下规定。

①枚举值是常量，不是变量。在程序中不能用赋值语句再对它赋值。例如，对 weekday 类型的元素再作以下赋值都是错误的：

```
sun=5;
mon=2;
sun=mon;
```

②枚举元素本身由系统定义一个表示序号的数值，从 0 开始顺序定义为 0，1，2，…。如在 weekday 类型中，sun 值为 0，mon 值为 1，…，sat 值为 6。

【例8-12】枚举类型的简单使用。

程序如下：

```
main()
{
    enum weekday{ sun,mon,tue,wed,thu,fri,sat } a,b,c;
    a=sun;
    b=mon;
    c=tue;
    printf("%d,%d,%d\n",a,b,c);
}
```

运行结果：

```
0,1,2
```

提醒：只能把枚举值赋予枚举变量，不能把元素的数值直接赋予枚举变量。例如：

```
a=sum;
b=mon;
```

是正确的。而

```
a=0;
b=1;
```

是错误的。如一定要把数值赋予枚举变量，则必须用强制类型转换。例如：

```
a=(enum weekday)2;
```

其含义是将顺序号为 2 的枚举元素赋予枚举变量 a，相当于：

```
a=tue;
```

还应该说明的是枚举元素不是字符常量也不是字符串常量，使用时不要加单、双引号。

8.7 typedef 自定义类型

为了增强程序的可读性和可移植性，C 语言提供了可定义新的类型标识符的功能。定义新的类型标识符的一般格式如下：

```
typedef  类型标识符   新类型标识符1   [,新类型标识符2,…];
```

> **提醒**：typedef 顾名思义就是"类型定义"，可以解释为将一种数据类型定义为某一个标识符，即给已知类型名起个新名字，在程序中使用该标识符实现相应数据类型变量的定义。

例如，定义新的类型标识符 real，用它表示单精度类型。

```
typedef   float   real;
```

real 实际上就是 float 类型。

例如：使用 typedef 定义结构体类型。

```
typedef  struct  Student
{
    int  num;
    char  name[20];
    char  sex;
} Stu;
Stu  s1,s2;
```

例如：使用 typedef 定义数组类型。

```
typedef   int   IntArray[20];
IntArray  Mya;         /* 定义了数组 int  Mya[20]*/
IntArray  s;           /*定义了数组 int  s[20] */
```

> **提醒**：其中 IntArray 代表一个具有 20 个整型元素的数组类型。

【技能实践】

8.8 结构体与共用体运用实训

8.8.1 实训目的

（1）掌握结构体和共用体的概念。

(2) 熟练掌握结构体类型及其变量的定义，结构体变量的初始化。
(3) 熟练掌握结构体数组的使用。
(4) 熟练掌握共用体类型及其变量的定义。
(5) 了解结构体指针变量的使用。
(6) 能够用结构体、共用体解决实际的问题。

8.8.2 实训内容

(1) 实训1：建立一个学生的简单信息表，包括学号、姓名及一门课的成绩，并输入相应数据。

(2) 实训2：建立一张50人的人口普查的信息表，其中包括姓名、年龄、性别、职业及住址。

(3) 实训3：利用指向结构体的指针变量来处理4名学生的信息。

(4) 实训4：编写候选人得票的统计程序。设有3个候选人，每次输入一个得票的候选人名单，最后输出每个人的得票结果。假设有50人投票。

(5) 实训5：统计学生成绩中不及格的人数，并打印其名单。

(6) 实训6：设有若干学生和教师的数据，教师的数据包括姓名、编号、性别、职业和职称，学生的数据包括姓名、学号、性别、职业和班级。在职业项中，教师用t表示，学生用s表示。编程输入人员的数据，然后输出。

8.8.3 实训过程

1. 实训1

(1) 实训分析。
该例要求建立一个学生信息表，并输入相应数据，利用结构体变量可以完成该任务。
(2) 实训步骤。
下面给出完整的源程序：

```
#include<stdio.h>
main()
{   struct student                    /*定义结构体类型*/
    {   long int num;                 /*结构体成员:学号,长整型*/
        char name[30];                /*结构体成员:姓名,字符数组*/
        float score;   };             /*结构体成员:成绩,浮点型*/
    struct student st;                /*定义结构体类型变量 st*/
    printf("Input number:");
    scanf("%ld",&st.num);
    printf("Input name:");
    scanf("%s",st.name);
    printf("Input score:");
```

```
    scanf("%f",&st.score);
    printf("NO.=%ld,Name=%s,score=%.2f\n",st.num,st.name,st.score);
}
```

2. 实训2

(1) 实训分析。

该例要求建立一个50人的人口普查信息表,通过分析用结构体数组即可。

(2) 实训步骤。

下面给出完整的源程序:

```
#include <stdio.h>
main()
{ struct person
   { char name[30];
     int age;
     char sex;
     char job[30];
     char addr[40];
   }a[50];                /*采用第二种方式定义结构体数组*/
   int i;
   for(i=0;i<50;i++)
     {printf("input name age sex job addr:\n");
      scanf("%s %d %c %s %s",a[i].name,&a[i].age,
             &a[i].sex,a[i].job,a[i].addr);}
   for(i=0;i<50;i++)
       printf("%s %d %c %s %s \n",a[i].name,a[i].age,
              a[i].sex,a[i].job,a[i].addr);
}
```

3. 实训3

(1) 实训分析。

该例要求用指向结构体的指针变量来处理4名学生的信息,首先建立结构体数组并初始化,然后定义结构体的指针变量,使指针变量指向结构体数组的起始地址,用指针变量输出4个学生的信息。

(2) 实训步骤。

下面给出完整的源程序:

```
#include <stdio.h>
main()
{ struct student
```

```
   { long num;char name[20];char sex;float score;
   }stu[4]={{9901124,"Liyunming",'M',89.5},{9901125,"Wangfang",'F',90},
            {9901126,"Chenhong",'F',88},{9901127,"Fanghao",'M',78.5}};
   struct student  *p;
   p=stu;            /*使指针变量指向结构体数组的起始地址*/
   printf("  NO.       Name           Sex   Score\n");
   for(;p<stu+4;p++)
       printf("%10ld%-20s%2c%10.2f\n",p->num,p->name,p->sex,p->score);
}
```

4. 实训4

(1) 实训分析。

要编写3个候选人的得票统计程序，可定义3个候选人的结构体数组。结构体的成员为候选人的姓名与候选人的得票数。假设有50人投票，定义一个字符数组，用来存储投票人投选的姓名，把这3个候选人的姓名与投票人投的姓名相比较，如果是某个候选人，则该候选人的票数加1。最后输出这3个候选人的得票结果。

(2) 实训步骤。

下面给出完整的源程序：

```
#include <stdio.h>
struct person
{ char name[20];int count;
}leader[3]={"Li",0,"Zhang",0,"Wang",0};
main()
{ int i,j;
  char name[50];
  for(i=1;i<=50;i++)
  {  printf("input name:");
     scanf("%s",name);
     for(j=0;j<3;j++)
        if(strcmp(name,leader[j].name)==0)leader[j].count++;
  }
  printf("\n");
  for(i=0;i<3;i++)
     printf("%5s:%d\n",leader[i].name,leader[i].count);
}
```

5. 实训5

(1) 实训分析。

该例要统计学生成绩中不及格的人数及名单。假设定义6个学生的结构体数组，结构体的成员为学号、姓名、成绩。在程序中对结构体数组初始化,用指向结构体数组的指针变量统计不及格的学生人数,并打印其名单。

(2) 实训步骤。

下面给出完整的源程序:

```
#include <stdio.h>
struct student
{ long num;char name[20];float score;
}st[6]={{9910110,"Wangling",85},{9610111,"Liming",90.5},
{9910112,"Fengyong",90.5},{9910113,"Fangjun",56},
{9910123,"Sunping",77.5},{9910354,"kongxiao",50.5}};
main()
{ struct student *p;
  int count=0;
  printf("不及格名单:\n");
  for(p=st;p<st+6;p++)
     if(p->score<60)
     { count++;
       printf("%ld:%-12s %.1f \n",p->num,p->name,p->score);
     }
  printf("不及格人数:%d\n",count);
}
```

6. 实训6

(1) 实训分析。

由于该表既要输入学生的数据,又要输入教师的数据,最后一项数据若为教师,则输入职称,若为学生,则输入班级。职称用字符型表示,班级用整型表示,用共用体类型可以解决该问题。要完成任务只有定义结构体数组,结构体的最后一个成员用共用体即可。

(2) 实训步骤。

下面给出完整的源程序:

```
#include <stdio.h>
struct
{ int num;
  char name[20];
  char sex;
  char job;
  union
   { int class;char position[10];}cat;
}p[100];
```

```
main()
{ int  i,n,m;
  printf("Input 人数:");
  scanf("%d",&m);
  for(i=0;i<m;i++)
  {  printf("input num name sex job class/position \n");
     scanf("%d %s %c %c",&p[i].num,p[i].name,&p[i].sex,&p[i].job);
     if(p[i].job=='s')   scanf("%d",&p[i].cat.class);
     else scanf("%s",p[i].cat.position);
  }
  printf("NO.    name      sex job  class/position \n");
  for(i=0;i<m;i++)
     {printf("%-d\t%-12s%-c\t%-c\t",p[i].num,p[i].name,p[i].sex,p[i].job);
     if(p[i].job=='s')   printf("%-d\n",p[i].cat.class);
     else printf("%-s\n",p[i].cat.position);
     }
}
```

8.8.4 实训总结

通过实训，掌握了结构体、共用体类型及其变量的定义方法；熟悉了结构体、共用体成员的使用及数据的输入和输出；熟悉了结构体数组的使用；懂得了用结构体的指针变量处理数据既简单灵活又方便，并能用结构体和共用体将不同类型的数据组合成一个有机的整体以解决实际的问题。

【技能测试】

8.9 综合实践

8.9.1 选择题

(1) 当说明一个结构体变量时，系统分配给它的内存是（   ）。
A. 各成员所需内存量的总和
B. 结构中第一个成员所需内存量
C. 成员中占内存量最大者所需的容量
D. 结构中最后一个成员所需内存量

(2) 设有以下声明语句：

```
struct  stu
{  int   a;
```

```
    float   b;
}stutype;
```

则下面的叙述中不正确的是（　　）。

  A. struct 是结构体类型的关键字

  B. struct stu 是用户定义的结构体类型

  C. stutype 是用户定义的结构体类型名

  D. a 和 b 都是结构体成员名

（3）C 语言结构体变量在程序执行期间（　　）。

  A. 所有成员一直驻留在内存中

  B. 只有一个成员驻留在内存中

  C. 部分成员驻留在内存中

  D. 没有成员驻留在内存中

（4）在 16 位 IBMPC 机上使用 C 语言，若有如下定义：

```
struct   data
{   int    i;
    char   ch;
    double f;
} b;
```

则结构体变量 b 占用内存的字节数是（　　）。

  A. 1   B. 2   C. 8   D. 11

（5）若有以下语句：

```
struct   student
{   int num; int age;
};
struct   student   stu[3]={{1001,20},{1002,19},{1003,21}};
main()
{   struct   student   *p;
    p=stu;
    ...
}
```

则以下不正确的引用是（　　）。

  A. (p++)-> age   B. p++

  C. (*p).age   D. p=&stu.num

（6）若有以下语句：

```
struct student
{  int age;
   int num;
} std,*p;
p=&std;
```

则以下对结构体变量 std 中成员 age 的引用方式中不正确的是（   ）。

  A. std.age   B. p->age   C. (*p).age   D. *p.age

（7）若有以下语句，则对结构体变量 pup 中成员 sex 的引用方式正确的是（   ）。

```
struct pupil
{  char name[20];
   int sex;
} pup,*p;
p=&pup;
```

  A. p.pup.sex   B. p->pup.sex   C. (*p).pup.sex   D. (*p).sex

（8）当声明一个共用体变量时，系统分配给它的内存是（   ）。

  A. 各成员所需内存量的总和

  B. 结构中第一个成员所需的内存量

  C. 成员中占内存量最大者所需的容量

  D. 结构中最后一个成员所需的内存量

（9）若有以下语句：

```
union data
{  int i;
   char c;
   float f;
}a;
int n;
```

则以下语句中正确的是（   ）。

  A. a=5;   B. a={2,'a',1.2};

  C. printf("%d\n",a);   D. n=a;

（10）C 语言共用体变量在程序运行期间（   ）。

  A. 所有成员一直驻留在内存中   B. 只有一个成员驻留在内存中

  C. 部分成员驻留在内存中   D. 没有成员驻留在内存中

（11）以下程序的运行结果是（   ）。

```
#include<stdio.h>
main()
```

```
{ union { long a;
          int  b;
          char c;
        } m;
  printf("%d\n",sizeof(m));
}
```

A. 2   B. 4   C. 6   D. 8

8.9.2 判断题

（1）结构体只能包含一种数据类型。 （ ）

（2）不同结构体变量的成员名字必须不同。 （ ）

（3）假定 card 结构体类型包含两个 char 类型的指针 face 和 suit。变量 c 被声明为 card 类型，变量 cPtr 被声明为 card 类型的指针，且 c 的地址已经赋给了变量 cPtr，则 printf("%s\n", *cPtr->face)；是正确的语句。 （ ）

（4）共用体变量的各个成员共享同一块内存区域，因此所有成员值都驻留内存中。

（ ）

（5）以下程序段：

```
union values
{char w; float x; double y;
} v={1.27};
```

是正确的。 （ ）

8.9.3 编程题

（1）定义一个结构体变量，其成员包括职工号、职工名、性别、年龄、工资、地址。

（2）针对上述定义，从键盘输入所需的具体数据，然后用 printf( ) 函数打印出来。

（3）有 10 个学生，每个学生的数据包括学号、姓名及 3 门课的成绩，从键盘输入 10 个学生的数据，要求打印出 3 门课总平均成绩，以及最高分的学生的数据（包括学号、姓名、3 门课成绩及总平均分数）。

【技能拓展】

8.10 五子棋游戏项目实战演练

微课 8-13 链表设计五子棋游戏实现

8.10.1 项目背景

在计算机编程课程中，学生需要掌握各种数据结构和算法的应用。为了提高学习的实践能力，可以设计一个下棋游戏的练习项目。本项目要求读者运用结构体和链表记录落子的信息，用栈实现悔棋功能，用队列实现复盘功能。通过完成本项目，读者可以加深对数据结构和算法的理解，并提升编程技巧。

8.10.2 项目目标

本项目的目标包括以下几点。
（1）使用结构体定义棋子的位置和玩家信息。
（2）利用链表记录每一步的落子情况，以便实现悔棋和复盘功能。
（3）使用栈实现悔棋功能，允许玩家撤销上一步的落子。
（4）使用队列实现复盘功能，允许玩家回放整个游戏过程。

8.10.3 项目应用

1. 结构体与链表的使用

在本项目中，将使用结构体来存储每个棋子的位置和玩家信息。例如，MoveRecord 结构体包含了棋子的坐标（x，y）、玩家标识符 player，以及指向前一步和后一步的指针。通过这些指针，可以构建一个双向链表记录所有的落子步骤。

```c
typedef struct{
    int x;
    int y;
    char player;
    struct MoveRecord *prev;
    struct MoveRecord *next;
}MoveRecord;
```

2. 栈与悔棋功能的实现

为了实现悔棋功能，需要使用栈的数据结构。每当玩家落子时，将该步的信息压入栈中。当玩家想要悔棋时，从栈顶弹出最近的一步，并将棋盘恢复到那个状态。

```c
void add_move_record(MoveRecord **head,MoveRecord **tail,int x,int y,char player){
    MoveRecord *new_node=(MoveRecord *)malloc(sizeof(MoveRecord));
    new_node->x=x;
    new_node->y=y;
    new_node->player=player;
    new_node->prev=NULL;
    new_node->next = *head;
    if(*head !=NULL){
        (*head)->prev=new_node;
    } else {
        *tail=new_node;
```

```c
        *head=new_node;
}

void undo_move(char board[][SIZE],MoveRecord **head,MoveRecord **tail){
    if(*head==NULL)return;
    MoveRecord *temp=*head;
    board[temp->y][temp->x]='.';
    *head=(*head)->next;
    if(*head!=NULL){
        (*head)->prev=NULL;
    } else {
        *tail=NULL;
    }
    free(temp);
}
```

3. 队列与复盘功能的实现

复盘功能需要使用队列的数据结构。可以通过遍历链表的方式，将所有的落子步骤依次放入队列中。然后可以从队列中取出每一步的信息，并在一个新的棋盘上重新绘制出整个游戏的过程。

```c
void replay_game(char board[][SIZE],MoveRecord *tail){
    char replay_board[SIZE][SIZE]={0}; //创建一个新的棋盘用于复盘
    //初始化棋盘
    for(int i=0; i<SIZE; i++){
        for(int j=0; j<SIZE; j++){
            replay_board[i][j]='-';
        }
    }
    system("cls");
    while(tail!=NULL){
        replay_board[tail->y][tail->x]=tail->player; //将复盘的棋子放置在新棋盘上
        draw_board(replay_board,-1,-1); //在新棋盘上绘制
        tail=tail->prev; //移动到前一个结点
        if(tail!=NULL){
            getch(); //等待用户按下任意键继续
        }
    }
}
```

8.10.4 项目实现

下面是完整的代码实现,展示了如何使用结构体、链表、栈和队列完成项目。

```c
#include <stdio.h>
#include <conio.h>
#include <stdlib.h>
#include <stdbool.h>

#define SIZE 20

typedef struct{
    int x;
    int y;
    char player;
    struct MoveRecord *prev;
    struct MoveRecord *next;
} MoveRecord;

void draw_board(char board[][SIZE],int cursor_x,int cursor_y){
    system("cls");
    printf("使用上下左右键选择落子位置,按下"ENTER"键落子,"r"键重开一局,"h"键悔棋一步,"f"键开始复盘\n\n");
    for(int i=0; i<SIZE; i++){
        for(int j=0; j<SIZE; j++){
            if(i==cursor_y&&j==cursor_x){
                printf("V");
            } else {
                printf("%c",board[i][j]);
            }
        }
        printf("\n");
    }
}

void add_move_record(MoveRecord **head,MoveRecord **tail,int x,int y,char player){
    MoveRecord *new_node=(MoveRecord *)malloc(sizeof(MoveRecord));
    new_node->x=x;
    new_node->y=y;
```

```c
    new_node->player=player;
    new_node->prev=NULL;
    new_node->next=*head;
    if (*head!=NULL){
        (*head)->prev=new_node;
    } else {
        *tail=new_node;
    }
    *head=new_node;
}

void clear_move_records(MoveRecord **head,MoveRecord **tail){
    MoveRecord *temp;
    while(*head!=NULL){
        temp=*head;
        *head=(*head)->next;
        if(*head!=NULL){
            (*head)->prev=NULL;
        } else {
            *tail=NULL;
        }
        free(temp);
    }
}

void clear_board(char board[][SIZE]){
    for(int i=0; i<SIZE; i++){
        for(int j=0; j<SIZE; j++){
            board[i][j]='.';
        }
    }
}

void undo_move(char board[][SIZE],MoveRecord **head,MoveRecord **tail){
    if(*head==NULL)return;
    MoveRecord *temp=*head;
    board[temp->y][temp->x]='.';
    *head=(*head)->next;
```

```c
        if(*head!=NULL){
            (*head)->prev=NULL;
        } else {
            *tail=NULL;
        }
        free(temp);
    }

    void replay_game(char board[][SIZE],MoveRecord *tail){
        char replay_board[SIZE][SIZE]={0}; //创建一个新的棋盘用于复盘
        //初始化棋盘
        for(int i=0; i<SIZE; i++){
            for(int j=0; j<SIZE; j++){
                replay_board[i][j]='-';
            }
        }
        system("cls");
        while(tail!=NULL){
            replay_board[tail->y][tail->x]=tail->player;//将复盘的棋子放置在新棋盘上
            draw_board(replay_board,-1,-1); //在新棋盘上绘制
            tail=tail->prev; //移动到前一个结点
            if(tail!=NULL){
                getch(); //等待用户按下任意键继续
            }
        }
    }

    main(){
        char board[SIZE][SIZE];
        int cursor_x=0,cursor_y=0;
        char current_player='X';
        MoveRecord *move_records_head=NULL,*move_records_tail=NULL;
        bool restart=false;

        //初始化棋盘
        for(int i=0; i<SIZE; i++){
            for(int j=0; j<SIZE; j++){
                board[i][j]='.';
            }
```

```c
    }

    while(!restart){
        draw_board(board,cursor_x,cursor_y);
        int key=getch();
        switch(key){
            case 72: //上箭头
                if(cursor_y>0)cursor_y--;
                break;
            case 80: //下箭头
                if(cursor_y<SIZE - 1)cursor_y++;
                break;
            case 75: //左箭头
                if(cursor_x>0)cursor_x--;
                break;
            case 77: //右箭头
                if(cursor_x<SIZE - 1)cursor_x++;
                break;
            case 13: //回车键
                if(board[cursor_y][cursor_x]=='.'){
                    board[cursor_y][cursor_x]=current_player;
                    add_move_record(&move_records_head,&move_records_tail,cursor_x,cursor_y,current_player);
                    current_player=(current_player=='X')?'O':'X';
                }
                break;
            case 'r': //重新开始游戏,清空棋盘和记录链表
                clear_move_records(&move_records_head,&move_records_tail);
                clear_board(board);
                current_player='X';
                break;
            case 'h': //悔棋一步
                undo_move(board,&move_records_head,&move_records_tail);
                break;
            case 'f': //开始复盘
                replay_game(board,move_records_tail);
                break;
            default:
                break;
```

```
            }
        }
    }
```

【素质拓展】

8.11　协作精神：结构体与共同体映射团队协作

在 C 语言中，结构体和共同体是单独信息间协作的体现，它们将不同的数据类型组织在一起，形成复合数据类型。结构体允许不同类型的数据组合，而共同体则确保了这些数据在内存中的共享。这就像在团队中，每个成员有自己的职责和专长，但为了共同的目标，所有成员需要协同工作、共享资源。结构体和共同体在 C 语言中的价值内涵体现了个人与团队协作的关系，即只有通过有效的协作，才能充分发挥每个成员的优势，达到整体目标。

第 9 章 文件处理

技能目标

（1）学会使用文件打开、关闭、读、写等文件操作函数。
（2）学会对文件进行简单的操作。

素养目标

国之大者：具备信息技术创新能力与社会伦理责任。

【技能基础】

9.1 文件概述

9.1.1 文件的概念

"文件"是指一组相关数据的有序集合。这个数据集合有一个名称，叫作文件名。实际上在前面的各章中已经多次使用了文件，如源程序文件、目标文件、可执行文件、库文件（头文件）等。文件通常是存储在外部介质（如磁盘等）上的，在使用时才调入内存中。

微课 9-1
文件概述

从不同的角度可对文件做不同的分类。从用户角度看，文件可分为普通文件和设备文件两种。

普通文件是指存储在磁盘或其他外部介质上的一个有序数据集，可以是源程序文件、目标文件、可执行程序；也可以是一组待输入处理的原始数据，或者是一组输出的结果。源程序文件、目标文件、可执行程序称为程序文件，输入/输出数据称为数据文件。

设备文件是指与主机相连的各种外部设备，如显示器、打印机、键盘等。在操作系统中，将外部设备也看作一个文件进行管理，把它们的输入/输出等同于对磁盘文件的读和写。通常把显示器定义为标准输出文件，一般情况下在屏幕上显示有关信息就是向标准输出文件输出数据，如经常使用的 printf( )，putchar( ) 函数就是这类输出。键盘通常被指定为标准的输入文件，从键盘上输入信息就意味着从标准输入文件上输入数据，如 scanf( )，getchar( ) 函数就属于这类输入。

从文件编码的方式看，文件可分为 ASCII 文件和二进制文件两种。

ASCII 文件又称文本文件，这种文件在磁盘中存放时每个字符对应一个字节，用于存放对应的 ASCII 码。例如，整数 5678 的存储形式如下：

```
ASCII 码:00110101 00110110 00110111 00111000
十进制码:5        6        7        8
```

由上可以看出，整数 5678 若以 ASCII 码方式存储时，共占用 4 字节的单元。ASCII 文件可在屏幕上按字符显示，例如源程序文件就是 ASCII 文件，用 DOS 命令 TYPE 可显示文件的内容。由于 ASCII 码是按字符显示，因此能读懂文件内容。

二进制文件是按二进制的编码方式来存放文件的。例如，整数 5678 的存储形式为 00010110 00101110，只占 2 字节。二进制文件虽然也可在屏幕上显示，但其内容无法读懂。C 语言系统在处理这些文件时，并不区分类型，都看成字符流，按字节进行处理。输入/输出字符流的开始和结束只由程序控制而不受物理符号（如回车符）的控制。因此，这种文件又称流式文件。

9.1.2 文件类型指针

本节讨论流式文件的打开、关闭、读、写、定位等各种操作。文件类型指针在 C 语言中用一个指针变量指向一个文件，这个指针称为文件指针。通过文件指针可对它所指向的文件进行各种操作。定义文件指针的一般格式如下：

```
FILE *指针变量标识符；
```

其中，FILE 应为大写，它实际上是由系统定义的一个结构，该结构中含有文件名、文件状态和文件当前位置等信息。在编写源程序时不必关心 FILE 结构的细节。例如：

```
FILE *fp;
```

表示 fp 是指向 FILE 结构的指针变量，通过 fp 即可找到存放某个文件信息的结构变量，然后按结构变量提供的信息找到该文件，对文件进行操作。习惯上也笼统地把 fp 称为指向一个文件的指针。

在 C 语言中，文件操作都是由库函数来完成的。在本章内将介绍主要的文件操作函数。

9.2 文件的打开与关闭

文件在进行读写操作之前要先打开文件，使用完毕后要关闭文件。打开文件，实际上是指建立文件的各种有关信息，并使文件指针指向该文件，以便进行其他操作。关闭文件则是指断开指针与文件之间的联系，也就禁止再对该文件进行操作。

微课 9-2
文件的打开与关闭

9.2.1 文件打开函数 fopen( )

fopen( )函数用来打开一个文件,其调用的一般格式如下:

文件指针名=fopen(文件名,使用文件方式)

其中,"文件指针名"必须是被声明为 FILE 类型的指针变量,"文件名"是指被打开文件的文件名,其类型为字符串常量或字符串数组;"使用文件方式"是指文件的类型和操作要求。例如:

```
FILE *fp;
fp=fopen("fileA.txt","r");
```

其含义是在当前目录下打开文件 fileA.txt,只允许进行读操作,并使 fp 指向该文件。又如:

```
FILE *fphzk;
fphzk=fopen("c:\\hzk16","rb");
```

其含义是打开 C 驱动器磁盘的根目录下的文件 hzk16,这是一个二进制文件,只允许按二进制方式进行读操作。两个反斜线中的第一个表示转义字符,第二个表示根目录。文件使用的方式共有 12 种,具体的符号和含义如表 9-1 所示。

表 9-1 文件使用方式的符号和含义

文件使用方式的符号	含义
rt（只读）	打开一个文本文件,只允许读数据
wt（只写）	打开或创建一个文本文件,只允许写数据
at（追加）	打开一个文本文件,并在文件末尾写数据
rb（只读）	打开一个二进制文件,只允许读数据
wb（只写）	打开或创建一个二进制文件,只允许写数据
ab（追加）	打开一个二进制文件,并在文件末尾写数据
rt+（读写）	打开一个文本文件,允许读和写
wt+（读写）	打开或创建一个文本文件,允许读和写
at+（读写）	打开一个文本文件,允许读,或在文件末尾追加数据
rb+（读写）	打开一个二进制文件,允许读和写
wb+（读写）	打开或创建一个二进制文件,允许读和写
ab+（读写）	打开一个二进制文件,允许读,或在文件末尾追加数据

具体说明如下。

(1) 文件使用方式由 r,w,a,t,b,+6 共个字符拼接而成,各字符的含义说明如下:
r（read）表示读;w（write）表示写;a（append）表示追加;t（text）表示文本文件,可

省略；b（binary）表示二进制文件；+表示读和写。

（2）凡用 r 方式打开一个文件时，该文件必须已经存在，且只能从该文件读取数据。

（3）用 w 方式打开的文件只能向该文件写入数据。若打开的文件不存在，则以指定的文件名创建该文件；若打开的文件已经存在，则将该文件删除，重新创建一个新文件。

（4）若要向一个已存在的文件追加新的信息，只能用 a 方式打开文件，但此时该文件必须是存在的，否则将会出错。

（5）在打开一个文件时，如果出错，fopen( )函数将返回一个空指针值 NULL。在程序中可以用这一信息来判断是否完成文件的打开，并作相应的处理。因此常用以下程序段打开文件：

```
if((fp=fopen("file1","r")==NULL)
{   printf("\ncannot open this file!");
    exit(0);
}
```

即先检查打开的操作是否出错，如果有错，则在屏幕上输出"cannot open this file!"。exit( )函数的作用是关闭所有文件，终止正在调用的过程。待用户检查出错误，修改后再运行。exit( )函数是带参数调用的，参数是 int 类型。当参数为 0 时，表明这个停止属于正常停止；当为其他值时，用参数指出造成停止的错误类型。用 exit( )函数时，必须在程序前使用预编译命令：#include<stdlib.h>。

（6）把一个文本文件读入内存时，要将 ASCII 码转换成二进制码，而把文件以文本方式写入磁盘时，也要把二进制码转换成 ASCII 码，因此，文本文件的读写要花费较多的转换时间，而对二进制文件的读写不存在这种转换。

（7）标准输入文件（键盘）、标准输出文件（显示器）、标准错误输出文件（出错信息）是由系统打开的，可直接使用。

9.2.2 文件的关闭函数 fclose( )

文件一旦使用完毕，应用文件关闭函数 fclose( )将其关闭，以避免文件的数据丢失等错误发生。

fclose( )函数调用的一般格式如下：

```
fclose(文件指针);
```

例如：

```
fclose(fp);
```

正常完成关闭文件操作时，fclose( )函数返回值为 0，如果返回非零值，则表示有错误发生。可用 ferror( )函数来测试是否有错误发生。

9.3 文件的读写

文件打开以后，就可以对文件进行读和写操作，读和写是最常用的文件操作。

C语言提供了多种文件读写的函数。
① 字符读写函数：fgetc( )和fputc( )。
② 字符串读写函数：fgets( )和fputs( )。
③ 数据块读写函数：fread( )和fwrite( )。
④ 格式化读写函数：fscanf( )和fprinf( )。

微课 9-3
文件的读写

提醒：使用以上函数都要求包含头文件stdio.h。

9.3.1 写字符函数 fputc( )

fputc( )函数的功能是把一个字符写入指定的文件中，即将字符表达式的值写入到文件指针所指向的文件。若写入操作成功，则该函数返回写入的字符；否则返回EOF。函数调用的格式如下：

```
fputc(字符表达式,文件指针);
```

其中，字符表达式即待写入的字符，可以是字符常量或变量，例如：

```
fputc('a',fp);
```

其含义是把字符a写入文件指针fp所指向的文件中。

提醒：
① 被写入的文件可以用写、读写、追加方式打开，用写或读写方式打开一个已存在的文件时将清除原有的文件内容，写入字符从文件首开始。如需保留原有文件内容，希望写入的字符从文件末尾开始存放，则必须以追加方式打开文件。被写入的文件若不存在，则须创建该文件。
② 每写入一个字符，文件内部位置指针向后移动一个字节。
③ fputc( )函数有一个返回值，如果写入成功，则返回写入的字符，否则返回EOF。可用此来判断写入是否成功。

【例 9-1】 从键盘输入一字符串，并逐个将字符串的每一个字符写入到磁盘文件A.dat中，当输入的字符为'#'时停止输入。
程序如下：

```
#include<stdlib.h>
#include <stdio.h>
main()
{
    FILE *fp;/*指向磁盘文件的指针*/
    char ch;/*暂存读入字符的字符变量*/
```

```
    /*以写的方式打开文本文件A.dat,并判断是否能正常打开*/
    if((fp=fopen("A.dat","w+"))==NULL)
        {
            printf("Cannot open file! \n");  /*不能正常打开磁盘文件的处理*/
            exit(0);    /*调用exit()函数终止程序运行*/
        }
    while(ch=getchar()!='#')    /*判断输入的是否为结束输入标志*/
        fputc(ch,fp);   /*读入的字符写入磁盘文件*/
    fclose(fp);    /*操作结束关闭磁盘文件*/
}
```

【例9-2】将一个磁盘文件中的信息复制到另一个磁盘文件中。

程序如下:

```
#include<stdlib.h>
#include<stdio.h>
main()
{  FILE *in,*out;
   char ch,infile[10],outfile[10];
   printf("Enter the infile name: \n");
   scanf("%s",infile);
   printf("Enter the outfile name: \n");
   scanf("%s",outfile);
   if((in=fopen(infile,"r"))==NULL)
   {  printf("cannot open infile \n");
      exit(0);
   }
   if((out=fopen(outfile,"w"))==NULL)
   {  printf("Cannot open outfile \n");
      exit(0);
   }
   while(!feof(in))
       fputc(fgetc(in),out);
   fclose(in);
   fclose(out);
}
```

程序分析:【例9-2】中程序是按文本文件方式处理的,也可以用此程序复制一个二进制文件,只需将两个fopen()函数中的参数"r"和"w"分别改为"rb"和"wb"即可。

9.3.2 读字符函数 fgetc( )

fgetc( )函数的功能是从指定的文件中读取一个字符,并返回该字符的 ASCII 码值。若读取字符时文件已经结束或出错,则 fgetc( )函数返回文件结束标记 EOF,此时 EOF 的值为 -1。函数调用的格式如下:

字符变量=fgetc(文件指针);

例如:

ch=fgetc(fp);

其含义是从打开的文件 fp 中读取一个字符并存入变量 ch 中。

> **提醒:**
> ①在 fgetc( )函数调用中,读取的文件必须是以读或读写方式打开的。
> ②读取字符的结果也可以不向字符变量赋值。例如:
>
> fgetc(fp);
>
> 该操作读取的字符是没有保存的。
> ③在文件内部有一个位置指针,用来指向文件的当前读写字节。在文件打开时,该指针总是指向文件的第一个字节。使用 fgetc( )函数后,该位置指针将向后移动一个字节,因此,可连续多次使用 fgetc( )函数读取多个字符。应注意文件指针和文件内部的位置指针不同。文件指针是指向整个文件的,必须在程序中定义,只要不重新赋值,文件指针的值是不变的。文件内部的位置指针用以指向文件内部的当前读写位置,每读写一次,该指针均向后移动,它不需要在程序中定义,而是由系统自动设置的。

【例 9-3】将【例 9-1】中创建的文件 A.dat 的内容显示在屏幕上。
程序如下:

```
#include<stdlib.h>
#include <stdio.h>
main()
{
  FILE *fp;
  char ch;
  /*以读的方式打开文本文件 A.dat,并判断是否能正常打开*/
  if((fp=fopen("A.dat","r"))==NULL)
  {
    printf("Cannot open file! \n");
```

```
      exit(0);
   }
   while((ch=fgetc(fp))!=EOF)
      putchar(ch);/*读入的字符在屏幕上显示*/
   fclose(fp);
}
```

9.3.3 读字符串函数 fgets( )

fgets( )函数的功能是从指定的文件中读取一个字符串到字符数组中,函数调用的格式如下:

```
fgets(字符数组名,n,文件指针);
```

其中,n 是一个正整数,表示从文件中读取的字符串不超过 n-1 个字符。该函数在读取最后一个字符后会加上字符串结束标志符 '\0'。例如:

```
fgets(str,n,fp);
```

其含义是从 fp 所指向的文件中读取 n-1 个字符存入字符数组 str 中。

【例 9-4】 从 A.dat 文件中读取一个含 10 个字符的字符串。

程序如下:

```
#include<stdio.h>
main()
{
   FILE *fp;
   char str[11];
   if((fp=fopen("A.dat","rt"))==NULL)
   {
      printf("Cannot open file!");
      getch();
      exit(1);
   }
   fgets(str,11,fp);
   printf("%s",str);
   fclose(fp);
}
```

程序分析:本例定义了一个字符数组 str,共 11 字节,在以读文本文件方式打开文件 A.dat 后,从中读取 10 个字符存入 str 数组,在数组最后一个单元内加上 '\0',然后在屏幕上显示输出 str 数组。

提醒：
①在读取第 n-1 个字符之前，如遇到了换行符或 EOF，则读取结束。
②fgets( )函数也有返回值，其返回值是字符数组的首地址。

9.3.4 写字符串函数 fputs( )

fputs( )函数的功能是向指定的文件写入一个字符串，其调用格式如下：

```
fputs(字符串,文件指针);
```

其中，字符串可以是字符串常量，也可以是字符数组名，或指针型指针变量。字符串末尾的' \ 0' 不输出，若输出成功，则函数值返回 0，否则返回 EOF。例如：

```
fputs("abcd",fp);
```

其含义是把字符串"abcd"写入 fp 所指向的文件中。

【例 9-5】 在文件 A. dat 中追加一字符串。

```
1   #include<stdio.h>
2   main()
3   {
4       FILE *fp;
5       char ch,st[20];
6       if((fp=fopen("A.dat","at+"))==NULL)
7       {
8           printf("Cannot open file!");
9           getch();
10          exit(1);
11      }
12      printf("input a string:\n");
13      scanf("%s",st);
14      fputs(st,fp);
15      rewind(fp);
16      ch=fgetc(fp);
17      while(ch!=EOF)
18      {
19          putchar(ch);
20          ch=fgetc(fp);
21      }
22      printf("\n");
23      fclose(fp);
24  }
```

程序分析：本例要求在 A.dat 文件末尾追加字符串，因此在程序第 6 行以追加读写文本文件的方式打开文件 A.dat。然后输入字符串，并用 fputs( ) 函数把该字符串写入文件。在程序第 15 行用 rewind( ) 函数把文件内部位置指针移到文件首，再进入循环逐个显示当前文件中的全部内容。

9.3.5 数据块读写函数 fread( ) 和 fwrite( )

C 语言还提供了用于整块数据的读写函数，可用来读写一组数据，如一个数组元素、一个结构体变量的值等。读数据块函数调用的一般格式如下：

```
fread(buffer,size,count,fp);
```

写数据块函数调用的一般格式如下：

```
fwrite(buffer,size,count,fp);
```

其中，buffer 是一个指针，在 fread( ) 函数中，它表示存放输入数据的首地址，在 fwrite( ) 函数中，它表示存放输出数据的首地址；size 表示数据块的字节数；count 表示要读写的数据块块数；fp 表示文件指针。

例如：

```
fread(fa,4,5,fp);
```

其含义是从 fp 所指向的文件中，每次读限 4 字节（一个实型数）存入实型数组 fa 中，连续读取 5 次，即读取 5 个实型数到 fa 中。

【例 9-6】从键盘输入两个学生数据，写入一个文件中，再读取这两个学生的数据并显示在屏幕上。

程序如下：

```
1   #include<stdio.h>
2   struct stu
3   {
4       char name[10];
5       int num;
6       int age;
7       char addr[15];
8   }boya[2],boyb[2],*pp,*qq;
9   main()
10  {
11      FILE *fp;
12      char ch;
13      int i;
14      pp=boya;
15      qq=boyb;
```

```
16      if((fp=fopen("stu_list","wb+"))==NULL)
17      {
18          printf("Cannot open file strike any key exit!");
19          getch();
20          exit(1);
21      }
22      printf("\ninput data\n");
23      for(i=0;i<2;i++,pp++)
24          scanf("%s%d%d%s",pp->name,&pp->num,&pp->age,pp->addr);
25      pp=boya;
26      fwrite(pp,sizeof(struct stu),2,fp);
27      rewind(fp);
28      fread(qq,sizeof(struct stu),2,fp);
29      printf("\n\nname\tnumber age addr\n");
30      for(i=0;i<2;i++,qq++)
31          printf("%s\t%5d%7d%s\n",qq->name,qq->num,qq->age,qq->addr);
32      fclose(fp);
33  }
```

程序分析：本程序定义了一个结构体类型 stu，声明了两个结构体数组 boya 和 boyb 及两个结构体指针变量 pp 和 qq，pp 指向 boya，qq 指向 boyb。程序第 16 行以读写方式打开二进制文件 stu_list，输入两个学生数据之后，将学生数据写入该文件中，然后把文件内部位置指针移到文件首，读取两个学生数据，并在屏幕上显示。

9.3.6 格式化读写函数 fscanf( ) 和 fprintf( )

fscanf( ) 和 fprintf( ) 函数与 scanf( ) 和 printf( ) 函数的功能相似，都是格式化读写函数。两者的区别在于 fscanf( ) 和 fprintf( ) 函数的读写对象不是键盘和显示器，而是磁盘文件。这两个函数的调用格式如下：

```
fscanf(文件指针,格式字符串,输入表列);
fprintf(文件指针,格式字符串,输出表列);
```

例如：

```
fscanf(fp,"%d%s",&i,s);
fprintf(fp,"%d%c",j,ch);
```

用 fscanf( ) 和 fprintf( ) 函数也可以完成【例 9-6】的问题，修改后的程序如【例 9-7】所示。

【例 9-7】从键盘输入两个学生的数据，写入一个文件中，再读取这两个学生的数据显示在屏幕上。

程序如下：

```
1   #include<stdio.h>
2   struct stu
3   {  char name[10];
4      int num;
5      int age;
6      char addr[15];
7   }boya[2],boyb[2],*pp,*qq;
8   main()
9   {
10     FILE *fp;
11     char ch;
12     int i;
13     pp=boya;
14     qq=boyb;
15     if((fp=fopen("stu_list","wb+"))==NULL)
16     {
17        printf("Cannot open file strike any key exit!");
18        getch();
19        exit(1);
20     }
21     printf("\ninput data\n");
22     for(i=0;i<2;i++,pp++)
23        scanf("%s%d%d%s",pp->name,&pp->num,&pp->age,pp->addr);
24     pp=boya;
25     for(i=0;i<2;i++,pp++)
26        fprintf(fp,"%s %d %d %s \n",pp->name,pp->num,pp->age,pp->addr);
27     rewind(fp);
28     for(i=0;i<2;i++,qq++)
29        fscanf(fp,"%s %d %d %s \n",qq->name,&qq->num,&qq->age,qq->addr);
30     printf("\n\nname\tnumber age addr\n");
31     qq=boyb;
32     for(i=0;i<2;i++,qq++)
33        printf("%s \t%5d%7d%s \n",qq->name,qq->num,qq->age,qq->addr);
34     fclose(fp);
35  }
```

程序分析：与【例9-6】相比，本程序中 fscanf( ) 和 fprintf( ) 函数每次只能读写一个结构体数组元素，因此，采用了循环语句读写全部数组元素。还要注意指针变量 pp，qq，由于循环改变了它们的值，因此，在程序的第 24 行和第 31 行分别对它们重新赋予了数组的首地址。

9.3.7 文件的随机读写函数 rewind( ) 和 fseek( )

本章前面介绍的对文件的读写方式都是顺序读写，即读写文件只能从头开始，顺序读写各个数据。但在实际问题中常要求只读写文件中某一指定的部分。为了解决这个问题，移动文件内部的位置指针到需要读写的位置再进行读写，这种读写称为随机读写。实现随机读写的关键是要按要求移动位置指针，这称为文件的定位。文件的随机读写函数主要有两个，即 rewind( ) 函数和 fseek( ) 函数。

1. 位置指针重返文件首函数 rewind( )

rewind( ) 函数的调用格式如下：

```
rewind(文件指针);
```

其功能是把文件内部的位置指针移到文件首。

【例 9-8】 编写程序，使用字符串写函数将字符串 " Welcome you " 写入 ASCII 文件 file1.txt 中，再使用字符串读函数将刚写入文件的字符串读入内存并显示在屏幕上。

程序如下：

```c
#include<stdio.h>
main()
{   char string[]="Welcome you";
    char display[15];
    FILE *fp;
    char c;
    if((fp=open("file1.txt","w+"))==NULL)
    {
        printf("Cannot open file.\n");
        exit(1);
    }
    else
    {   fputs(string,fp);    /*写字符串到文件中*/
        rewind(fp);          /*使文件位置指针移到文件开头*/
        fgets(display,15,fp); /*将字符串从文件读入到内存中*/
        puts(display);       /*输出到屏幕上*/
        fclose(fp);
    }
}
```

运行结果：

```
Welcome you
```

2. 改变文件位置指针函数 fseek( )

fseek( )函数用来移动文件内部位置指针,其调用格式如下:

```
fseek(文件指针,位移量,起始点);
```

其中,"文件指针"指向被移动的文件;"位移量"表示移动的字节数,要求位移量是 long 类型数据,以便在文件长度大于 64 KB 时不会出错,当用常量表示位移量时,要求加后缀 L;"起始点"表示从何处开始计算位移量,规定的起始点有文件首、当前位置和文件末尾 3 种,其表示方法如表 9-2 所示。

表 9-2 3 种起始点的表示方法

起始点	表示符号	数字表示
文件首	SEEK_SET	0
当前位置	SEEK_CUR	1
文件末尾	SEEK_END	2

例如:

```
fseek(fp,100L,0);
```

其含义是把位置指针移到距文件首 100 字节处。fseek( )函数一般用于二进制文件。在文本文件中由于要进行二进制转换,因此计算的位置经常会出现错误。文件的随机读写在移动位置指针之后,即可用前面介绍的任一种读写函数进行读写。由于文件读写一般是指读写一个数据块,因此常用 fread( )和 fwrite( )函数。下面用例题来说明文件的随机读写。

【例 9-9】在磁盘文件上存有 10 个学生的数据,要求将第 1、3、5、7、9 个学生的数据在屏幕上显示出来。

程序如下:

```
#include<stdio.h>
struct student_type   /*定义结构*/
{
    char name[10];
    int num;
    int age;
    char addr[30];
}stu[10];
main()
{
    FILE *fp;
    int i;
    if((fp=fopen("student","rb"))==NULL)/*以二进制读方式打开文件*/
```

```
            printf("Cannot open file! \n");
            exit(1);  /*出错后返回,停止运行*/
    }
    for(i=0;i<10;i+=2)/*循环读入学生的信息在屏幕上显示*/
    {   /*置文件位置指针到要读入的学生信息位置*/
        fseek(fp,i*sizeof(struct student_type),0);
        fread(&stu[i],sizeof(struct student_type),1,fp); /*读入学生信息*/
        printf("\n\n name \t number age addr \n"); /*在屏幕上显示学生信息*/
        printf("%s %d %d %c \n",stu[i].name,stu[i].num,stu[i].age,stu[i].addr);
    }
    fclose(fp);
}
```

9.4 文件检测函数

C 语言中常用的文件检测函数主要用来检查输入/输出函数调用中的错误。

9.4.1 文件结束检测函数 feof( )

函数调用格式如下：

feof(文件指针);

功能：测试文件指针所指的文件的位置指针是否已到达文件末尾（文件是否结束）。如果已经结束，则返回值为非零值；否则为 0，表示文件仍未结束。

9.4.2 读写文件出错检测函数 ferror( )

函数调用格式如下：

ferror(文件指针);

功能：测试文件指针所指向的文件是否有错误。如果没有错误，则返回值为 0；否则，返回一个非零值，表示出错。

9.4.3 清除错误标志函数 clearerr( )

函数调用格式如下：

clearerr(文件指针);

功能：用于清除出错标志和文件结束标志，即将文件错误标志和文件结束标志置为 0。

微课 9-4
文件的检测

假设在调用一个输入/输出函数时出现错误，ferror(fp)的值为一个非零值，在调用 clearerr(fp)后，ferror(fp)的值变成 0。

只要出现错误标志，就一直保留，直到对同一文件调用 clearerr( )函数或 rewind( )函数，或任何其他一个输入/输出函数。

【例 9-10】从键盘上输入一个长度小于 20 的字符串，将该字符串写入文件 file.dat 中，并测试是否有错。若有错，则输出错误信息，然后清除文件出错标记，关闭文件；否则，输出输入的字符串。

程序如下：

```c
#include <stdio.h>
#include <string.h>
#define LEN 20
main()
{
    int err;
    FILE *fp;
    char s1[LEN];
    if((fp=fopen("file.dat","w"))==NULL)   /*以写方式打开文件*/
    {
        printf("Cannot open file.dat. \n");
        exit(0);
    }
    printf("Enter a string:");
    gets(s1);   /*接收从键盘输入的字符串*/
    fputs(s1,fp);   /*将输入的字符串写入文件*/
    err=ferror(fp);   /*调用函数 ferror*/
    if(err)/*若出错则进行出错处理*/
    {
        printf("file.dat error:%d \n",err);
        clearerr(fp);   /*清除出错标记*/
        fclose(fp);
        exit(0);
    }
    fclose(fp);
    fp=fopen("file.dat","r");   /*以读方式打开文件*/
    if(err=ferror(fp))   /*调用函数 ferror(),若出错则进行出错处理*/
    {
        printf("open file.dat error %d \n",err);
        fclose(fp);
```

```
        }
        else
        {
            fgets(s1,LEN,fp);    /*从文件 file.dat 中读入字符串*/
            if(feof(fp)||strlen(s1)==0)   /*若文件结束或字符串为空,输出*/
                                          /*file.dat is NULL,否则输出字符串*/
                printf("file.dat is NULL. \n");
            else
                printf("output:%s \n",s1);
            fclose(fp);    /*关闭文件*/
        }
    }
```

【技能实践】

9.5 文件综合应用实训

9.5.1 实训目的

（1）掌握文件、文件缓冲系统、文件指针等基本概念。
（2）掌握文件的基本操作方法及文件操作函数的使用，包括文本文件和二进制文件的打开与关闭操作函数、读写函数、文件检测函数。

9.5.2 实训内容

有两个磁盘文件，各自存放若干字符，要求将两个文件合并，合并后需要保持有序，存放在第三个文件中。编写程序并上机调试运行。

9.5.3 实训过程

1. 实训分析

两个文件 a1.dat（假设内容为 china）和 a2.dat（假设内容为 2008），合并后的文件为 a3.dat（未排序内容应该为 china2008，排序内容应该为 0028achin）。

微课 9-5
文件综合应用实训

2. 实训步骤

下面给出完整的源程序：

```c
#include <stdio.h>
main()
{
    FILE *in1,*in2,*out;
    int i,j,n;
    char q[10],t;
    if((in1=fopen("a1.dat","r"))==NULL)
    {
        printf("Cannot open infile. \n");
        exit(0);
    }
    if((in2=fopen("a2.dat","r"))==NULL)
    {
        printf("Cannot open infile. \n");
        exit(0);
    }
    if((out=fopen("a3.dat","w"))==NULL)
    {
        printf("Cannot open outfile. \n");
        exit(0);
    }
    i=0;
    while(!feof(in1))
    {  q[i]=fgetc(in1);i++; }
        i--;
    while(!feof(in2))
    {  q[i]=fgetc(in2);i++; }
        i--;
    q[i]=NULL;
    /*n=i;
    for(i=0;i!=n;i++)
        for(j=i;j!=n;j++)
            if(q[i]>q[j])
                { t=q[i]; q[i]=q[j]; q[j]=t; }
    */     //去掉前面代码注释符号,实现内容排序
    printf("%s:",q);
    for(i=0;q[i]!=NULL;i++)
        fputc(q[i],out);
    fclose(in1);
```

```
    fclose(in2);
    fclose(out);
}
```

9.5.4 实训总结

通过实训，读者应能掌握文件的基本操作方法及文件操作函数的使用，掌握在程序中使用文件保存程序数据来解决实际问题的方法，进一步提高编写程序的能力。

【技能测试】

9.6 综合实践

9.6.1 选择题

（1）在进行文件操作时，写文件的一般含义是（　　）。
A. 将计算机内存中的信息存入磁盘　　　　B. 将磁盘中的信息存入计算机内存
C. 将计算机 CPU 中的信息存入磁盘　　　　D. 将磁盘中的信息存入计算机 CPU

（2）在 C 语言中，系统的标准输入文件 stdin 是指（　　）。
A. 键盘　　　　　B. 显示器　　　　　C. 鼠标　　　　　D. 硬盘

（3）在 C 语言中，系统的标准输出文件 stdout 是指（　　）。
A. 键盘　　　　　B. 显示器　　　　　C. 软盘　　　　　D. 硬盘

（4）在高级语言中对文件操作的一般步骤是（　　）。
A. 打开文件→操作文件→关闭文件　　　　B. 操作文件→修改文件→关闭文件
C. 读写文件→打开文件→关闭文件　　　　D. 读文件→打开文件→关闭文件

（5）要打开一个已存在的非空文件 file 进行修改，正确的语句是（　　）。
A. fp=fopen("file","r");　　　　　　　　B. fp=fopen("file","a+");
C. fp=fopen("file","w");　　　　　　　　D. fp=fopen("file","r+");

（6）若执行 fopen() 函数时发生错误，则函数的返回值是（　　）。
A. 地址值　　　　B. 0　　　　　　　C. 1　　　　　　　D. EOF

（7）若要用 fopen() 函数打开一个新的二进制文件，该文件要既能读也能写，则文件的打开方式字符串应是（　　）。
A. "ab+"　　　　　B. "wb+"　　　　　C. "rb+"　　　　　D. "ab"

（8）C 语言可以处理的文件类型是（　　）。
A. 文本文件和数据文件　　　　　　　　　B. 文本文件和二进制文件
C. 数据文件和二进制文件　　　　　　　　D. 以上答案都不正确

（9）当顺利执行了文件关闭操作时，fclose( )函数的返回值是（　　）。
A. -1　　　　　　　B. TRUE　　　　　　C. 0　　　　　　　D. 1
（10）使用 fgetc( )函数，则打开文件的方式必须是（　　）。
A. 只写　　　　　　　　　　　　　　　B. 追加
C. 读或读写　　　　　　　　　　　　　D. 答案 B 和 C 都正确

9.6.2 编程题

（1）多文件字符统计与排序。

1）任务描述。

①从命令行参数接收多个文本文件名。

②对每个文件，统计并输出每个文件中的字母、数字、其他字符的个数。

③将所有文件的统计结果汇总到一个新文件 summary.txt 中，每行记录一个文件的统计信息，格式为"文件名：字母数，数字数，其他字符数"。

④在 summary.txt 的最后，添加一行汇总所有文件的总统计信息，即所有文件字母总数、数字总数、其他字符总数。

2）额外要求。

①实现对统计结果的排序功能，允许用户选择按字母数、数字数或其他字符数进行升序或降序排序。

②程序需具备一定的错误处理能力，如处理文件不存在的情况。

（2）文件内容加密与解密。

1）任务描述。

①编写两个程序：encryptor.c 和 decryptor.c。

②encryptor.c 应从命令行接收一个输入文件名和一个输出文件名作为参数，将输入文件内容加密后保存到输出文件中。加密算法自定，但需保证相对安全，例如，可以使用简单的替换加密或单字母 Caesar 加密算法。

③decryptor.c 则接收一个加密的文件名和一个输出文件名，将加密内容解密回原始文本并保存。

④程序应提供一种方式让用户在命令行选择加密或解密算法，至少支持两种不同的加密算法。

⑤要求程序具有一定的健壮性，能够处理文件打开错误、无效的加密/解密参数等情况，并给出相应的错误提示。

2）额外挑战。

①实现一个混合加密模式，即结合两种加密算法进行加密，解密时需按相反顺序解密。

②为加密和解密过程添加进度条显示的功能，以增强用户体验。

【技能拓展】

9.7 简易文本数据库管理系统实战演练

文件处理与数据库之间存在密切的关系，尤其是在传统的简单数据库系统中，文件往往是数据存储的基础。在 C 语言环境下，文件处理技术常常被用来构建轻量级的数据管理系统，作为学习数据库原理和实现的入门。下面是基于 C 语言文件处理核心内容设计的一个技能拓展项目：简易文本数据库管理系统（C-TextDBMS）。

微课 9-6
简易文本数据库
管理系统实战演练

9.7.1 项目背景

在没有高级数据库管理系统的情况下，利用文件系统模拟数据库的基本功能，是理解和实践数据存储、检索、更新和管理的重要方式。本项目旨在使用 C 语言中的文件处理技术，创建一个简单的文本数据库，实现对记录的增删改查操作。

9.7.2 项目目标

本项目的目标包括以下几点。
（1）掌握文件的打开、读取、写入、定位和关闭操作。
（2）实现文本数据的格式化存储和解析。
（3）设计简单的索引机制以优化查询效率。
（4）实现用户友好的命令行界面。

9.7.3 项目应用

（1）文件操作：使用 fopen( )、fread( )、fwrite( )、fseek( )、fclose( )等函数完成文件的读写操作。理解不同文件打开模式（如文本模式、二进制模式）的使用场景。

（2）数据结构：利用结构体定义记录的格式，比如，定义一个 Record 结构体包含姓名、年龄、联系方式等字段。

（3）内存管理：动态分配内存以适应不同大小的数据记录，使用 malloc( )和 free( )函数管理内存。

（4）错误处理：利用 ferror( )函数检查文件操作是否成功，进行错误提示和处理。

9.7.4 项目实现

（1）程序的头文件和基础声明。

```
//头文件
#include <stdio.h>
```

```c
#include <stdlib.h>
#include <string.h>
//基础声明
#define FILENAME "database.dat"    //二进制文件作为存储
#define MAX_RECORD_LENGTH 1000
```

(2) 数据模型。

设计一个简单的数据模型,如人员信息,包括 ID、姓名、年龄、性别等字段,使用结构体表示,代码如下:

```c
// 数据模型
typedef struct {
    int id;
    char name[MAX_RECORD_LENGTH];
    int age;
    char gender;
} Record;
```

(3) 基本功能实现。

①插入:用户输入一条记录,将其序列化后追加到 database.txt。代码如下:

```c
//插入记录
void insertRecord() {
    Record newRecord;
    FILE *file=fopen(FILENAME,"ab");    //打开文件用于追加二进制数据
    if(file==NULL) {
        printf("无法打开文件。\n");
        return;
    }

    printf("输入 ID: ");
    scanf("%d",&newRecord.id);
    printf("输入姓名: ");
    scanf("%s",newRecord.name);
    printf("输入年龄: ");
    scanf("%d",&newRecord.age);
    printf("输入性别 (M/F): ");
    scanf("%c",&newRecord.gender);

    fwrite(&newRecord,sizeof(Record),1,file);    //写入二进制记录
    fclose(file);
    printf("记录已添加。\n");
}
```

②查询:根据用户提供的 ID,从 database.txt 快速定位到记录的位置,然后读取并显示。

代码如下：

```c
// 查询记录
void searchRecord() {
    int id;
    printf("输入要查询的记录ID: ");
    scanf("%d",&id);

    FILE *file=fopen(FILENAME,"rb");    //打开文件用于读取二进制数据
    if (file==NULL) {
        printf("无法打开文件。\n");
        return;
    }

    Record record;
    int found=0;
    while (fread(&record,sizeof(Record),1,file)==1) {
        if (record.id==id && record.id!=0) {    //检查记录是否匹配且未被标记为删除
            printf("找到记录: ID: %d,姓名: %s,年龄: %d,性别: %c \n",record.id,record.name,record.age,record.gender);
            found=1;
            break;
        }
    }

    fclose(file);

    if (! found) {
        printf("没有找到ID为 %d 的记录。\n",id);
    }
}
```

③更新：根据ID，找到特定记录后，允许用户修改某些字段，然后更新database.txt中的相应记录。代码如下：

```c
// 更新记录
void updateRecord() {
    int id;
    printf("输入要更新的记录ID: ");
    scanf("%d",&id);
```

```c
        FILE *file=fopen(FILENAME,"rb+");    //打开文件用于读写二进制数据
        if(file==NULL){
            printf("无法打开文件。\n");
            return;
        }

        Record record;
        int found=0;
        while(fread(&record,sizeof(Record),1,file)==1){
            if(record.id==id&&record.id!=0){    //检查记录是否匹配且未被标记为删除
                printf("找到记录: ID: %d,姓名: %s,年龄: %d,性别: %c \n",record.id,record.name,record.age,record.gender);
                printf("输入新的姓名: ");
                scanf("%s",record.name);
                printf("输入新的年龄: ");
                scanf("%d",&record.age);
                printf("输入新的性别 (M/F): ");
                scanf("%c",&record.gender);

                fseek(file,-sizeof(Record),SEEK_CUR);    //回退到记录开始位置
                fwrite(&record,sizeof(Record),1,file);    //写回更新后的记录
                found=1;
                break;
            }
        }

        fclose(file);

        if(found){
            printf("记录已更新。\n");
        }else{
            printf("没有找到 ID 为 %d 的记录。\n",id);
        }
    }
```

④删除：根据 ID 找到记录后，从 database.txt 中移除。代码如下：

```c
//删除记录
void deleteRecord(){
    int id;
    FILE *file=fopen(FILENAME,"rb+");    //打开文件用于读写二进制数据
```

```c
    if (file==NULL) {
        printf("无法打开文件。\n");
        return;
    }

    printf("输入要删除的记录ID: ");
    scanf("%d",&id);

    Record record;
    int found=0;
    while (fread(&record,sizeof(Record),1,file)==1) {
        if (record.id==id) {
            fseek(file,-sizeof(Record),SEEK_CUR);  //回退到记录开始位置
            record.id=0;  //设置ID为0作为标记,表示删除
            fwrite(&record,sizeof(Record),1,file);  //写回标记后的记录
            found=1;
            break;
        }
    }

    fclose(file);

    if (found) {
        printf("记录已删除。\n");
    } else {
        printf("没有找到记录。\n");
    }
}
```

⑤显示全部记录：显示全部的记录并打印。代码如下：

```c
//显示全部记录
void displayRecords() {
    FILE * file=fopen(FILENAME,"rb");  //打开文件用于读取二进制数据
    if (file==NULL) {
        printf("无法打开文件。\n");
        return;
    }

    Record record;
```

```c
    while (fread(&record,sizeof(Record),1,file)==1) {
        if (record.id !=0) {   //检查记录是否被标记为删除
            printf("ID: %d,姓名: %s,年龄: %d,性别: %c\n",record.id,record.name,record.age,record.gender);
        }
    }
    fclose(file);
}
```

（4）用户交互。

设计一个简单的命令行界面，允许用户通过输入命令对应的数字与数据库进行交互，代码如下：

```c
//主函数,包含命令行界面
main() {
    int choice;
    
    while (1) {
        printf("\n数据库系统\n");
        printf("1.添加记录\n");
        printf("2.删除记录\n");
        printf("3.显示所有记录\n");
        printf("4.查询记录\n");
        printf("5.更新记录\n");
        printf("6.退出\n");
        printf("请选择一个操作: ");
        scanf("%d",&choice);
        
        switch(choice) {
            case 1:
                insertRecord();
                break;
            case 2:
                deleteRecord();
                break;
            case 3:
                displayRecords();
                break;
            case 4:
```

```
                searchRecord();
                break;
            case 5:
                updateRecord();
                break;
            case 6:
                printf("退出系统。\n");
                exit(0);
            default:
                printf("无效选择。\n");
        }
    }
}
```

9.7.5　项目总结

在简易文本数据库管理系统（C-TextDBMS）的拓展开发与实践过程中，读者不仅掌握了文件操作的核心技能，还通过实战演练深入理解了如何使用 C 语言文件处理功能构建一个功能性的数据库系统。以下是对本实训的全面总结及未来可能的扩展方向。

1. 事务处理逻辑的增强

目前的系统实现了基本的增删改查操作，在复杂的数据操作场景中，确保数据的一致性和完整性显得尤为重要。引入事务处理逻辑，可以确保一系列操作要么全部成功，要么全部失败，从而维护数据库的一致状态。例如，当用户执行一次更新操作时，如果在写入新数据后，更新索引之前系统发生故障，可能导致数据与索引不一致。通过实现事务管理，可以确保此类情况下数据的完整性，提高系统健壮性。

2. 缓存机制的引入

频繁的文件 I/O 操作是影响系统性能的主要因素之一。引入缓存机制，可以在内存中暂存近期访问的数据或频繁修改的信息，减少对磁盘的直接读写操作。例如，可以设计一个内存中的缓冲区来存储最近查询或即将写入的数据，只有在必要时才同步到磁盘。这样不仅能显著提升系统的响应速度，还能降低硬件损耗，延长使用寿命。

3. 数据备份与恢复功能

在实际应用中，数据的安全性至关重要。实现自动或手动数据备份功能，可以在系统崩溃或数据损坏时迅速恢复到最近的正常状态。可以考虑定期自动备份数据库文件至安全位置，并提供一个简便的恢复接口，允许用户在数据丢失或系统排除故障后轻松恢复数据。此外，考虑实现增量备份策略，只备份自上次备份以来更改的数据，以节省存储空间和备份时间。

4. 性能优化

随着数据库规模的增长，优化查询效率变得尤为关键。可以通过索引优化、查询算法的改进，以及对频繁操作的代码进行性能分析和优化，提升系统的整体响应速度。例如，对索引文件使用更高效的数据结构,如 B 树或哈希表,可以加快查找速度。

5. 安全性增强

考虑到数据的敏感性和隐私保护,应当加入权限控制和加密功能。确保只有授权用户才能访问特定数据,并对敏感数据进行加密存储,防止数据泄露。

通过这些进一步的扩展与优化,简易文本数据库管理系统将更加成熟、稳定、高效,更好地服务于实际应用需求,同时也为开发者提供了深入理解数据库原理和 C 语言文件处理技术宝贵的实践经验。

【素质拓展】

9.8 国之大者:信息技术创新与社会伦理责任

在当今日新月异的信息技术时代,国之大者不仅是技术发展的高级追求,更是每一位信息技术创新者必须肩负的社会伦理责任。"国之大者:信息技术创新与社会伦理责任"这一主题,强调了在技术革新过程中,融入道德伦理考量的重要性。这意味着,在设计、研发、应用信息技术的过程中,我们要尊重并保护个人隐私,确保数据安全,维护网络空间的清朗环境;要促进技术的普惠性,缩小数字鸿沟,让科技发展成果惠及每一个人;要确保技术的透明度与可解释性,让算法决策可追溯、可理解,增强公众对技术的信任;要关注技术应用的环境影响,推动绿色科技,促进可持续发展。同时,应致力于利用信息技术解决社会问题,提升公共服务质量,促进教育、医疗等领域的公平与进步。此外,科技向善,就是要加强与社会科学领域的交流,共同审视技术的社会伦理维度,确保技术发展与人类价值体系相协调。最终,我们要在追求技术卓越的同时,培养具有高度社会责任感和伦理意识的信息技术人才,共同推动构建一个更加公正、包容、和谐的数字社会。

附 录 I

ASCII码对照表

编码	字符	控制字符	编码	字符	编码	字符
0	（null）	NUL	32	（space）	64	@
1	☺	SOH	33	!	65	A
2	☻	STX	34	"	66	B
3	♥	ETX	35	#	67	C
4	♦	EOT	36	$	68	D
5	♣	END	37	%	69	E
6	♠	ACK	38	&	70	F
7	（beep）	BEL	39	'	71	G
8	BS		40	(	72	H
9	（tab）	HT	41	)	73	I
10	（linefeed）	LF	42	*	74	J
11	（home）	VT	43	+	75	K
12	（form feed）	FF	44	,	76	L
13	（carriage return）	CR	45	-	77	M
14	♪	SO	46	.	78	N
15	☼	SI	47	/	79	O
16	►	DLE	48	0	80	P
17	◄	DC1	49	1	81	Q
18	↕	DC2	50	2	82	R
19	‼	DC3	51	3	83	S
20	¶	116	52	4	84	T
21	§	NAK	53	5	85	U
22	▬	SYN	54	6	86	V
23	↨	ETB	55	7	87	W
24	↑	CAN	56	8	88	X
25	↓	EM	57	9	89	Y
26	→	SUB	58	:	90	Z
27	←	ESC	59	;	91	[
28	∟	FS	60	<	92	\
29	↔	GS	61	=	93	]
30	▲	RS	62	>	94	^
31	▼	US	63	?	95	_

续表

编码	字符	编码	字符	编码	字符
96	`	107	k	118	v
97	a	108	l	119	w
98	b	109	m	120	x
99	c	110	n	121	y
100	d	111	o	122	z
101	e	112	p	123	{
102	f	113	q	124	|
103	g	114	r	125	}
104	h	115	s	126	~
105	i	116	t	127	△
106	j	117	u		

注：在 ASCII 码中，第 0~32 号及第 127 号是控制字符，常用的有 LF（换行）、CR（回车）；第 33~126 号是字符，其中第 48~57 号为 0~9 这 10 个阿拉伯数字，65~90 号为 26 个大写英文字母，97~122 号为 26 个小写英文字母，其余的是一些标点符号、运算符号等。

附录 Ⅱ C语言中的关键字

C语言中的关键字共有32个，根据关键字的作用可分为数据类型关键字、控制语句关键字、存储类型关键字和其他关键字4类。

①数据类型关键字（12个）：char、double、enum、float、int、long、short、signed、struct、union、unsigned、void。

②控制语句关键字（12个）：break、case、continue、default、do、else、for、goto、if、return、switch、while。

③存储类型关键字（4个）：auto、extern、register、static。

④其他关键字（4个）：const、sizeof、typedef、volatile。

附录 Ⅲ

运算符和结合性

优先级	运算符	含义	运算对象的数目	结合性
1	( ) [ ] → .	圆括号 下标运算符 指向结构体成员运算符 结构体成员运算符		自左至右
2	! ~ ++ -- - (类型) * & sizeof	逻辑非运算符 按位取反运算符 自增运算符 自减运算符 负号运算符 类型转换运算符 指针运算符 取地址运算符 类型长度运算符	单目运算符	自右至左
3	* / %	乘法运算符 除法运算符 取余运算符	双目运算符	自左至右
4	+ -	加法运算符 减法运算符	双目运算符	自左至右
5	<< >>	左移运算符 右移运算符	双目运算符	自左至右
6	> >= < <=	关系运算符	双目运算符	自左至右
7	== !=	等于运算符 不等于运算符	双目运算符	自左至右
8	&	按位与运算符	双目运算符	自左至右
9	^	按位异或运算符	双目运算符	自左至右
10	|	按位或运算符	双目运算符	自左至右
11	&&	逻辑与运算符	双目运算符	自左至右
12	||	逻辑或运算符	双目运算符	自左至右

续表

优先级	运算符	含义	运算对象的数目	结合性
13	?:	条件运算符	三目运算符	自右至左
14	= += -= *= /= %= >>= <<= &= ^= |=	赋值运算符	双目运算符	自右至左
15	,	逗号运算符 (顺序求值运算符)		自左至右

附录 IV

C语言常用的库函数

库函数并不是 C 语言的一部分，它是由编译系统根据一般用户的需要编制并提供给用户使用的一组程序。不同的编译系统所提供的库函数的数目和函数名，以及函数功能是不完全相同的。ANSI C 标准提出了一批建议提供的标准库函数，它包括目前多数 C 语言编译系统所提供的库函数，但也有一些是某些 C 语言编译系统未曾实现的。考虑到通用性，本附录列出 ANSI C 建议的常用库函数。

由于 C 语言库函数的种类和数目很多，例如，屏幕和图形函数、时间日期函数、与系统有关的函数等，每一类函数又包括各种功能的函数，限于篇幅，本附录不能全部介绍，只从教学需要的角度列出最基本的。读者在编写 C 语言程序时可根据需要，查阅有关系的函数使用手册。

1. 输入/输出函数

在使用输入/输出函数时，应该在源文件中使用如下预编译命令：

```
#include<stdio.h>
```

或

```
#include"stdio.h"
```

常用的输入/输出函数如表 1 所示。

表 1 常用的输入/输出函数

函数名	函数原型	功能	返回值
clearerr	void clearer(FILE * fp);	清除文件指针错误指示器	无
close	int close(int fp);	关闭文件（非 ANSI 标准）	关闭成功返回 0，不成功返回 -1
creat	int creat(char * filename, int mode);	以 mode 所指定的方式建立文件（非 ANSI 标准）	成功返回正数，否则返回 -1
eof	int eof(int fp);	判断 fp 所指的文件是否结束	文件结束返回 1，否则返回 0
fclose	int fclose(FILE * fp);	关闭 fp 所指的文件，释放文件缓冲区	关闭成功返回 0，不成功返回非 0

续表

函数名	函数原型	功能	返回值
feof	int feof(FILE * fp);	检查文件是否结束	文件结束返回非0,否则返回0
ferror	int ferror(FILE * fp);	测试fp所指的文件是否有错误	无错返回0,否则返回非0
fflush	int fflush(FILE * fp);	将fp所指的文件的全部控制信息和数据存盘	存盘正确返回0,否则返回非0
fgets	char * fgets(char * buf, int n, FILE * fp);	从fp所指的文件读取一个长度为(n-1)的字符串,存入起始地址为buf的空间	返回地址buf。若遇文件结束或出错则返回EOF
fgetc	int fgetc(FILE * fp);	从fp所指的文件中取得下一个字符	返回所得到的字符。出错返回EOF
fopen	FILE * fopen(char * filename, char * mode);	以mode指定的方式打开名为filename的文件	成功,则返回一个文件指针,否则返回0
fprintf	int fprintf(FILE * fp, char * format, args, …);	把args的值以format指定的格式输出到fp所指的文件中	实际输出的字符数
fputc	int fputc(char ch, FILE * fp);	将字符ch输出到fp所指的文件中	成功则返回该字符,出错返回EOF
fputs	int fputs(char str, FILE * fp);	将str指定的字符串输出到fp所指的文件中	成功则返回0,出错返回EOF
fread	int fread(char * pt, unsigned size, unsigned n, FILE * fp);	从fp所指定文件中读取长度为size的n个数据项,存到pt所指向的内存区	返回所读的数据项个数,若文件结束或出错返回0
fscanf	int fscanf(FILE * fp, char * format, args, …);	从fp指定的文件中按给定的format格式将读入的数据送到args所指向的内存变量中(args是指针)	以输入的数据个数
fseek	int fseek(FILE * fp, long offset, int base);	将fp指定的文件的位置指针移到base所指出的位置为基准、以offset为位移量的位置	返回当前位置,否则返回-1
ftell	long ftell(FILE * fp);	返回fp所指定的文件中的读写位置	返回文件中的读写位置,否则返回0

续表

函数名	函数原型	功能	返回值
fwrite	int fwrite(char * ptr, unsigned size, unsigned n, FILE * fp);	把 ptr 所指向的 n * size 个字节输出到 fp 所指向的文件中	写到 fp 文件中的数据项的个数
getc	int getc(FILE * fp);	从 fp 所指向的文件中读出下一个字符	返回读出的字符,若文件出错或结束返回 EOF
getchar	int getchar();	从标准输入设备中读取下一个字符	返回字符,若文件出错或结束返回-1
gets	char * gets(char * str);	从标准输入设备中读取字符串存入 str 指向的数组	成功返回 str,否则返回 NULL
open	int open(char * filename, int mode);	以 mode 指定的方式打开已存在的名为 filename 的文件(非 ANSI 标准)	返回文件号(正数),如打开失败返回-1
printf	int printf(char * format, args, …);	在 format 指定的字符串的控制下,将输出列表 args 的值输出到标准设备	输出字符的个数。若出错返回负数
prtc	int prtc(int ch, FILE * fp);	把一个字符 ch 输出到 fp 所值的文件中	输出字符 ch,若出错返回 EOF
putchar	int putchar(char ch);	把字符 ch 输出到 fp 标准输出设备	返回换行符,若失败返回 EOF
puts	int puts(char * str);	把 str 指向的字符串输出到标准输出设备,将 '\0' 转换为回车行	返回换行符,若失败返回 EOF
putw	int putw(int w, FILE * fp);	将一个整数 i(即一个字)写到 fp 所指的文件中(非 ANSI 标准)	返回读出的字符,若文件出错或结束返回 EOF
read	int read(int fd, char * buf, unsigned count);	从文件号 fp 所指定文件中读 count 个字节到由 buf 知识的缓冲区(非 ANSI 标准)	返回真正读出的字节个数,如文件结束返回 0,出错返回-1
remove	int remove(char * fname);	删除以 fname 为文件名的文件	成功返回 0,出错返回-1

附录Ⅳ　C语言常用的库函数

续表

函数名	函数原型	功能	返回值
rename	int remove(char * oname, char * nname);	把 oname 所指的文件名改为由 nname 所指的文件名	成功返回 0，出错返回-1
rewind	void rewind(FILE * fp);	将 fp 指定的文件指针置于文件头，并清除文件结束标志和错误标志	无
scanf	int scanf(char * format, args, …);	从标准输入设备按 format 指示的格式字符串规定的格式，输入数据给 args 所指示的单元。args 为指针	读入并赋给 args 数据个数。如文件结束返回 EOF，若出错返回 0
write	int write(int fd, char * buf, unsigned count);	从 buf 指示的缓冲区输出 count 个字符到 fd 所指的文件中（非 ANSI 标准）	返回实际写入的字节数，如出错返回-1

2. 数学函数

使用数学函数时，应该在源文件中使用如下预编译命令：

```
#include <math.h>
```

或

```
#include "math.h"
```

常用的数学函数如表 2 所示。

表 2　常用的数学函数

函数名	函数原型	功能	返回值
acos	double acos(double x);	计算 arccos x 的值，其中 -1≤x≤1	计算结果
asin	double asin(double x);	计算 arcsin x 的值，其中 -1≤x≤1	计算结果
atan	double atan(double x);	计算 arctan x 的值	计算结果
atan2	double atan2(double x, double y);	计算 arctan x/y 的值	计算结果
cos	double cos(double x);	计算 cos x 的值，其中 x 的单位为弧度	计算结果

343

续表

函数名	函数原型	功能	返回值
cosh	double cosh(double x);	计算 x 的双曲余弦 cosh x 的值	计算结果
exp	double exp(double x);	求 e^x 的值	计算结果
fabs	double fabs(double x);	求 x 的绝对值	计算结果
floor	double floor(double x);	求出不大于 x 的最大整数	该整数的双精度实数
fmod	double fmod(double x, double y);	求整除 x/y 的余数	返回余数的双精度实数
frexp	double frexp(double val, int * eptr);	把双精度数 val 分解成数字部分（尾数）和以 2 为底的指数，即 val = x * 2^n，n 存放在 eptr 指向的变量中	数字部分 x，$0.5 \leq x < 1$
log	double log(double x);	求 ln x 的值	计算结果
log10	double log10(double x);	求 $\log_{10} x$ 的值	计算结果
modf	double modf(double val, int * iptr);	把双精度数 val 分解成数字部分和小数部分，把整数部分存放在 ptr 指向的变量中	val 的小数部分
pow	double pow(double x, double y);	求 x^y 的值	计算结果
sin	double sin(double x);	求 sin x 的值，其中 x 的单位为弧度	计算结果
sinh	double sinh(double x);	计算 x 的双曲正弦函数 sinh x 的值	计算结果
sqrt	double sqrt (double x);	计算 $\sqrt{x}$，其中 $x \geq 0$	计算结果
tan	double tan(double x);	计算 tan x 的值，其中 x 的单位为弧度	计算结果
tanh	double tanh(double x);	计算 x 的双曲正切函数 tanh x 的值	计算结果

3. 字符函数

在使用字符函数时，应该在源文件中使用如下预编译命令：

```
#include <ctype.h>
```

或

```
#include "ctype.h"
```

常用的字符函数如表 3 所示。

表 3　常用的字符函数

函数名	函数原型	功能	返回值
isalnum	int isalnum(int ch);	检查 ch 是否是字母或数字	是字母或数字返回 1，否则返回 0
isalpha	int isalpha(int ch);	检查 ch 是否是字母	是字母返回 1，否则返回 0
iscntrl	int iscntrl(int ch);	检查 ch 是否是控制字符（其 ASCII 码在 0 和 0xlF 之间）	是控制字符返回 1，否则返回 0
isdigit	int isdigit(int ch);	检查 ch 是否是数字	是数字返回 1，否则返回 0
isgraph	int isgraph(int ch);	检查 ch 是否是可打印字符（其 ASCII 码在 0x21 和 0x7e 之间），不包括空格	是可打印字符返回 1，否则返回 0
islower	int islower(int ch);	检查 ch 是否是小写字母（a~z）	是小字母返回 1，否则返回 0
isprint	int isprint(int ch);	检查 ch 是否是可打印字符（其 ASCII 码在 0x21 和 0x7e 之间），不包括空格	是可打印字符返回 1，否则返回 0
ispunct	int ispunct(int ch);	检查 ch 是否是标点字符（不包括空格）即除字母、数字和空格以外的所有可打印字符	是标点返回 1，否则返回 0
isspace	int isspace(int ch);	检查 ch 是否是空格、跳格符（制表符）或换行符	是，返回 1，否则返回 0
isupper	int isupper(int ch);	检查 ch 是否是大写字母（A~Z）	是大写字母返回 1，否则返回 0
isxdigit	int isxdigit(int ch);	检查 ch 是否是一个 16 进制数字（即 0~9，或 A~F，a~f）	是，返回 1，否则返回 0

续表

函数名	函数原型	功能	返回值
tolower	int tolower(int ch);	将 ch 字符转换为小写字母	返回 ch 对应的小写字母
toupper	int toupper(int ch);	将 ch 字符转换为大写字母	返回 ch 对应的大写字母

4. 字符串函数

使用字符串函数时，应该在源文件中使用如下预编译命令：

```
#include <string.h>
```

或

```
#include "string.h"
```

常用的字符串函数如表 4 所示。

表 4　常用的字符串函数

函数名	函数原型	功能	返回值
memchr	void memchr(void * buf, char ch, unsigned count);	在 buf 的前 count 个字符里搜索字符 ch 首次出现的位置	返回指向 buf 中 ch 的第一次出现的位置指针。若没有找到 ch，则返回 NULL
memcmp	int memcmp(void * buf1, void * buf2, unsigned count);	按字典顺序比较由 buf1 和 buf2 指向的数组的前 count 个字符	buf1<buf2，为负数 buf1=buf2，返回 0 buf1>buf2，为正数
memcpy	void * memcpy(void * to, void * from, unsigned count);	将 from 指向的数组中的前 count 个字符拷贝到 to 指向的数组中。from 和 to 指向的数组不允许重叠	返回指向 to 的指针
memove	void * memove(void * to, void * from, unsigned count);	将 from 指向的数组中的前 count 个字符拷贝到 to 指向的数组中。from 和 to 指向的数组不允许重叠	返回指向 to 的指针
memset	void * memset(void * buf, char ch, unsigned count);	将字符 ch 拷贝到 buf 指向的数组前 count 个字符中	返回 buf

续表

函数名	函数原型	功能	返回值
strcat	char * strcat (char * str1, char * str2);	把字符 str2 接到 str1 后面，取消原来 str1 最后面的串结束符 '\0'	返回 str1
strchr	char * strchr (char * str, int ch);	找出 str 指向的字符串中第一次出现字符 ch 的位置	返回指向该位置的指针，如找不到，则应返回 NULL
strcmp	int * strcmp (char * str1, char * str2);	比较字符串 str1 和 str2	若 str1<str2，为负数 若 str1=str2，返回 0 若 str1>str2，为正数
strcpy	char * strcpy (char * str1, char * str2);	把 str2 指向的字符串拷贝到 str1 中去	返回 str1
strlen	unsigned int strlen(char * str);	统计字符串 str 中字符的个数(不包括终止符 '\0')	返回字符个数
strncat	char * strncat(char * str1, char * str2, unsigned count);	把字符串 str2 指向的字符串中最多 count 个字符连到串 str1 后面，并以 NULL 结尾	返回 str1
strncmp	int strncmp (char * str1, * str2, unsigned count);	比较字符串 str1 和 str2 中至多前 count 个字符	若 str1<str2，为负数 若 str1=str2，返回 0 若 str1>str2，为正数
strncpy	char * strncpy (char * str1, * str2, unsigned count);	把 str2 指向的字符串中最多前 count 个字符拷贝到串 str1 中去	返回 str1
strnset	void * setnset (char * buf, char ch, unsigned count);	将字符 ch 拷贝到 buf 指向的数组前 count 个字符中。	返回 buf
strset	void * setset (void * buf, char ch);	将 buf 所指向的字符串中的全部字符都变为字符 ch	返回 buf
strstr	char * strstr (char * str1, * str2);	寻找 str2 指向的字符串在 str1 指向的字符串中首次出现的位置	返回 str2 指向的字符串首次出向的地址。否则返回 NULL

续表

函数名	函数原型	功能	返回值
strlwr	char * strlwr(char * str)	将字符串 str 中的大写字母转换为小写字母(不是标准 C 库函数，只能在 VC 中使用)	只转换 str 中出现的大写字母，不改变其他字符，返回指向 str 的指针
strupr	char * strupr(char * str)	将字符串 str 中的小写字母转换为大写字母(不是标准 C 库函数，只能在 VC 中使用)	只转换 str 中出现的小写字母，不改变其他字符，返回指向 str 的指针

5. 动态存储分配函数

在使用动态存储分配函数时，应该在源文件中使用如下预编译命令：

```
#include <stdlib.h>
```

或

```
#include "stdlib.h"
```

常用的动态存储分配函数如表 5 所示。

表 5　常用的动态存储分配函数

函数名	函数原型	功能	返回值
calloc	void calloc (unsigned n, unsigned size);	分配 n 个数据项的内存连续空间，每个数据项的大小为 size	分配内存单元的起始地址。如不成功，返回 0
free	void free(void * p);	释放 p 所指内存区	无
malloc	void malloc(unsigned size);	分配 size 字节的内存区	所分配的内存区地址，如内存不够，返回 0
realloc	void * realloc (void * p, unsigned size);	将 p 所指的以分配的内存区的大小改为 size。size 可以比原来分配的空间大或小	返回指向该内存区的指针。若重新分配失败，返回 NULL

6. 其他函数

有些函数由于不便归入某一类，因此单独列出。使用这些函数时，应该在源文件中使用如下预编译命令：

```
#include <stdlib.h>
```

或

```
#include "stdlib.h"
```

常用的其他函数如表 6 所示。

表 6 常用的其他函数

函数名	函数原型	功能	返回值
abs	int abs(int num);	计算整数 num 的绝对值	返回计算结果
atof	double atof(char * str);	将 str 指向的字符串转换为一个 double 型的值	返回双精度计算结果
atoi	int atoi(char * str);	将 str 指向的字符串转换为一个 int 型的值	返回转换结果
atol	long atol(char * str);	将 str 指向的字符串转换为一个 long 型的值	返回转换结果
exit	void exit(int status);	中止程序运行。将 status 的值返回调用的过程	无
itoa	char * itoa(int n, char * str, int radix);	将整数 n 的值按照 radix 进制转换为等价的字符串，并将结果存入 str 指向的字符串中	返回一个指向 str 的指针
labs	long labs(long num);	计算 long 型整数 num 的绝对值	返回计算结果
ltoa	char * ltoa(long n, char * str, int radix);	将长整数 n 的值按照 radix 进制转换为等价的字符串，并将结果存入 str 指向的字符串	返回一个指向 str 的指针
rand	int rand();	产生从 0 到 RAND_MAX 之间的伪随机数。RAND_MAX 在头文件中定义	返回一个伪随机（整）数
random	int random(int num);	产生从 0 到 num 之间的随机数。	返回一个随机（整）数
randomize	void randomize();	初始化随机函数，使用时应包括头文件 time.h	无
srand	void srand(unsigned seed)	其中 seed 是 rand() 函数的种子，用来初始化 rand() 函数的起始值	无

参 考 文 献

［1］武春岭，高灵霞.C语言程序设计［M］.2版.北京：高等教育出版社，2020.
［2］赵彦.C语言程序设计［M］.2版.北京：高等教育出版社，2023.
［3］谭浩强.C语言程序设计［M］.5版.北京：清华大学出版社，2024.
［4］李辉勇，李莹，孙笑寒，等.C语言程序设计实训教程［M］.北京：高等教育出版社，2023.
［5］王晓东.算法设计与分析［M］.4版.北京：清华大学出版社，2018.
［6］张瑞霞，张敬伟.数据结构与算法［M］.北京：清华大学出版社，2018.
［7］WEISS M A.数据结构与算法分析：C语言描述［M］.冯舜玺，译.北京：机械工业出版社，2004.
［8］齐治昌，谭庆平，宁洪.软件工程［M］.4版.北京：高等教育出版社，2019.